"十三五"普通高等教育**本科重点系列教材**

现场总线与工业以太网

Fieldbus and Industrial Ethernet

李正军　李潇然　编著
佟为明　主审

中国电力出版社
CHINA ELECTRIC POWER PRESS

内 容 提 要

　　本书是作者在教学与科研实践经验的基础上，结合二十多年现场总线与工业以太网技术的发展编写而成的。全书共 8 章，主要内容包括现场总线与工业以太网概述、网络通信与网络控制器、CAN 现场总线、PROFIBUS 现场总线、CC-Link 现场总线、无线传感网络与物联网技术、嵌入式网络与以太网控制器、工业以太网及其应用技术。

　　全书内容丰富，体系先进，结构合理，理论联系实际。

　　本书可作为高等院校各类电子与电气工程、自动化、机电一体化、计算机应用、信息工程、自动检测等专业的本科教材，也适用于从事现场总线与工业以太网控制系统设计的工程技术人员参考。

图书在版编目（CIP）数据

现场总线与工业以太网 / 李正军，李潇然编著. —北京：中国电力出版社，2018.8（2023.2 重印）
"十三五"普通高等教育本科重点系列教材
ISBN 978-7-5198-1798-5

　Ⅰ. ①现…　Ⅱ. ①李…　②李…　Ⅲ. ①总线–自动控制系统–高等学校–教材②工业企业–以太网–高等学校–教材　Ⅳ. ①TP273②TP393.11

中国版本图书馆 CIP 数据核字（2018）第 038656 号

出版发行：中国电力出版社
地　　址：北京市东城区北京站西街 19 号（邮政编码 100005）
网　　址：http://www.cepp.sgcc.com.cn
责任编辑：乔　莉（010-63412535）
责任校对：闫秀英
装帧设计：王英磊
责任印制：钱兴根

印　　刷：中国电力出版社有限公司
版　　次：2018 年 8 月第一版
印　　次：2023 年 2 月北京第五次印刷
开　　本：787 毫米×1092 毫米　16 开本
印　　张：18
字　　数：440 千字
定　　价：49.00 元

前　言

经过二十多年的发展，现场总线与工业以太网已经成为计算机控制系统设计中重要的工业控制通信网络，并在不同的领域和行业得到了越来越广泛地应用。近几年，无线传感网络与物联网（IoT）技术也融入到工业测控系统中。

本书共 8 章。第 1 章介绍了现场总线与工业以太网的发展趋势、企业网络信息集成系统以及国内外流行的现场总线与工业以太网；第 2 章介绍了网络通信与网络控制器，包括 netX 网络控制器、Anybus CompactCom 嵌入式工业网络通信技术；第 3 章详述了 CAN 控制器局域网的技术规范、CAN 独立通信控制器、CAN 总线收发器、CAN 智能测控节点的设计实例，以 PMM2000 电力网络仪表为例，讲述了现场总线与工业以太网的应用；第 4 章详述了 PROFIBUS 通信协议、PROFIBUS 通信控制器 SPC3 和 ASPC2 及网络接口卡、PROFIBUS-DP 从站智能节点的设计实例；第 5 章讲述了 CC-Link 现场总线，包括 CC-Link 现场网络概述、CC-Link/CC-Link/LT 通信规范、CC-Link 通信协议、CC-Link IE 网络、CC-Link 产品的开发流程、CC-Link 产品的开发方案及未来可视化工厂的解决方案 e-F@ctory；第 6 章讲述了无线传感网络与物联网技术，包括无线传感器网络概述、短距离无线通信技术、物联网技术、ZigBee 无线传感网络和蓝牙通信技术；第 7 章讲述了嵌入式网络与以太网控制器，以具有 SPI 接口的以太网控制器 ENC28J60 和内嵌以太网协议栈的以太网控制器 W5200 为例，讲述了以太网控制器与微控制器的接口设计；第 8 章讲述了 EPA、SERCOS、EtherCAT 和 Ethernet POWERLINK 工业以太网及其应用技术。

本书由山东大学李正军、李潇然编写。本书是作者科研实践和教学的总结，书中实例取自作者二十多年来的现场总线与工业以太网科研攻关课题。本书由哈尔滨工业大学佟为明主审，提出了宝贵的修改意见，在此表示衷心地感谢。同时，感谢本书中所引用的参考文献的作者。

限于编者水平，加上时间仓促，书中不妥之处在所难免，敬请广大读者不吝指正。

编　者
2018 年 5 月

目　录

第1章 现场总线与工业以太网概述

1.1 现场总线概述

现场总线（fieldbus）自产生以来，一直是自动化领域技术发展的热点之一，被誉为自动化领域的计算机局域网，各自动化厂商纷纷推出自己的现场总线产品，并在不同的领域和行业得到了越来越广泛的应用，现在已处于稳定发展期。近几年，无线传感网络与物联网（IoT）技术也融入到工业测控系统中。

按照IEC对"现场总线"一词的定义，现场总线是一种应用于生产现场，在现场设备之间、现场设备与控制装置之间实行双向、串行、多节点数字通信的技术。这是由IEC/TC65负责测量和控制系统数据通信部分国际标准化工作的SC65/WG6定义的。它作为工业数据通信网络的基础，沟通了生产过程现场级控制设备之间及其与更高控制管理层之间的联系。它不仅是一个基层网络，而且还是一种开放式、新型全分布式控制系统。这项以智能传感、控制、计算机、数据通信为主要内容的综合技术，已受到世界范围的关注而成为自动化技术发展的热点，并将导致自动化系统结构与设备的深刻变革。

1.1.1 现场总线的产生

在过程控制领域中，从20世纪50年代至今一直都在使用着一种信号标准，那就是4～20mA的模拟信号标准。20世纪70年代，数字式计算机引入到测控系统中，而此时的计算机提供的是集中式控制处理。20世纪80年代微处理器在控制领域得到应用，微处理器被嵌入到各种仪器设备中，形成了分布式控制系统。在分布式控制系统中，各微处理器被指定一组特定任务，通信则由一个带有附属"网关"的专有网络提供，网关的程序大部分是由用户编写的。

随着微处理器的发展和广泛应用，产生了以IC代替常规电子线路，以微处理器为核心，实施信息采集、显示、处理、传输及优化控制等功能的智能设备。一些具有专家辅助推断分析与决策能力的数字式智能化仪表产品，其本身具备了如自动量程转换、自动调零、自校正、自诊断等功能，还能提供故障诊断、历史信息报告、状态报告、趋势图等功能。通信技术的发展，促使传送数字化信息的网络技术开始广泛应用。与此同时，基于质量分析的维护管理、与安全相关系统的测试记录、环境监视需求的增加，都要求仪表能在当地处理信息，并在必要时允许被管理和访问，这些也使现场仪表与上级控制系统的通信量大增。另外，从实际应用的角度，控制界也不断在控制精度、可操作性、可维护性、可移植性等方面提出新需求。由此，导致了现场总线的产生。

现场总线就是用于现场智能化装置与控制室自动化系统之间的一个标准化的数字式通信技术，可进行全数字化、双向、多站总线式的信息数字通信，实现相互操作以及数据共享。现场总线的主要目的是用于控制、报警和事件报告等工作。现场总线通信协议的基本要求是响应速度和操作的可预测性的最优化。现场总线是一个低层次的网络协议，在其之上还允许有上级的监控和管理网络，负责文件传送等工作。现场总线为引入智能现场仪表提供了一个开放平台，基于现场总线的分布式控制系统（FCS），将是继 DCS 后的新一代控制系统。

1.1.2 现场总线的本质

由于标准实质上并未统一，所以对现场总线也有不同的定义。但现场总线的本质含义主要表现在以下几方面：

（1）现场通信网络。用于过程以及制造自动化的现场设备或现场仪表互联的通信网络。

（2）现场设备互连。现场设备或现场仪表是指传感器、变送器和执行器等，这些设备通过一对传输线互连，传输线可以使用双绞线、同轴电缆、光纤和电源线等，并可根据需要因地制宜地选择不同类型的传输介质。

（3）互操作性。现场设备或现场仪表种类繁多，没有任何一家制造商可以提供一个工厂所需的全部现场设备，所以，互相连接不同制造商的产品是不可避免的。用户不希望为选用不同的产品而在硬件或软件上花很大力气，而希望选用各制造商性能价格比最优的产品，并将其集成在一起，实现"即接即用"；用户希望对不同品牌的现场设备统一组态，构成所需要的控制回路。这些就是现场总线设备互操作性的含义。现场设备互连是基本要求，只有实现互操作性，用户才能自由地集成 FCS。

（4）分散功能块。FCS 废弃了 DCS 的输入/输出单元和控制站，把 DCS 控制站的功能块分散地分配给现场仪表，从而构成虚拟控制站。例如，流量变送器不仅具有流量信号变换、补偿和累加输入模块，而且有 PID 控制和运算功能块。调节阀的基本功能是信号驱动和执行，还内含输出特性补偿模块，也可以有 PID 控制和运算模块，甚至有阀门特性自检验和自诊断功能。由于功能块分散在多台现场仪表中，并可统一组态，供用户灵活选用各种功能块，构成所需的控制系统，实现彻底的分散控制。

（5）现场设备的智能化与功能自治性。它将传感测量、补偿计算、工程量处理与控制等功能分散到现场设备中完成，仅靠现场设备即可完成自动控制的基本功能，并可随时诊断设备的运行状态。

（6）通信线供电。通信线供电方式允许现场仪表直接从通信线上摄取能量，对于要求本征安全的低功耗现场仪表，可采用这种供电方式。众所周知，化工、炼油等企业的生产现场有可燃性物质，所有现场设备都必须严格遵循安全防爆标准。现场总线设备也不例外。

（7）开放式互联网络。现场总线为开放式互联网络，它既可与同层网络互联，也可与不同层网络互联，还可以实现网络数据库的共享。不同制造商的网络互联十分简便，用户不必在硬件或软件上花太多精力。通过网络对现场设备和功能块统一组态，把不同厂商的网络及设备融为一体，构成统一的 FCS。

（8）对现场环境的适应性。工作在现场设备前端，作为工厂网络底层的现场总线，是专为在现场环境工作而设计的，它可支持双绞线、同轴电缆、光缆、射频、红外线、电力线等，具有较强的抗干扰能力，能采用两线制实现送电与通信，并可满足安全防爆要求等。

1.1.3 现场总线的特点和优点

1. 现场总线的结构特点

现场总线打破了传统控制系统的结构形式。

传统模拟控制系统采用一对一的设备连线，按控制回路分别进行连接。位于现场的测量变送器与位于控制室的控制器之间，控制器与位于现场的执行器、开关、电动机之间均为一对一的物理连接。

现场总线控制系统由于采用了智能现场设备，能够把原先 DCS 系统中处于控制室的控制模块、各输入输出模块置入现场设备，加上现场设备具有通信能力，现场的测量变送仪表可以与阀门等执行机构直接传送信号，因而控制系统功能能够不依赖控制室的计算机或控制仪表，直接在现场完成，实现了彻底的分散控制。现场总线控制系统（FCS）与传统控制系统（如 DCS）结构对比如图 1-1 所示。

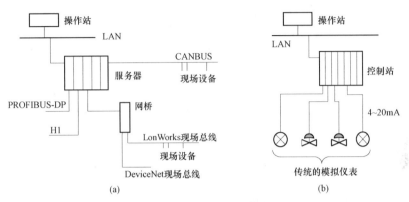

图 1-1　FCS 与 DCS 结构比较
（a）FCS；（b）DCS

由于采用数字信号替代模拟信号，因而可实现一对传输线上传输多个信号，如运行参数值、多个设备状态、故障信息等，同时又为多个设备提供电源，现场设备以外不再需要模拟/数字、数字/模拟转换器件。这样就为简化系统结构、节约硬件设备、节约连接电缆与各种安装成本、降低维护费用创造了条件。表 1-1 为 FCS 与 DCS 的详细对比。

表 1-1　　　　　　　　　　　　FCS 和 DCS 的详细对比

项目	FCS	DCS
结构	一对多：一对传输线接多台仪表，双向传输多个信号	一对一：一对传输线接一台仪表，单向传输一个信号
可靠性	可靠性好：数字信号传输抗干扰能力强，精度高	可靠性差：模拟信号传输不仅精度低，而且容易受干扰
失控状态	操作员在控制室既可以了解现场设备或现场仪表的工作状况，也能对设备进行参数调整，还可以预测或寻找故障，始终处于操作员的远程监视与可控状态之中	操作员在控制室既不了解模拟仪表的工作状况，也不能对其进行参数调整，更不能预测故障，导致操作员对仪表处于"失控"状态
互换性	用户可以自由选择不同制造商提供的性能价格比最优的现场设备和仪表，并将不同品牌的仪表互连。即使某台仪表故障，换上其他品牌的同类仪表照样工作，实现"即接即用"	尽管模拟仪表统一了信号标准 4～20mA DC，可是大部分技术参数仍由制造厂自定，致使不同品牌的仪表无法互换
仪表	智能仪表除了具有模拟仪表的检测、变换、补偿等功能外，还具有数字通信能力，并且具有控制和运算的能力	模拟仪表只具有检测、变换、补偿等功能
控制	控制功能分散在各个智能仪表中	所有的控制功能集中在控制站中

2. 现场总线的优点

由于现场总线的以上特点，特别是现场总线系统结构的简化，使控制系统从设计、安装、投运到正常生产运行及检修维护，都体现出优越性。

（1）节省硬件数量与投资。由于现场总线系统中分散在设备前端的智能设备能直接执行多种传感、控制、报警和计算功能，因而可减少变送器的数量，不再需要单独的控制器、计算单元等，也不再需要 DCS 系统的信号调理、转换、隔离技术等功能单元及其复杂接线，还可以用工控 PC 机作为操作站，从而节省了一大笔硬件投资，由于控制设备的减少，还可减少控制室的占地面积。

（2）节省安装费用。现场总线系统的接线十分简单，由于一对双绞线或一条电缆上通常可挂接多个设备，因而电缆、端子、槽盒、桥架的用量大大减少，连线设计与接头校对的工作量也大大减少。当需要增加现场控制设备时，无需增设新的电缆，可就近连接在原有的电缆上，既节省了投资，也减少了设计、安装的工作量。据有关典型试验工程的测算资料，可节约安装费用 60%以上。

（3）节约维护开销。由于现场控制设备具有自诊断与简单故障处理的能力，并通过数字通信将相关的诊断维护信息送往控制室，用户可以查询所有设备的运行，诊断维护信息，以便早期分析故障原因并快速排除，缩短了维护停工时间，同时由于系统结构简化、连线简单而减少了维护工作量。

（4）用户具有高度的系统集成主动权。用户可以自由选择不同厂商所提供的设备来集成系统。避免因选择了某一品牌的产品而限制了设备的选择范围，不会为系统集成中不兼容的协议、接口而一筹莫展，使系统集成过程中的主动权完全掌握在用户手中。

（5）提高了系统的准确性与可靠性。由于现场总线设备的智能化、数字化，与模拟信号相比，它从根本上提高了测量与控制的准确度，减少了传送误差。同时，由于系统的结构简化，设备与连线减少，现场仪表内部功能加强；减少了信号的往返传输，提高了系统的工作可靠性。

此外，由于它的设备标准化和功能模块化，因而还具有设计简单、易于重构等优点。

1.1.4　现场总线标准的制定

数字技术的发展完全不同于模拟技术，数字技术标准的制定往往早于产品的开发，标准决定着新兴产业的健康发展。

IEC TC65（负责工业测量和控制的第 65 标准化技术委员会）于 1999 年底通过的 8 种类型的现场总线作为 IEC 61158 最早的国际标准。

最新的 IEC 61158 Ed.4 标准于 2007 年 7 月出版。

IEC 61158 Ed.4 标准由多个部分组成，主要包括以下内容：

IEC 61158－1　总论与导则

IEC 61158－2　物理层服务定义与协议规范

IEC 61158－300　数据链路层服务定义

IEC 61158－400　数据链路层协议规范

IEC 61158－500　应用层服务定义

IEC 61158－600　应用层协议规范

IEC 61158 Ed.4 标准包括的现场总线类型如下：

Type 1　IEC 61158（FF 的 H1）

Type 2　CIP 现场总线

Type 3　PROFIBUS 现场总线

Type 4　P-Net 现场总线

Type 5　FF HSE 现场总线

Type 6　SwiftNet 被撤销

Type 7　WorldFIP 现场总线

Type 8　INTERBUS 现场总线

Type 9　FF H1 以太网

Type 10　PROFINET 实时以太网

Type 11　TCnet 实时以太网

Type 12　EtherCAT 实时以太网

Type 13　Ethernet Powerlink 实时以太网

Type 14　EPA 实时以太网

Type 15　Modbus-RTPS 实时以太网

Type 16　SERCOS Ⅰ、Ⅱ现场总线

Type 17　VNET/IP 实时以太网

Type 18　CC-Link 现场总线

Type 19　SERCOS Ⅲ现场总线

Type 20　HART 现场总线

每种总线都有其产生的背景和应用领域。总线是为了满足自动化发展的需求而产生的，由于不同领域的自动化需求各有其特点，因此在某个领域中产生的总线技术一般对这一特定领域的满足度高一些，应用多一些，适用性好一些。

工业以太网的引入成为新的热点。工业以太网正在工业自动化和过程控制市场上迅速增长，几乎所有远程 I/O 接口技术的供应商均提供一个支持 TCP/IP 协议的以太网接口，如 SIEMENS、Rockwell、GE Fanuc 等，他们销售各自的 PLC 产品，但同时提供与远程 I/O 和基于 PC 的控制系统相连接的接口。

1.1.5　现场总线的现状

国际电工技术委员会/国际标准协会（IEC/ISA）自 1984 年起着手现场总线标准工作，但统一的标准至今仍未完成。同时，世界上许多公司也推出了自己的现场总线技术。但太多存在差异的标准和协议，会给实践带来复杂性和不便性，影响开放性和可互操作性。因而在最近几年里开始标准统一工作，减少现场总线协议的数量，以达到单一标准协议的目标。各种协议标准合并的目的是为了达到国际上统一的总线标准，以实现各家产品的互操作性。

1. 多种总线共存

现场总线国际标准 IEC 61158 Ed.4 中采用了 20 种协议类型。每种总线都有其产生的背景和应用领域。随着时间的推移，占有市场 80%左右的总线将只有六七种，而且其应用领域比较明确，如 FF、PROFIBUS-PA 适用于冶金、石油、化工、医药等流程行业的过程控制，PROFIBUS-DP、DeviceNet 适用于加工制造业，LonWorks、PROFIBUS-FMS、DeviceNet 适用于楼宇、交通运输、农业。但这种划分又不是绝对的，相互之间又互有渗透。

2. 每种总线各有其应用领域

每种总线都力图拓展其应用领域，以扩张其势力范围。在一定应用领域中已取得良好业绩的总线，往往会进一步根据需要向其他领域发展。如 PROFIBUS 在 DP 的基础上又开发出

PA，以适用于流程工业。

3. 每种总线各有其国际组织

大多数总线都成立了相应的国际组织，力图在制造商和用户中创造影响，以取得更多方面的支持，同时也想显示出其技术是开放的。如 WorldFIP 国际用户组织、FF 基金会、PROFIBUS 国际用户组织、P-Net 国际用户组织及 ControlNet 国际用户组织等。

4. 每种总线均有其支持背景

每种总线都以一个或几个大型跨国公司为背景，公司的利益与总线的发展息息相关，如 PROFIBUS 以 SIEMENS 公司、ControlNet 以 Rockwell 公司、WorldFIP 以 Alstom 公司为主要支持者。

5. 设备制造商参加多个总线组织

大多数设备制造商都积极参加多个总线组织，有些公司甚至参加 2～4 个总线组织。道理很简单，装置是要挂在系统上的。

6. 多种总线均作为国家和地区标准

每种总线大多数将自己作为国家或地区标准，以加强自己的竞争地位。现在的情况：P-Net 已成为丹麦标准，PROFIBUS 已成为德国标准，WorldFIP 已成为法国标准。上述 3 种总线于 1994 年成为并列的欧洲标准 EN50170，其他总线也都形成了各组织的技术规范。

7. 工业以太网引入工业领域

工业以太网的引入成为新的热点。工业以太网正在工业自动化和过程控制市场上迅速增长，几乎所有远程 I/O 接口技术的供应商均提供一个支持 TCP/IP 协议的以太网接口，如 SIEMENS、Rockwell、GE Fanuc 等，他们销售各自的 PLC 产品，但同时提供与远程 I/O 和基于 PC 的控制系统相连接的接口。从美国 VDC 公司调查结果也可以看出，在今后 3 年，以太网的市场占有率将达到 20%以上。FF 现场总线正在开发高速以太网，这无疑大大加强了以太网在工业领域的地位。

1.1.6 现场总线网络的实现

现场总线的基础是数字通信，通信就必须有协议，从这个意义上来说，现场总线就是一个定义了硬件接口和通信协议的标准。国际标准化组织（ISO）的开放系统互联（OSI）协议，是为计算机互联网而制定的 7 层参考模型，它对任何网络都是适用的，只要网络中所要处理的要素是通过共同的路径进行通信。目前，各个公司生产的现场总线产品没有一个统一的协议标准，但是各公司在制定自己的通信协议时，都参考 OSI 7 层协议标准，且大都采用了其中的第 1 层、第 2 层和第 7 层，即物理层、数据链路层和应用层，并增设了第 8 层即用户层。

1. 物理层

物理层定义了信号的编码与传送方式、传送介质、接口的电气及机械特性、信号传输速率等。现场总线有 Manchester 和 NRZ 两种编码方式，前者同步性好，但频带利用率低，后者刚好相反。Manchester 编码采用基带传输，而 NRZ 编码采用频带传输。调制方式主要有 CPFSK 和 COFSK。现场总线传输介质主要有有线电缆、光纤和无线介质。

2. 数据链路层

数据链路层又分为两个子层，即介质访问控制层（MAC）和逻辑链路控制层（LLC）。MAC 功能是对传输介质传送的信号进行发送和接收控制，而 LLC 层则是对数据链进行控制，保证数据传送到指定的设备上。现场总线网络中的设备可以是主站，也可以是从站，主站有控制收发数据的权利，而从站则只有响应主站访问的权利。

3. 应用层

应用层可以分为两个子层，上面子层是应用服务层（FMS 层），它为用户提供服务；下面子层是现场总线存取层（FAS 层），它实现数据链路层的连接。

应用层的功能是进行现场设备数据的传送及现场总线变量的访问。它为用户应用提供接口，定义了如何应用读、写、中断和操作信息及命令，同时定义了信息、句法（包括请求、执行及响应信息）的格式和内容。应用层的管理功能在初始化期间初始化网络，指定标记和地址。同时按计划配置应用层，也对网络进行控制，统计失败和检测新加入或退出网络的装置。

4. 用户层

用户层是现场总线标准在 OSI 模型之外新增加的一层，是使现场总线控制系统开放与可互操作性的关键。

用户层定义了从现场装置中读、写信息和向网络中其他装置分派信息的方法，即规定了供用户组态的标准功能模块。事实上，各厂家生产的产品实现功能块的程序可能完全不同，但对功能块特性描述、参数设定及相互连接的方法是公开统一的。信息在功能块内经过处理后输出，用户对功能块的工作就是选择"设定特征"及"设定参数"，并将其连接起来。功能块除了输入输出信号外，还输出表征该信号状态的信号。

1.1.7　现场总线技术的发展趋势

发展现场总线技术已成为工业自动化领域广为关注的焦点，国际上现场总线的研究、开发，使测控系统冲破了长期封闭系统的禁锢，走上开放发展的征程，这对我国现场总线控制系统的发展是个极好的机会，也是一次严峻的挑战。现场总线技术是控制、计算机、通信技术的交叉与集成，涉及的内容十分广泛，应不失时机地抓好我国现场总线技术与产品的研究与开发。

自动化系统的网络化是发展的大趋势，现场总线技术受计算机网络技术的影响是十分深刻的。现在网络技术日新月异，发展十分迅猛，一些具有重大影响的网络新技术必将进一步融合到现场总线技术之中，这些具有发展前景的现场总线技术有：

（1）智能仪表与网络设备开发的软硬件技术。

（2）组态技术，包括网络拓扑结构、网络设备、网络互联等。

（3）网络管理技术，包括网络管理软件、网络数据操作与传输。

（4）人机接口、软件技术。

（5）现场总线系统集成技术。

总体说来，自动化系统与设备将朝着现场总线体系结构的方向前进，但由于这一技术所涉及的应用领域十分广泛，几乎覆盖了所有连续、离散工业领域，如过程自动化、制造加工自动化、楼宇自动化、家庭自动化等。大千世界，众多领域，需求各异，一个现场总线体系下可能不止容纳单一的标准。另外，从以上介绍也可以看出，几大技术均具有自己的特点，已在不同应用领域形成了自己的优势。加上商业利益的驱使，它们都各自正在十分激烈的市场竞争中求得发展。

1.2 以太网与工业以太网概述

1.2.1 以太网技术

20 世纪 70 年代早期，国际上公认的第一个以太网系统出现于 Xerox 公司的 Palo Alto Research Center（PARC），它以无源电缆作为总线来传送数据，在 1000m 的电缆上连接了 100 多台计算机，并以曾经在历史上表示传播电磁波的以太（Ether）来命名，这就是如今以太网的鼻祖。以太网发展的历史见表 1-2。

表 1-2 以太网的发展简表

标准及重大事件	标志内容，时间（速度）
Xerox 公司开始研发	1972 年
首次展示初始以太网	1976 年（2.94Mbit/s）
标准 DIX V1.0 发布	1980 年（10Mbit/s）
IEEE 802.3 标准发布	1983 年，基于 CSMA/CD 访问控制
10 Base-T	1990 年，双绞线
交换技术	1993 年，网络交换机
100 Base-T	1995 年，快速以太网（100Mbit/s）
千兆以太网	1998 年
万兆以太网	2002 年

IEEE 802 代表 OSI 开放式系统互联七层参考模型中一个 IEEE 802.n 标准系列，IEEE 802 介绍了此系列标准协议情况，主要描述了此 LAN/MAN（局域网/城域网）系列标准协议概况与结构安排。IEEE 802.n 标准系列已被接纳为国际标准化组织（ISO）的标准，其编号命名为 ISO 8802。以太网的主要标准见表 1-3。

表 1-3 以太网的主要标准

标准	内容描述
IEEE 802.1	体系结构与网络互联、管理
IEEE 802.2	逻辑链路控制
IEEE 802.3	CSMA/CD 媒体访问控制方法与物理层规范
IEEE 802.3i	10 Base-T 基带双绞线访问控制方法与物理层规范
IEEE 802.3j	10 Base-F 光纤访问控制方法与物理层规范
IEEE 802.3u	100 Base-T、FX、TX、T4 快速以太网
IEEE 802.3x	全双工
IEEE 802.3z	千兆以太网
IEEE 802.3ae	10Gbit/s 以太网标准
IEEE 802.3af	以太网供电
IEEE 802.11	无线局域网访问控制方法与物理层规范
IEEE 802.3az	100Gbit/s 的以太网技术规范

1.2.2　工业以太网技术

人们习惯将用于工业控制系统的以太网统称为工业以太网。如果仔细划分，按照国际电工委员会 SC65C 的定义，工业以太网是用于工业自动化环境、符合 IEEE 802.3 标准、按照 IEEE 802.1D "媒体访问控制（MAC）网桥"规范和 IEEE 802.1Q "局域网虚拟网桥"规范、对其没有进行任何实时扩展（Extension）而实现的以太网。通过采用减轻以太网负荷、提高网络速度、采用交换式以太网和全双工通信、采用信息优先级和流量控制以及虚拟局域网等技术，到目前为止可以将工业以太网的实时响应时间做到 5～10ms，相当于现有的现场总线。采用工业以太网，由于具有相同的通信协议，能实现办公自动化网络和工业控制网络的无缝连接。

商用以太网设备与工业以太网设备比较，见表 1-4。

表 1-4　　　　　　　　　　　　商用以太网和工业以太网的比较

项目	工业以太网设备	商用以太网设备
元器件	工业级	商用级
接插件	耐腐蚀、防尘、防水，如加固型 RJ45、DB-9、航空插头等	一般 RJ45
工作电压	24V DC	220V AC
电源冗余	双电源	一般没有
安装方式	DIN 导轨和其他固定安装	桌面、机架等
工作温度	-40～85℃或 -20～70℃	5～40℃
电磁兼容性标准	EN 50081-2（工业级 EMC） EN 50082-2（工业级 EMC）	办公室用 EMC
MTBF 值	至少 10 年	3～5 年

工业以太网即应用于工业控制领域的以太网技术，它在技术上与商用以太网兼容，但又必须满足工业控制网络通信的需求。在产品设计时，在材质的选用、产品的强度、可靠性、抗干扰能力、实时性等方面满足工业现场环境的应用。一般而言，工业控制网络应满足以下要求。

（1）具有较好的响应实时性。工业控制网络不仅要求传输速度快，而且在工业自动化控制中还要求响应快，即响应实时性好。

（2）可靠性和容错性要求。能安装在工业控制现场，且能够长时间连续稳定运行，在网络局部链路出现故障的情况下，能在很短的时间内重新建立新的网络链路。

（3）力求简洁。减小软、硬件开销，从而降低设备成本，同时也可以提高系统的健壮性。

（4）环境适应性要求。包括机械环境适应性（如耐振动、耐冲击）、气候环境适应性（工作温度要求为 -40～85℃，至少为 -20～70℃，并要耐腐蚀、防尘、防水）、电磁环境适应性或电磁兼容性 EMC 应符合 EN50081-2/EN50082-2 标准。

（5）开放性好。由于以太网技术被大多数的设备制造商所支持，并且具有标准的接口，系统集成和扩展更加容易。

（6）安全性要求。在易爆可燃的场合，工业以太网产品还需要具有防爆要求，包括隔爆、本质安全。

（7）总线供电要求。即要求现场设备网络不仅能传输通信信息，而且要能够为现场设备提供工作电源。这主要是从线缆铺设和维护方便考虑，同时总线供电还能减少线缆，降低成本。IEEE 802.3af 标准对总线供电进行了规范。

（8）安装方便。适应工业环境的安装要求，如采用 DIN 导轨安装。

1.2.3　工业以太网通信模型

工业以太网协议在本质上仍基于以太网技术，在物理层和数据链路层均采用了 IEEE 802.3 标准，在网络层和传输层则采用被称为以太网"事实上的标准"的 TCP/IP 协议簇（包括 UDP、TCP、IP、ICMP、IGMP 等协议），它们构成了工业以太网的低四层。在高层协议上，工业以太网协议通常都省略了会话层、表示层，而定义了应用层，有的工业以太网协议还定义了用户层（如 HSE）。工业以太网与 ISO/OSI 模型分层对照如图 1-2 所示。

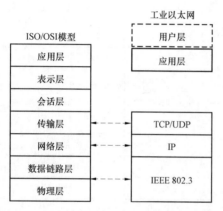

图 1-2　工业以太网与 ISO/OSI 模型分层对照

工业以太网与商用以太网相比，具有以下特征：

（1）通信实时性。在工业以太网中，提高通信实时性的措施主要包括采用交换式集线器、使用全双工（full-duplex）通信模式、采用虚拟局域网（VLAN）技术、提高质量服务（QoS）、有效的应用任务的调度等。

（2）环境适应性和安全性。首先，针对工业现场的振动、粉尘、高温和低温、高湿度等恶劣环境，对设备的可靠性提出了更高的要求。工业以太网产品针对机械环境、气候环境、电磁环境等需求，对线缆、接口、屏蔽等方面做出专门的设计，符合工业环境的要求。

在易燃易爆的场合，工业以太网产品通过包括隔爆和本质安全两种方式来提高设备的生产安全性。

在信息安全方面，利用网关构建系统的有效屏障，对经过它的数据包进行过滤。同时随着加密解密技术与工业以太网的进一步融合，工业以太网的信息安全性也得到了进一步的保障。

（3）产品可靠性设计。工业控制的高可靠性通常包含三方面内容：

1）可使用性好，网络自身不易发生故障。

2）容错能力强，网络系统局部单元出现故障，不影响整个系统的正常工作。

3）可维护性高，故障发生后能及时发现和及时处理，通过维修使网络及时恢复。

（4）网络可用性。在工业以太网系统中，通常采用冗余技术以提高网络的可用性，主要有端口冗余、链路冗余、设备冗余和环网冗余。

1.2.4　工业以太网的优势

以太网发展到工业以太网，从技术方面来看，与现场总线相比，工业以太网具有以下优势：

（1）应用广泛。以太网是目前应用最为广泛的计算机网络技术，受到广泛的技术支持。几乎所有的编程语言都支持 Ethernet 的应用开发，如 Java、Visual C++、Visual Basic 等。这些编程语言由于使用广泛，并受到软件开发商的高度重视，具有很好的发展前景。因此，如果采用以太网作为现场总线，可以保证有多种开发工具、开发环境供选择。

（2）成本低廉。由于以太网的应用广泛，受到硬件开发与生产厂商的高度重视与广泛支持，有多种硬件产品供用户选择，硬件价格也相对低廉。

（3）通信速率高。目前以太网的通信速率为 10、100、1000Mbit/s 和 10Gbit/s，其速率比目前的现场总线快得多，以太网可以满足对带宽有更高要求的需要。

（4）开放性和兼容性好，易于信息集成。工业以太网因为采用由 IEEE 802.3 所定义的数据传输协议，它是一个开放的标准，从而为 PLC 和 DCS 厂家广泛接受。

（5）控制算法简单。以太网没有优先权控制意味着访问控制算法可以很简单。它不需要管理网络上当前的优先权访问级。还有一个好处是：没有优先权的网络访问是公平的，任何站点访问网络的可能性都与其他站相同，没有哪个站可以阻碍其他站的工作。

（6）软硬件资源丰富。大量的软件资源和设计经验可以显著降低系统的开发和培训费用，从而可以显著降低系统的整体成本，并大大加快系统的开发和推广速度。

（7）不需要中央控制站。令牌环网采用了"动态监控"的思想，需要有一个站负责管理网络的各种事务。传统令牌环网如果没有动态监测是无法运行的。以太网不需要中央控制站，它不需要动态监测。

（8）可持续发展潜力大。由于以太网的广泛使用，使它的发展一直受到广泛的重视和大量的技术投入，由此保证了以太网技术不断地持续向前发展。

（9）易于与 Internet 连接。能实现办公自动化网络与工业控制网络的信息无缝集成。

1.2.5　实时以太网

为了满足高实时性能应用的需要，各大公司和标准组织纷纷提出各种提升工业以太网实时性的技术解决方案。这些方案建立在 IEEE 802.3 标准的基础上，通过对其和相关标准的实时扩展提高实时性，并且做到与标准以太网的无缝连接，这就是实时以太网（Realtime Ethernet，RTE）。

根据 IEC 61784-2—2010 标准定义，实时以太网，就是根据工业数据通信的要求和特点，在 ISO/IEC 8802-3 协议基础上，通过增加一些必要的措施，使之具有实时通信能力：

（1）网络通信在时间上的确定性，即在时间上，任务的行为可以预测。

（2）实时响应适应外部环境的变化，包括任务的变化、网络节点的增/减、网络失效诊断等。

（3）减少通信处理延迟，使现场设备间的信息交互在极小的通信延迟时间内完成。

按照 IEC/TC65/SC65C 的定义，实时以太网属于工业以太网。

IEC 国际标准收录的工业以太网见表 1-5。

表 1-5　　　　　　　　　　　IEC 国际标准收录的工业以太网

技术名称	技术来源	应用领域
Ethernet/IP	美国 Rockwell 公司	过程控制
PROFINET	德国 SIEMENS 公司	过程控制、运动控制
P-NET	丹麦 Process-Data A/S 公司	过程控制
Vnet/IP	日本 Yokogawa 横河	过程控制
TC-net	东芝公司	过程控制

续表

技术名称	技术来源	应用领域
EtherCAT	德国 Beckhoff 公司	运动控制
Ethernet Powerlink	奥地利 B&R 公司	运动控制
EPA	浙江大学、浙江中控公司等	过程控制、运动控制
Modbus/TCP	法国 Schneider－electric 公司	过程控制
SERCOS－Ⅲ	德国 Hilscher 公司	运动控制

1.2.6　以太网在电力企业中的应用

以电力设备嵌入式数据采集与故障诊断平台为例,该平台针对电力设备中的大型汽轮发电机组,实现了对电厂主机和辅机设备的数据采集和故障诊断功能。系统是构筑在现场总线、工业以太网和 Internet 基础上的应用系统。广泛采用了自动化技术、计算机技术、网络通信技术、嵌入式技术和互联网技术等。电力设备监控系统的总体框架如图 1-3 所示。

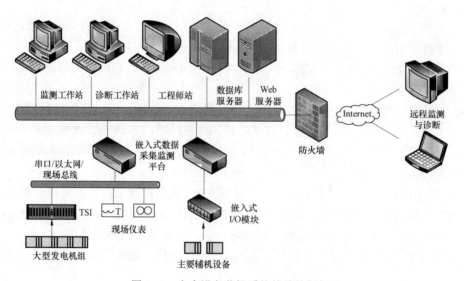

图 1-3　电力设备监控系统的总体框架

系统主要包括如下三个部分:

(1) 嵌入式数据采集监测平台。从发电机组 TSI 系统或者各种传感器中在线采集机组各种运行数据,如振动、位移、胀差、键相、转速、压力、温度及各种工艺参数等。

(2) 监测与诊断中心。主要由故障诊断专家系统、Web 服务器、数据库服务器、监测与诊断工作站等组成。

(3) 远程监测与诊断。远程专家系统和诊断专家及监测用户通过 Internet 从中心服务器获得实时数据进行实时远程监测,并与服务器上的数据库连接获得历史数据进行状态分析。同时,通过中心服务器发布的智能诊断结果,结合诊断专家分析意见,为机组实施状态检修计划与决策支持提供指导性检修意见。

1.3 企业网络信息集成系统

1.3.1 企业网络信息集成系统的层次结构

现场总线本质上是一种控制网络，因此网络技术是现场总线的重要基础。现场总线网络和 Internet、Intranet 等类型的信息网络不同，控制网络直接面向生产过程，因此要求有很高的实时性、可靠性、数据完整性和可用性。为满足这些特性，现场总线对标准的网络协议做了简化，一般只包括 ISO/OSI 7 层模型中的 3 层：物理层、数据链路层和应用层。此外，现场总线还要完成与上层工厂信息系统的数据交换和传递。综合自动化是现代工业自动化的发展方向，在完整的企业网构架中，企业网络信息集成系统应涉及从底层现场设备网络到上层信息网络的数据传输过程。

基于上述考虑，统一的企业网络信息集成系统应具有 3 层结构，企业网络信息集成系统的层次结构如图 1-4 所示，从底向上依次为：过程控制层（PCS）、制造执行层（MES）、企业资源规划层（ERP）。

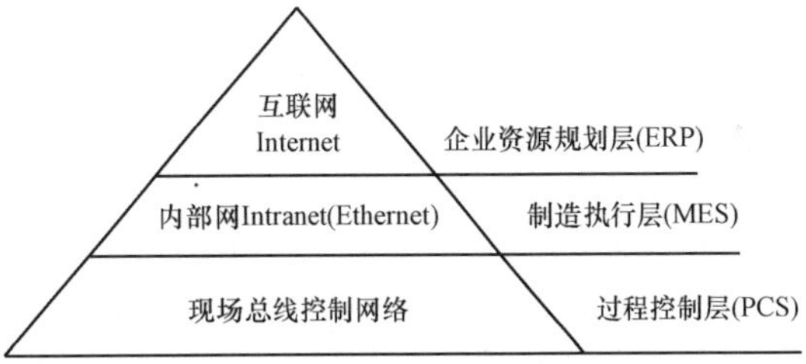

图 1-4 企业网络信息集成系统的层次结构

1. 过程控制层

现场总线是将自动化最底层的现场控制器和现场智能仪表设备互连的实时控制通信网络，遵循 ISO 的 OSI 开放系统互联参考模型的全部或部分通信协议。现场总线控制系统则是用开放的现场总线控制通信网络将自动化最底层的现场控制器和现场智能仪表设备互联的实时网络控制系统。

依照现场总线的协议标准，智能设备采用功能块的结构，通过组态设计，完成数据采集、A/D 转换、数字滤波、温度压力补偿、PID 控制等各种功能。智能转换器对传统检测仪表电流电压进行数字转换和补偿。此外，总线上应有 PLC 接口，便于连接原有的系统。

现场设备以网络节点的形式挂接在现场总线网络上，为保证节点之间实时、可靠的数据传输，现场总线控制网络必须采用合理的拓扑结构。常见的现场总线网络拓扑结构有以下几种：

（1）环形网。其特点是时延确定性好，重载时网络效率高，但轻载时等待令牌产生不必要的时延，传输效率下降。

（2）总线网。其特点是节点接入方便，成本低。轻载时时延小，但网络通信负荷较重时时延加大，网络效率下降。此外传输时延不确定。

（3）树形网。其特点是可扩展性好，频带较宽，但节点间通信不便。

（4）令牌总线网。结合环形网和总线网的优点，即物理上是总线网，逻辑上是令牌网。这样，网络传输时延确定无冲突，同时节点接入方便，可靠性好。

过程控制层通信介质不受限制，可用双绞线、同轴电缆、光纤、电力线、无线、红外线等各种形式。

2. 制造执行层

这一层从现场设备中获取数据，完成各种控制、运行参数的监测、报警和趋势分析等功能，另外还包括控制组态的设计和安装。制造执行层的功能一般由上位计算机完成，它通过扩展槽中网络接口板与现场总线相连，协调网络节点之间的数据通信，或者通过专门的现场总线接口（转换器）实现现场总线网段与以太网段的连接，这种方式使系统配置更加灵活。这一层处于以太网中，因此其关键技术是以太网与底层现场设备网络间的接口，主要负责现场总线协议与以太网协议的转换，保证数据包的正确解释和传输。制造执行层除上述功能外，还为实现先进控制和远程操作优化提供支撑环境。例如：实时数据库、工艺流程监控、先进控制，以及设备管理等。

3. 企业资源规划层

其主要目的是在分布式网络环境下构建一个安全的远程监控系统。首先要将中间监控层的数据库中的信息转入上层的关系数据库中，这样远程用户就能随时通过浏览器查询网络运行状态以及现场设备的工况，对生产过程进行实时的远程监控。赋予一定的权限后，还可以在线修改各种设备参数和运行参数，从而在广域网范围内实现底层测控信息的实时传递。这样，企业各个实体能够不受地域的限制进行监视与控制工厂局域网里的各种数据，并对这些数据进行进一步的分析和整理，为相关的各种管理、经营决策提供支持，实现管控一体化。目前，远程监控实现的途径就是通过 Internet，主要方式是租用企业专线或者利用公众数据网。由于涉及实际的生产过程，必须保证网络安全，可以采用的技术包括防火墙、用户身份认证，以及密钥管理等。

在整个现场总线控制网络模型中，现场设备层是整个网络模型的核心，只有确保总线设备之间可靠、准确、完整的数据传输，上层网络才能获取信息以及实现监控功能。当前对现场总线的讨论大多停留在底层的现场智能设备网段，但从完整的现场总线控制网络模型出发，应更多地考虑现场设备层与中间监控层、Internet 应用层之间的数据传输与交互问题，以及实现控制网络与信息网络的紧密集成。

4. 现场总线与数据网络的区别

现场总线与数据网络相比，主要有以下特点：

（1）现场总线主要用于对生产、生活设备的控制，对生产过程的状态检测、监视与控制，或实现"家庭自动化"等；数据网络则主要用于通信、办公，提供如文字、声音和图像等数据信息。

（2）现场总线和数据网络具有各自的技术特点。控制网络信息/控制网络最低层，要求具备高度的实时性、安全性和可靠性，网络接口尽可能简单，成本尽量降低，数据传输量一般较小；数据网络则需要适应大批量数据的传输与处理。

（3）现场总线采用全数字式通信，具有开放式、全分布、互操作性（Interoperability）等特点。

（4）在现代生产和社会生活中，这两种网络将具有越来越紧密的联系。两者的不同特点决定了它们的需求互补以及它们之间需要信息交换。控制网络信息与数据网络信息的结合，沟通了生产过程现场控制设备之间及其与更高控制管理层网络之间的联系，可以更好地调度和优化生产过程，提高产品的产量和质量，为实现控制、管理、经营一体化创造了条件。现场总线与管理信息网络特性比较见表 1-6。

表 1-6　　　　　　　　　　　现场总线与管理信息网络特性比较

特性	现场总线	管理信息网络
监视与控制能力	强	弱

续表

特性	现场总线	管理信息网络
可靠性与故障容限	高	高
实时响应	快	中
信息报文长度	短	长
OSI 相容性	低	中、高
体系结构与协议复杂性	低	中、高
通信功能级别	中级	大范围
通信速率	低、中	高
抗干扰能力	强	中

　　国际标准化组织（ISO）提出的 OSI 参考模型是一种 7 层通信协议，该协议每层采用国际标准，其中，第 1 层是物理介质层，第 2 层是数据链路层，第 3 层是网络层，第 4 层是数据传输层，第 5 层是会话层，第 6 层是表示层，第 7 层是应用层。现场总线体系结构是一种实时开放系统，从通信角度看，一般是由 OSI 参考模型的物理介质层、数据链路层、应用层 3 层模式体系结构和通信媒质构成的，如 Bitbus、CAN、WorldFIP 和 FF 现场总线等。另外，也有采用在前 3 层基础上再加数据传输层的 4 层模式体系结构，如 PROFIBUS 等。但 LonWorks 现场总线却比较独特，它是采用包括全部 OSI 协议在内的 7 层模式体系结构。

　　现场总线作为低带宽的底层控制网络，可与 Internet 及 Intranet 相连，它作为网络系统的最显著的特征是具有开放统一的通信协议。

1.3.2　现场总线的作用

　　现场总线控制网络处于企业网络的底层，或者说，它是构成企业网络的基础。而生产过程的控制参数与设备状态等信息是企业信息的重要组成部分。企业网络各功能层次的网络类型如图 1-5 所示。从图中可以看出，除现场的控制网络外，上面的 ERP 和 MES 都采用以太网。

　　早期的企业网络系统结构复杂，功能层次较多，包括从过程控制、监控、调度、计划、管理到经营决策等。随着互联网的发展和以太网技术的普及，企业网络早期的 TOP/MAP 式多层分布式子网的结构逐渐为以太网、FDDI 主干网所取代。企业网络系统的结构层次趋于扁平化，同时对功能层次的划分也更为简化。

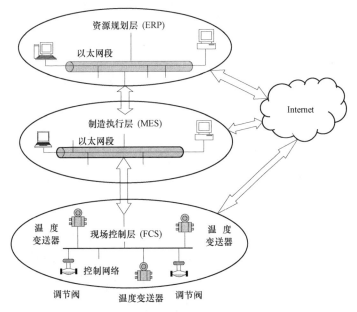

图 1-5　企业网络各功能层次的网络类型

底层为控制网络所处的现场控制层（FCS），最上层为企业资源规划层（ERP），而将传统概念上的监控、计划、管理、调度等多项控制管理功能交错的部分，都包罗在中间的制造执行层（MES）中。图中的 ERP 与 MES 功能层大多采用以太网技术构成数据网络，网络节点多为各种计算机及外设。随着互联网技术的发展与普及，ERP 与 MES 层的网络集成与信息交互问题得到了较好的解决。它们与外界互联网之间的信息交互也相对比较容易。

控制网络的主要作用是为自动化系统传递数字信息。它所传输的信息内容主要是生产装置运行参数的测量值、控制量、阀门的工作位置、开关状态、报警状态、设备的资源与维护信息、系统组态、参数修改、零点量程调校信息等。企业的管理控制一体化系统需要这些控制信息的参与，优化调度等也需要集成不同装置的生产数据，并能实现装置间的数据交换。这些都需要在现场控制层内部，在 FCS 与 MES、ERP 各层之间，方便地实现数据传输与信息共享。

现场控制层所采用的控制网络种类繁多，本层网络内部的通信一致性很差，个异性强，有形形色色的现场总线，再加上 DCS、PLC、SCADA 等。控制网络从通信协议到网络节点类型都与数据网络存在较大差异。这些差异使得控制网络之间、控制网络与外部互联网之间实现信息交换的难度加大，实现互连和互操作存在较多障碍。因此，需要从通信一致性、数据交换技术等方面入手，改善控制网络的数据集成与交换能力。

1.3.3　现场总线与上层网络的互联

由于现场总线所处的特殊环境及所承担的实时控制任务是普通局域网和以太网技术难以取代的，因而现场总线至今依然保持着它在现场控制层的地位和作用。但现场总线需要同上层与外界实现信息交换。

现场总线与上层网络的连接方式一般有以下三种：

（1）采用专用网关完成不同通信协议的转换，把现场总线网段或 DCS 连接到以太网上。图 1-6 给出了通过网关连接现场总线网段与上层网络的示意图。

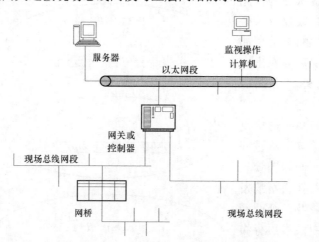

图 1-6　通过网关连接现场总线网段与上层网络

（2）将现场总线网卡和以太网卡都置入工业 PC 机的 PCI 插槽内，在 PC 机内完成数据交换。在图 1-7 中采用现场总线的 PCI 卡，实现现场总线网段与上层网络的连接。

（3）将 Web 服务器直接置入 PLC 或现场控制设备内，借助 Web 服务器和通用浏览工具实现数据信息的动态交互。这是近年来互联网技术在生产现场直接应用的结果，但它需要有一直延伸到工厂底层的以太网支持。正是因为控制设备内嵌 Web 服务器，使得现场总线设备有条件直接通向互联网，与外界直接沟通信息。而在这之前，现场总线设备是不能直接与外界沟通信息的。

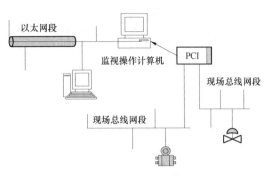

图 1-7　采用 PCI 卡连接现场总线网段与上层网络

现场总线与互联网的结合拓宽了测量控制系统的范围和视野，为实现跨地区的远程控制与远程故障诊断创造了条件。人们可以在千里之外查看生产现场的运行状态，方便地实现偏远地段生产设备的无人值守，远程诊断生产过程或设备的故障，在办公室查询并操作家中的各类电器等设备。

1.3.4　现场总线网络集成应考虑的因素

应用现场总线要适合企业的需要，选择现场总线应考虑以下因素：

（1）控制网络的特点。

1）适应工业控制应用环境，要求实时性强，可靠性高，安全性好。

2）网络传输的是测控数据及其相关信息，因而多为短帧信息，传输速率低。

3）用户从满足应用需要的角度去选择、评判。

（2）标准支持。国际、国家、地区、企业标准。

（3）网络结构。支持的介质，网络拓扑，最大长度/段，本质安全，总线供电，最大电流，可寻址的最大节点数，可挂接的最大节点数，介质冗余等。

（4）网络性能。传输速率，时间同步准确度，执行同步准确度，媒体访问控制方式，发布/预订接收能力，报文分段能力（报文大小限制，最大数据/报文段），设备识别，位号名分配，节点对节点的直接传输，支持多段网络，可寻址的最大网段数。

（5）测控系统应用考虑。功能块，应用对象，设备描述。

（6）市场因素。供应商供货的成套性、持久性、地区性、产品互换性和性能价格比。

（7）其他因素。一致性测试，互操作测试机制。

1.4　分 布 式 系 统

分布式系统是其组件分布在连网的计算机上，组件之间通过传递消息进行通信和动作协调的系统。该定义引出了分布式系统的下列重要特征：组件的并发性、缺乏全局时钟、组件故障的独立性。

构造分布式系统的挑战是处理其组件的异构性、开放性（允许增加或替换组件）、安全性、可伸缩性（用户的负载或数量增加时能正常运行的能力）、故障处理、组件的并发性、透明性和提供服务质量的问题。

1.4.1　分布式系统的特征

计算机网络无处不在。互联网也是其中之一，因为它是由许多种网络组成的。移动电话网、协作网、企业网、校园网、家庭网、车内网，所有这些，既可以单独使用，又可相互结合，它们具有相同的本质特征。

分布式系统定义成一个其硬件或软件组件分布在连网的计算机上，组件之间通过传递消息进行通信和动作协调的系统。

分布式系统有如下显著特征：

（1）并发。在一个计算机网络中，执行并发程序是常见的行为。用户可以在各自的计算机上工作，在必要时共享诸如 Web 页面或文件之类的资源。

（2）缺乏全局时钟。在程序需要协作时，它们通过交换消息来协调它们的动作。密切的协作通常取决于对程序动作发生的时间的共识。但是，事实证明，网络上的计算机与时钟同步所达到的准确性是有限的，即没有一个正确时间的全局概念。

（3）故障独立性。所有的计算机系统都可能出现故障，一般由系统设计者负责为可能的故障设计结果。分布式系统可能以新的方式出现故障。

构造和使用分布式系统的主要动力来源于对共享资源的期望。

1.4.2　分布式系统的网络类型

支持分布式系统的网络类型：个域网、局域网、广域网、城域网以及它们的无线变体。互联网络（如因特网）是基于这些类型的网络构造出来的。各种网络的性能特征见表 1-7。

表 1-7　　　　　　　　　　　　网 络 的 性 能 特 征

	类型	实例	范围	带宽（Mbit/s）	延迟（ms）
有线	LAN	以太网	1～2km	1～100	1～10
	WAN	IP 路由	世界范围	0.010～600	100～500
	MAN	ATM	2～50km	1～600	10
	互联网络	因特网	世界范围	0.5～600	100～500
无线	WPAN	蓝牙（IEEE 802.15.1）	10～30m	0.5～2	5～20
	WLAN	Wi-Fi（IEEE 802.11）	0.15～1.5km	11～108	5～20
	WMAN	WiMAX（IEEE 802.16）	5～50km	1.5～20	5～20
	WWAN	3G 电话网	cell: 1～5km	0.348～14.4	100～500

（1）个域网。个域网（Personal Area Network，PAN）是本地网的子类，其中一个用户携带的各种数字设备由一个廉价、低能量网络连接起来。由于移动电话、PDA、数码相机、音乐播放器等个人设备数量的增加，无线个域网（WPAN）的重要性也随之增加。

（2）局域网。局域网（Local Area Network，LAN）在由单一通信介质连接的计算机之间以相对高的速度传输消息。局域网的适用性很强，它可以在几乎所有的工作环境中工作，只需有一台以上的个人计算机或者工作站，它们的性能对实现分布式系统和应用来说已经足够了。

（3）广域网。广域网（Wide Area Network，WAN）在属于不同组织以及可能被远距离分隔开的节点之间以较低速度传递消息。这些节点可能分布在不同的城市、国家，甚至不同的洲。

（4）城域网。城域网（Metropolitan Area Network，MAN）基于城镇或城市里高带宽的铜线和光纤电缆，在 50km 的范围内传输视频、音频或者其他数据。

（5）无线局域网。无线局域网（Wireless Local Area Network，WLAN）用于替代有线 LAN，为移动设备提供连接，或者说，使得家里和办公楼内的计算机不需要有线的基础设施就能相互连接并连到互联网上。无线局域网都是广泛使用的 IEEE 802.11 标准（Wi-Fi）的变体，在 1.5km 范围内提供 10～100Mbit/s 的带宽。

（6）无线城域网。IEEE 802.16 WiMAX 标准针对这类网络。无线城域网（Wireless Metropolitan Area Network，WMAN）旨在替换家庭和办公楼中的有线连接，并在某些应用中超过 802.11Wi-Fi 网络。

（7）无线广域网。无线广域网（Wireless Wide Area Network，WWAN）大部分移动电话网络基于数字无线网络技术，如世界上大部分国家采用的 GSM（全球移动通信系统）标准。移动电话网络通过使用蜂窝无线连接可在广阔的地域（通常是整个国家或整个大洲）上运行，它们的数据传输设施为便携设备提供了到互联网的广域移动连接。

1.4.3　分布式系统的发展趋势

分布式系统正在经历巨大的变化，这可追溯到一系列有影响力的趋势：

（1）出现了泛在联网技术。

（2）出现了无处不在计算机，它伴随着分布式系统中支持用户移动性的意愿。

（3）对多媒体设备的需求增加。

（4）把分布式系统作为一个设施。

1. 泛在联网和现代互联网

现代互联网是一个巨大的由多种类型计算机网络互联的集合，网络的类型一直在增加，现在包括多种多样的无线通信技术，如 Wi-Fi、WiMAX、蓝牙和移动电话网络。最终结果是联网已成为一个泛在的资源，设备可以在任何时间、任何地方被连接。

因特网也是一个超大的分布式系统。它使得世界各地的用户都能利用如万维网、电子邮件和文件传送等服务。

2. 移动和无处不在的计算

设备小型化和无线网络方面的技术进步已经逐步使得小型和便携式计算设备集成到分布式系统中。这些设备包括：

（1）笔记本电脑。

（2）手持设备，包括移动电话、智能电话、GPS 设备、传呼机、个人数字助理（PDA）、摄像机和数码相机。

（3）可穿戴设备，如具有类似 PDA 功能的智能手表。

（4）嵌入在家电（如洗衣机、高保真音响系统、汽车和冰箱）中的设备。

3. 分布式多媒体系统

另一个重要的趋势是在分布式系统中支持多媒体服务的需求。多媒体支持可以定义为以集成的方式支持多种媒体类型的能力。

分布式多媒体应用（例如网络播放）对底层的分布式基础设施提出了大量的要求，包括：

（1）提供对一系列（可扩展的）编码和加密格式的支持，例如 MPEG 系列标准和 HDTV。

（2）提供一系列机制来保障所需的服务质量能得到满足。

（3）提供相关的资源管理策略，包括合适的调度策略来支持所需的服务质量。

（4）提供适配策略来处理在开放系统中不可避免的场景，即服务质量不能得到满足或维持。

4. 把分布式计算作为一个公共设施

随着分布式系统基础设施的不断成熟，不少公司在推广这样的观点：把分布式资源看成一个商品或公共设施，把分布式资源和其他公共设施（例如水或电）进行类比。采用这个模型，资源通过合适的服务提供者提供，能被最终用户有效地租赁而不是拥有。

1.4.4 分布式系统的应用领域

网络无处不在，已成为理所当然的日常服务，如互联网和相关的万维网、Web 搜索、在线游戏、电子邮件、社会网络、电子商务等都离不开网络。

分布式系统的应用领域有：

（1）金融和商业。电子商务如 Amazon 和 eBay 等公司，底层的支付技术（如 PayPal）在不断发展；出现了相关的在线银行和交易，以及用于金融市场的复杂信息分发系统。

（2）信息社会。万维网发展成信息和知识的仓库；开发出用于搜索这个巨大仓库的 Web 搜索引擎，如 Google 和 Yahoo 等；出现了数字图书馆和对遗留信息源的大规模数字化；通过如 YouTube、Wikipedia 和 Ficker 等网站，使用户生成的内容的重要性不断提升，出现了如 Facebook 和 MySpace 这样的社交网络。

（3）创意产业和娱乐。在线游戏成为一种新的高度交互的娱乐方式；利用网络化的媒体中心和更广泛的互联网，获得可下载的或流化的内容，从而在家里获得音乐和电影；用户生成的内容，通过如 YouTube 之类的服务，成为一种新型的创新；新兴技术引发了新的艺术和娱乐方式。

（4）医疗保健。健康信息化成为一个学科，强调在线电子病历记录和私密性相关的问题；远程医疗在支持远程诊断或更先进的服务如远程手术等方面越来越重要；应用网络化和嵌入式系统技术来辅助生活，如在家里监测老年人的行动情况。

（5）教育。电子教育通过基于 Web 的工具（注入虚拟学习环境）进行学习；对远程教育的相关支持；对协作或基于社区学习的支持。

（6）交通和物流。在路线寻找系统和更通用的交通管理系统中，使用定位技术如 GPS；现代车辆自身已成为一个复杂分布式系统的例子；开发了基于 Web 的地图服务，如 MapQuest、Google Maps 和 Google Earth。

（7）科学。网络作为 eScience 的基础技术，以使用复杂计算机网络对科学数据的存储、分析和处理提供支持；对网络的使用使得世界范围内科学家小组之间的协作成为可能。

（8）环境管理。使用网络化传感器技术，监控和管理自然环境，对自然灾害（如地震、洪水、海啸）提供早期预警和协调应急响应；整理和分析全局环境参数，从而更好地理解复杂自然现象。

1.5 常见现场总线简介

由于技术和利益的原因，目前国际上存在着几十种现场总线标准，比较常见的主要有 FF、CAN、DeviceNet、LonWorks、PROFIBUS、HART、INTERBUS、CC-Link、ControlNet、WorldFIP、P-Net、SwiftNet 等现场总线。

1.5.1 基金会现场总线（FF）

基金会现场总线（Foundation Fieldbus，FF），这是在过程自动化领域得到广泛支持和具有良好发展前景的技术。其前身是以美国 Fisher-Rousemount 公司为首，联合 Foxboro、横河、ABB、西门子等 80 家公司制订的 ISP 协议和以 Honeywell 公司为首、联合欧洲等地的 150 家公司制订的 WorldFIP 协议。出于用户的压力，这两大集团于 1994 年 9 月合并，成立了现场总线基金会，致力于开发出国际上统一的现场总线协议。它以 ISO/OSI 开放系统互连模型为基础，取其物理层、数据链路层、应用层为 FF 通信模型的相应层次，并在应用层上增加了用户层。

基金会现场总线分低速 H1 和高速 H2 两种通信速率。H1 的传输速率为 31.25kbit/s，通信距离可达 1900m（可加中继器延长），可支持总线供电，支持本质安全防爆环境。H2 的传输速率为 1Mbit/s 和 2.5Mbit/s 两种，其通信距离为 750m 和 500m。物理传输介质可支持双绞线、光缆和无线发射，协议符合 IEC1158-2 标准。

FF 物理媒介的传输信号采用曼彻斯特编码，每位发送数据的中心位置或是正跳变，或是负跳变。正跳变代表 0，负跳变代表 1，从而使串行数据位流中具有足够的定位信息，以保持发送双方的时间同步。接收方既可根据跳变的极性来判断数据的"1""0"状态，也可根据数据的中心位置精确定位。

为满足用户需要，Honeywell、Ronan 等公司已开发出可完成物理层和部分数据链路层协议的专用芯片，许多仪表公司已开发出符合 FF 协议的产品，H1 总线已通过 α 测试和 β 测试，完成了由 13 个不同厂商提供设备而组成的 FF 现场总线工厂试验系统。H2 总线标准也已形成。1996 年 10 月，在芝加哥举行的 ISA96 展览会上，由现场总线基金会组织实施，向世界展示了来自 40 多家厂商的 70 多种符合 FF 协议的产品，并将这些分布在不同楼层展览大厅不同展台上的 FF 展品，用醒目的橙红色电缆，互连为七段现场总线演示系统，各展台现场设备之间可实地进行现场互操作，展现了基金会现场总线的成就与技术实力。

1.5.2 控制器局域网 CAN

CAN（Controller Area Network），最早由德国 BOSCH 公司提出，用于汽车内部测量与执行部件之间的数据通信。CAN 总线规范现已被 ISO 国际标准组织制订为国际标准，得到了 Motorola、Intel、Philips、SIEMENS、NEC 等公司的支持，已广泛应用在离散控制领域。

CAN 协议也是建立在国际标准组织的开放系统互连模型基础上的，不过，其模型结构只有 3 层，只取 OSI 的物理层、数据链路层和应用层。其信号传输介质为双绞线，通信速率最高可达 1Mbit/s/40m，直接传输距离最远可达 10km/5kbit/s，可挂接设备最多可达 110 个。

CAN 的信号传输采用短帧结构，每一帧的有效字节数为 8 个，因而传输时间短，受干扰的概率低。当节点严重错误时，具有自动关闭的功能以切断该节点与总线的联系，使总线上的其他节点及其通信不受影响，具有较强的抗干扰能力。

CAN 支持多主方式工作，网络上任何节点均可在任意时刻主动向其他节点发送信息，支持点对点、一点对多点和全局广播方式接收/发送数据。它采用总线仲裁技术，当出现几个节点同时在网络上传输信息时，优先级高的节点可继续传输数据，而优先级低的节点则主动停止发送，从而避免了总线冲突。

已有多家公司开发生产了符合 CAN 协议的通信控制器，如 Intel 公司的 82527、NXP 公司的 SJA1000、Microchip 公司的 MCP2515 等。还有插在 PC 机上的 CAN 总线适配器，具有接口简单、编程方便、开发系统价格低等优点。

1.5.3　PROFIBUS

PROFIBUS 是作为德国国家标准 DIN19245 和欧洲标准 EN50170 的现场总线，ISO/OSI 模型也是它的参考模型。由 PROFIBUS–DP、PROFIBUS–FMS、PROFIBUS–PA 组成了 PROFIBUS 系列。

DP 型用于分散外设间的高速传输，适合于加工自动化领域的应用。FMS 意为现场信息规范，适用于纺织、楼宇自动化、可编程控制器、低压开关等一般自动化，而 PA 型则是用于过程自动化的总线类型，它遵从 IEC1158-2 标准。该项技术是由西门子公司为主的十几家德国公司、研究所共同推出的。它采用了 OSI 模型的物理层、数据链路层，由这两部分形成了其标准第一部分的子集，DP 型隐去了第 3～7 层，而增加了直接数据连接拟合作为用户接口，FMS 型只隐去第 3～6 层，采用了应用层，作为标准的第二部分。PA 型的标准目前还处于制定过程之中，其传输技术遵从 IEC1158-2（H1）标准，可实现总线供电与本质安全防爆。

PROFIBUS 支持主–从系统、纯主站系统、多主多从混合系统等几种传输方式。主站具有对总线的控制权，可主动发送信息。对多主站系统来说，主站之间采用令牌方式传递信息，得到令牌的站点可在一个事先规定的时间内拥有总线控制权，并事先规定好令牌在各主站中循环一周的最长时间。按 PROFIBUS 的通信规范，令牌在主站之间按地址编号顺序，沿上行方向进行传递。主站在得到控制权时，可以按主–从方式，向从站发送或索取信息，实现点对点通信。主站可采取对所有站点广播（不要求应答），或有选择地向一组站点广播。

PROFIBUS 的传输速率为 9.6kbit/s～12Mbit/s，最大传输距离在 9.6kbit/s 时为 1200m，1.5Mbit/s 时为 200m，可用中继器延长至 10km。其传输介质可以是双绞线，也可以是光缆，最多可挂接 127 个站点。

1.5.4　CC–Link

在 1996 年 11 月，由三菱电机为主导的多家公司以"多厂家设备环境、高性能、省配线"理念开发、公布和开放了现场总线 CC–Link，第一次正式向市场推出了 CC–Link 这一全新的多厂商、高性能、省配线的现场网络，并于 1997 年获得日本电机工业会（JEMA）颁发的杰出技术成就奖。

CC–Link 是 Control & Communication Link（控制与通信链路系统）的简称。即：在工控系统中，可以将控制和信息数据同时以 10Mbit/s 高速传输的现场网络。CC–Link 具有性能卓越、应用广泛、使用简单、节省成本等突出优点。作为开放式现场总线，CC–Link 是唯一起源于亚洲地区的总线系统，CC–Link 的技术特点尤其适合亚洲人的思维习惯。

1998 年，汽车行业的马自达、五十铃、雅马哈、通用、铃木等也成为了 CC–Link 的用户，而且 CC–Link 迅速进入中国市场。1999 年，销售的实际业绩已达 17 万个节点，2001 年达到了 72 万个节点，到 2001 年累计量达到了 150 万个节点，其增长势头迅猛，在亚洲市场占有份额超过 15%（据美国工控专用调查机构 ABC 调查）。

为了使用户能更方便地选择和配置自己的 CC–Link 系统，2000 年 11 月，CC–Link 协会（CC–Link Partner Association，CLPA）在日本成立。主要负责 CC–Link 在全球的普及和推进工作。为了全球化的推广能够统一进行，CLPA（CC–Link 协会）在全球设立了众多的驻点，分布在美国、欧洲、中国大陆、中国台湾、新加坡、韩国等，负责在不同地区在各个方面推广和支持 CC–Link 用户和成员的工作。

CLPA 由 Woodhead、Contec、Digital、NEC、松下电工和三菱电机等 6 个常务理事会员发起。到 2002 年 3 月底，CLPA 在全球拥有 252 家会员公司，其中包括浙江中控技术股份有限公司等几家中国大陆地区的会员公司。

CC–Link 是一个技术先进、性能卓越、应用广泛、使用简单、成本较低的开放式现场总线，其在中国的技术发展和应用有着广阔的前景。

1.5.5　DeviceNet

DeviceNet 是一种低成本的通信连接，它将工业设备连接到网络，从而免去了昂贵的硬接线。DeviceNet 又是一种简单的网络解决方案，在提供多供货商同类部件间的可互换性的同时，减少了配线和安装工业自动化设备的成本和时间。DeviceNet 的直接互连性不仅改善了设备间的通信，而且同时提供了相当重要的设备级诊断功能，这是通过硬接线 I/O 接口很难实现的。

DeviceNet 是一个开放式网络标准。规范和协议都是开放的，厂商将设备连接到系统时，无需购买硬件、软件或许可权。任何人都能以少量的复制成本从开放式 DeviceNet 供货商协会（ODVA）获得 DeviceNet 规范。任何制造 DeviceNet 产品的公司都可以加入 ODVA，并参加对 DeviceNet 规范进行增补的技术工作组。

DeviceNet 规范的购买者将得到一份不受限制的，真正免费的开发 DeviceNet 产品的许可。寻求开发帮助的公司可以通过任何渠道购买使其工作简易化的样本源代码、开发工具包和各种开发服务。关键的硬件可以从世界上最大的半导体供货商那里获得。

在现代的控制系统中，不仅要求现场设备完成本地的控制、监视、诊断等任务，还要能通过网络与其他控制设备及 PLC 进行对等通信，因此现场设备多设计成内置智能式。基于这样的现状，美国 Rockwell Automation 公司于 1994 年推出了 DeviceNet 网络，实现低成本高性能的工业设备的网络互连。DeviceNet 具有如下特点：

（1）DeviceNet 基于 CAN 总线技术，它可连接开关、光电传感器、阀组、电动机起动器、过程传感器、变频调速设备、固态过载保护装置、条形码阅读器、I/O 和人机界面等，传输速率为 125～500kbit/s，每个网络的最大节点数是 64 个，干线长度 100～500m。

（2）DeviceNet 使用的通信模式是：生产者/客户（Producer/Consumer）。该模式允许网络上的所有节点同时存取同一源数据，网络通信效率更高；采用多信道广播信息发送方式，各个客户可在同一时间接收到生产者所发送的数据，网络利用率更高。

（3）设备可互换性。各个销售商所生产的符合 DeviceNet 网络和行规标准的简单装置（如按钮、电动机起动器、光电传感器、限位开关等）都可以互换，为用户提供灵活性和可选择性。

（4）DeviceNet 网络上的设备可以随时连接或断开，而不会影响网上其他设备的运行，方便维护和减少维修费用，也便于系统的扩充和改造。

（5）DeviceNet 网络上的设备安装比传统的 I/O 布线更加节省费用，尤其是当设备分布在几百米范围内时，更有利于降低布线安装成本。

（6）利用 RS Network for DeviceNet 软件可方便地对网络上的设备进行配置、测试和管理。网络上的设备以图形方式显示工作状态，一目了然。

DeviceNet 总线的组织机构是开放式设备网络供货商协会（Open DeviceNet Vendor Association，ODVA）。它是一个独立组织，管理 DeviceNet 技术规范，促进 DeviceNet 的价格低、效率高。DeviceNet 特别适用于制造业、工业控制、电力系统等行业的自动化，适合于制造系统的信息化。

2000 年 2 月上海电器科学研究所与 ODVA 签署合作协议，共同筹建 ODVA China，目的是把 DeviceNet 这一先进技术引入中国，促进我国自动化和现场总线技术的发展。

2002 年 10 月 8 日，DeviceNet 现场总线被批准为国家标准：GB/T 18858.3—2002《低压开关设备和控制设备控制器——设备接口（CDI）第 3 部分：DeviceNet》。该标准于 2003 年 4 月 1 日开始实施。

1.5.6   LonWorks

LonWorks 是又一具有强劲实力的现场总线技术，它是由美国 Echelon 公司推出并由该公司与 Motorola、Toshiba 公司共同倡导，于 1990 年正式公布而形成的。它采用了 ISO/OSI 模型的全部 7 层通信协议，采用了面向对象的设计方法，通过网络变量把网络通信设计简化为参数设置，其通信速率从 300bit/s 至 1.5Mbit/s 不等，直接通信距离可达到 2700m（78kbit/s，双绞线），支持双绞线、同轴电缆、光纤、射频、红外线、电源线等多种通信介质，并开发相应的本安防爆产品，被誉为通用控制网络。

LonWorks 技术所采用的 LonTalk 协议被封装在称为 Neuron 的芯片中并得以实现。集成芯片中有 3 个 8 位 CPU，一个用于完成开放互连模型中第 1～2 层的功能，称为媒体访问控制处理器，实现介质访问的控制与处理；第二个用于完成第 3～6 层的功能，称为网络处理器，进行网络变量处理的寻址、处理、背景诊断、函数路径选择、软件计量时、网络管理，并负责网络通信控制、收发数据包等；第三个是应用处理器，执行操作系统服务与用户代码。芯片中还具有存储信息缓冲区，以实现 CPU 之间的信息传递，并作为网络缓冲区和应用缓冲区。如 Motorola 公司生产的神经元集成芯片 MC143120E2 就包含了 2KB RAM 和 2KB EEPROM。

LonWorks 技术的不断推广促成了神经元芯片的低成本（每片价格 5～9 美元），而芯片的低成本又反过来促进了 LonWorks 技术的推广应用，形成了良好循环。据 Echelon 公司的有关资料，到 1996 年 7 月，已生产出 500 万片神经元芯片。

LonWorks 公司的技术策略是鼓励各 OEM 开发商运用 LonWorks 技术和神经元芯片，开发自己的应用产品。据称目前已有 4000 多家公司在不同程度上卷入 LonWorks 技术；1000 多家公司已经推出了 LonWorks 产品，并进一步组织起 LonMark 互操作协会，开发推广 LonWorks 技术与产品。LonWorks 被广泛应用在楼宇自动化、家庭自动化、保安系统、办公设备、运输设备、工业过程控制等行业。为了支持 LonWorks 与其他协议和网络之间的互连与互操作，该公司正在开发各种网关，以便将 LonWorks 与以太网、FF、Modbus、DeviceNet、PROFIBUS 等互连为系统。

另外，在开发智能通信接口、智能传感器方面，LonWorks 神经元芯片也具有独特的优势。

1.5.7   ControlNet

工业现场控制网络的许多应用不仅要求在控制器和工业器件之间的紧耦合，还应有确定性和可重复性。在 ControlNet 出现以前，没有一个网络在设备或信息层能有效地实现这样的功能要求。

ControlNet 是由在北美（包括美国、加拿大等）地区的工业自动化领域中技术和市场占有率稳居第一位的美国罗克韦尔自动化公司（Rockwell Automation）于 1997 年推出的一种新的面向控制层的实时性现场总线网络。

ControlNet 是一种最现代化的开放网络，它提供如下功能：

（1）在同一链路上同时支持 I/O 信息，控制器实时互锁以及对等通信报文传送和编程操作。

（2）对于离散和连续过程控制应用场合，均具有确定性和可重复性。

ControlNet 采用了开放网络技术的一种全新解决方案——生产者/消费者（Producer/Consumer）模型，它具有精确同步化的功能。ControlNet 是目前世界上增长最快的工业控制网络之一（网络节点数年均以 180% 的速度增长）。

近年来，ControlNet 广泛应用于交通运输、汽车制造、冶金、矿山、电力、食品、造纸、石油、化工、娱乐及很多其他领域的工厂自动化和过程自动化。世界上许多知名的大公司，包括福特汽车公司、通用汽车公司、巴斯夫公司、柯达公司、现代集团公司等以及美国宇航局等政府机关都是 ControlNet 的用户。

ControlNet 是一个高速的工业控制网络，在同一电缆上同时支持 I/O 信息和报文信息（包括程序、组态、诊断等信息），集中体现了控制网络对控制（Control）、组态（Configuration）、采集（Collect）等信息的完全支持，ControlNet 基于生产者/消费者这一先进的网络模型，该模型为网络提供更高有效性、一致性和柔韧性。

ControlNet 协议的制定参照了 OSI 7 层协议模型，并参照了其中的另 1、2、3、4、7 层。既考虑到网络的效率和实现的复杂程度，没有像 LonWorks 一样采用完整的 7 层；又兼顾到协议技术的向前兼容性和功能完整性，与一般现场总线相比增加了网络层和传输层。这对于与异种网络的互联和网络的桥接功能提供了支持，更有利于大范围的组网。

ControlNet 中网络层和传输层的任务是建立和维护连接。这一部分协议主要定义了 UCMM（未连接报文管理）、报文路由（Message Router）对象和连接管理（Connection Management）对象及相应的连接管理服务。

ControlNet 上可连接以下典型的设备：

（1）逻辑控制器（例如可编程逻辑控制器、软控制器等）。

（2）I/O 机架和其他 I/O 设备。

（3）人机界面设备。

（4）操作员界面设备。

（5）电动机控制设备。

（6）变频器。

（7）机器人。

（8）气动阀门。

（9）过程控制设备。

（10）网桥/网关等。

1.5.8　WorldFIP

WorldFIP 的北美部分与 ISP 合并成为 FF 以后，WorldFIP 的欧洲部分仍保持独立，总部设在法国，该协议符合法国国家标准和欧洲标准 EN 50170 的第三部分（PROFIBUS 为第二部分，P-Net 为第一部分）。到目前为止，WorldFIP 协会已拥有 100 多个成员，生产 350 多种 WorldFIP 现场总线产品。WorldFIP 产品在法国的市场占有率大约 60%，在欧洲市场占有大约 25% 的份额，WorldFIP 广泛用于发电与输配电、制造自动化、铁路运输、地铁等自动化领域。

WorldFIP 是一个开放的系统，不同领域都可以使用，不同厂家生产的装置可以实现互连，当然这必须以 WorldFIP 协议作为基础。

WorldFIP 的特点是具有单一的总线结构来适用不同应用领域的需求，而且没有任何网桥或网关。低速与高速部分的衔接用软件的办法来解决。

不同应用领域采用不同的总线速率，过程控制采用 31.25kbit/s，制造业为 1Mbit/s，驱动控制为 1～5Mbit/s。采用总线仲裁器和优先级来管理总线上（包括各支线）的各控制站的通信，可进行 1 对 1、1 对多点（组）、1 对全体等形式。特别指出的是 WorldFIP 与 FFHSE 可以实现"透明联接"，并对 FF 的 H1 进行了技术的拓展：如速率等。因此，在与 IEC 61158第一类型联接方面，WorldFIP 做得最好，该方面它已经走在世界前列。

1.6 工业以太网简介

1.6.1 工业以太网的主要标准

工业以太网是按照工业控制的要求，发展适当的应用层和用户层协议，使以太网和 TCP/IP 技术真正能应用到控制层，延伸至现场层，而在信息层又尽可能采用 IT 行业一切有效而又最新的成果。因此，工业以太网与以太网在工业中的应用全然不是同一个概念。

目前，4 种主要的工业以太网除了在物理层和数据链路层都服从 IEEE 802.3 外，在应用层和用户层协议均无共同之处。这主要是因为它们的应用领域和发展背景的不同。如果我们把应用领域分为离散制造控制和连续过程控制，而又把网络细分为设备层、I/O 层、控制层和监控层，那么各种工业以太网及其相关现场总线的应用定位一目了然，如图 1-8 所示。

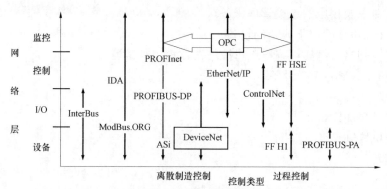

由应用的角度对工业以太网的各种协议及其相关网络予以定位

图 1-8　工业以太网与相关现场总线协议的应用定位

其中，主要用于离散制造领域且最有影响的，当推 ModBus TCP/IP、EtherNet/IP、IDA和 PROFInet。在全球 PLC 市场居领先地位的 Siemens 不遗余力地推动 PROFInet/PROFIBUS组合；Rockwell Automation 和 Omron 以及其他一些公司致力于推进 EtherNet/IP 及其姐妹网络-基于 CIP 的 DeviceNet 和 ControlNet；Schneider 则加强它与 IDA 的联盟。而在过程控制领域只有 FF HSE 一家。看来，它成为过程控制领域中唯一的工业以太网标准已成定局。在监控级，OPC DX 可作为 EtherNet/IP、FF HSE 和 PROFInet 数据交换的"软件网桥"。现场总线基金会 FF、ODVA 和 Profibus International（PI）这三大国际性工业通信组织，合力支持

OPC 基金会的 DX 工作组正在制订的规范。由于它们各有不同的侧重点，无法也不会愿意寻求统一的协议。折中的办法就是宣布支持 OPC DX，找到一种进行有效的数据交换的中间工具——软件网桥。

看起来，工业自动化联网联盟（INONA）和 OPC 基金会一直在试图缓和和调节这场潜在的标准之争。但这场工业以太网协议之争，并未因此停息。这就是有些人说的工业以太网大战取代了现场总线大战。不同的是，当年现场总线之争的焦点集中在物理层和数据链路层；而当前工业以太网最大的差异，即竞争的焦点却集中在应用层和用户层。

此外，还有一个显著的特点是一般工业以太网都有与之互补的设备层现场总线，见表 1–8。

表 1–8　　　　　　　　　　工业以太网和与其互补的设备层现场总线

工业以太网	互补的设备层现场总线
EtherNet/IP	DeviceNet，ControlNet
PROFINet	PROFIBUS-DP，Asi PROFIBUS-PA
Foundation Fieldbus HSE	Foundation Fieldbus H1

其中最为简单、实用的是 ModBus TCP/IP。它除了在物理层和数据链路层用以太网标准，与 ModBus 采用 RS 232C/RS 422/RS 485 不同外，在应用层二者基本是一致的，都使用一样的功能代码。它属于设备层中的工业以太网协议。目前，在 MODICON 的 PLC 中用得很多。同时，由于大多数工业以太网的竞争者都有与之互补的设备层网络，IDA 是后来的参与者，没有适合的设备层协议，所以它增加了一个与 ModBus TCP/IP 的接口，在其网络结构中采用 ModBus TCP/IP 作为设备层。

1.6.2　EPA

由浙江大学牵头，重庆邮电大学作为第 4 核心成员制定的新一代现场总线标准——《用于工业测量与控制系统的 EPA 通信标准》（简称 EPA 标准）成为我国第一个拥有自主知识产权并被 IEC 认可的工业自动化领域国际标准（IEC/PAS 62409）。

EPA（Ethernet for Plant Automation）系统是一种分布式系统，它是利用 ISO/IEC 8802–3、IEEE 802.11、IEEE 802.15 等协议定义的网络，将分布在现场的若干个设备、小系统以及控制、监视设备连接起来，使所有设备一起运作，共同完成工业生产过程和操作过程中的测量和控制。EPA 系统可以用于工业自动化控制环境。

EPA 标准定义了基于 ISO/IEC 8802–3、IEEE 802.11、IEEE 802.15 以及 RFC 791、RFC 768 和 RFC 793 等协议的 EPA 系统结构、数据链路层协议、应用层服务定义与协议规范以及基于 XML 的设备描述规范。

1.6.3　SERCOS

SERCOS（Serial Real–time Communication Specification，串行实时通信协议）是一种用于工业机械电气设备的控制单元和数字服务装置之间高速串行实时通信的数字交换协议。

1986 年，德国电力电子协会与德国机床协会联合召集了欧洲一些机床、驱动系统和 CNC 设备的主要制造商（Bosch，ABB，AMK，Banmuller，Indramat，Siemens，Pacific Scientific 等）组成了一个联合小组。该小组旨在开发出一种用于数字控制器与智能驱动器之间的开放性通信接口，以实现 CNC 技术与服务驱动技术的分离，从而使整个数控系统能够模块化、可重构与可扩展，达到低成本、高效率、强适应性地生产数控机床的目的。经过多年的努力，此技术终于在 1989 年德国汉诺国际机床博览会上展出，这标志着 SERCOS 总线正式诞生。1995 年，国际电工委员会把 SERCOS 接口采纳为标准 IEC 61491，1998 年，SERCOS 接口被确定为欧洲标准 EN 61491。2005 年基于以太网的 SERCOS Ⅲ面世，并于 2007 年成为国际标准 IEC 61158/61784。迄今为止，SERCOS 已发展了三代，SERCOS 接口协议成为当今唯一专门用于开放式运动控制的国际标准，得到了国际大多数数控设备供应商的认可。到今天已有二百多万个 SERCOS 站点在工业实际中使用，超过 50 个控制器和 30 个驱动器制造厂推出了基于 SERCOS 的产品。

SERCOS 接口技术是构建 SERCOS 通信的关键技术，经 SERCOS 协会组织和协调，推出了一系列 SERCOS 接口控制器，通过它们便能方便地在数控设备之间建立起 SERCOS 通信。

SERCOS 目前已经发展到了 SERCOS Ⅲ，继承了 SERCOS 协议在驱动控制领域的优良实时和同步特性，是基于以太网的驱动总线，物理传输介质也从仅仅支持光纤扩展到了以太网线 CAT5e，拓扑结构也支持线性结构。借助于新一代的通信控制芯片 netX，使用标准的以太网硬件将传输速率提高到 100Mbit/s。在第Ⅰ、Ⅱ代时，SERCOS 只有实时通道，通信智能在主从（Master and Slaver，MS）之间进行。SERCOS Ⅲ扩展了非实时的 IP 通道，在进行实时通信的同时可以传递普通的 IP 报文，主站和主站、从站和从站之间可以直接通信，在保持服务通道的同时，还增加了 SERCOS 消息协议 SMP（SERCOS Messaging Protocol）。

自 SERCOS 接口成为国际标准以来，已经得到了广泛应用。至今全世界有多家公司拥有 SERCOS 接口产品（包括数字服务驱动器、控制器、输入输出组件、接口组件、控制软件等）及技术咨询和产品设计服务。SERCOS 接口已经广泛应用于机床、印刷机、食品加工和包装、机器人、自动装配等领域。2000 年 ST 公司开发出了 SERCON816 ASIC 控制器，把传输速率提高到了 16Mbit/s，大大提高了 SERCOS 接口能力。

SERCOS 总线的众多优点，使得它在数控加工中心、数控机床、精密齿轮加工机械、印刷机械、装配线和装配机器人等运动控制系统中获得了广泛应用。目前，很多厂商如西门子、伦茨等公司的伺服系统都具有 SERCOS 总线接口。国内 SERCOS 接口用户有多家，其中包括清华大学、沈阳第一机床厂、华中数控集团、北京航空航天大学、上海大众汽车厂、上海通用汽车厂等单位。

1.6.4 EtherCAT

EtherCAT 是由德国 Beckhoff 公司开发的，并且在 2003 年底成立了 ETG 工作组（Ethernet Technology Group）。EtherCAT 是一个可用于现场级的超高速 I/O 网络，它使用标准的以太网物理层和常规的以太网卡，介质可为双绞线或光纤。

一般常规的工业以太网的传输方法都采用先接收通信帧，进行分析后作为数据送入网络中各个模块的通信方式，而 EtherCAT 的以太网协议帧中已经包含了网络中各个模块的数据。EtherCAT 协议标准帧结构如图 1-9 所示。

数据的传输采用移位同步的方法进行，即在网络的模块中得到其相应地址数据的同时，数据帧可以传送到下一个设备，相当于数据帧通过一个模块时输出相应的数据后，马上转入下一个模块。由于这种数据帧的传送从一个设备到另一个设备延迟时间仅为微秒级，所以与其他以太网解决方法相比，性能得到了提高。在网络段的最后一个模块结束了整个数据传输

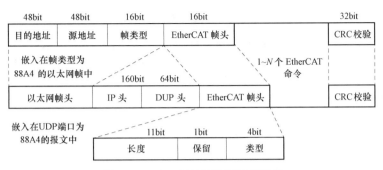

图 1-9　EtherCAT 协议标准帧结构

的工作，形成了一个逻辑和物理环形结构。所有传输数据与以太网的协议相兼容，同时采用双工传输，提高了传输的效率。

　　EtherCAT 的通信协议模型如图 1-10 所示。EtherCAT 通过协议内部可区别传输数据的优先权（Process Data），组态数据或参数的传输是在一个确定的时间中通过一个专用的服务通道进行（Acyclic Data），EtherCAT 系统的以太网功能与传输的 IP 协议兼容。

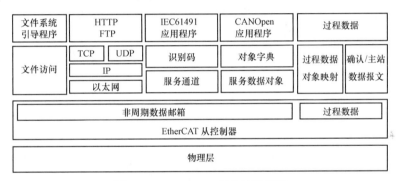

图 1-10　EtherCAT 通信协议模型

　　EtherCAT 技术已经完成，专门的 ASIC 芯片也在实现之中。目前市场上已提供了从站控制器。EtherCAT 的规范也成为了 IEC/PAS 文件 IEC/PAS 62407。

1.6.5　Ethernet POWERLINK

　　Ethernet POWERLINK 是由奥地利 B&R 公司开发的，2002 年 4 月公布了 Ethernet POWERLINK 标准，其主攻方面是同步驱动和特殊设备的驱动要求。POWERLINK 通信协议模型如图 1-11 所示。

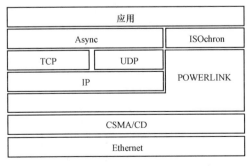

图 1-11　POWERLINK 通信协议模型

　　POWERLINK 协议对第 3 层和第 4 层的 TCP（UDP）/IP 栈进行了实时扩展，增加的基于 TCP/IP 的 Async 中间件用于异步数据传输，ISOchron 等时中间件用于快速、周期的数据传输。POWERLINK 栈控制着网络上的数据流量。Ethernet POWERLINK 避免网络上数据冲突的方法是采用时间片网络通信管理机制（Slot Communication Network Management，SCNM）。SCNM 能够做到无冲突的数据传输，专用的时间片用于调度等时同步传输的实时数据；共享的时间片用于异步的数据传输。在网络上，只能指定一个站为管理站，它为所有网络上的其他站建立一个配置表和分配的时间片，只有管理站能接收和发送数据，其他站只有在管理站授权下才能发送数据，因此，POWERLINK 需要采用基于 IEEE 1588 的时间同步。

1.6.6　PROFINET

PROFINET 是由 PROFIBUS 国际组织（PROFIBUS International，PI）提出的基于实时以太网技术的自动化总线标准，将工厂自动化和企业信息管理层 IT 技术有机地融为一体，同时又完全保留了 PROFIBUS 现有的开放性。

PROFINET 支持除星形、总线形和环形之外的拓扑结构。为了减少布线费用，并保证高度的可用性和灵活性，PROFINET 提供了大量的工具帮助用户方便地实现 PROFINET 的安装。特别设计的工业电缆和耐用连接器满足 EMC 和温度要求，并且在 PROFINET 框架内形成标准化，保证了不同制造商设备之间的兼容性。

PROFINET 满足了实时通信的要求，可应用于运动控制。它具有 PROFIBUS 和 IT 标准的开放透明通信，支持从现场级到工厂管理层通信的连续性，从而增加了生产过程的透明度，优化了公司的系统运作。作为开放和透明的概念，PROFINET 也适用于 Ethernet 和任何其他现场总线系统之间的通信，可实现与其他现场总线的无缝集成。PROFINET 同时实现了分布式自动化系统，提供了独立于制造商的通信、自动化和工程模型，将通信系统、以太网转换为适应于工业应用的系统。

PROFINET 提供标准化的独立于制造商的工程接口。它能够方便地把各个制造商的设备和组件集成到单一系统中。设备之间的通信链接以图形形式组态，无需编程。最早建立自动化工程系统与微软操作系统及其软件的接口标准，使得自动化行业的工程应用能够被 Windows NT/2000 所接收，将工程系统、实时系统以及 Windows 操作系统结合为一个整体，PROFINET 的系统结构如图 1-12 所示。

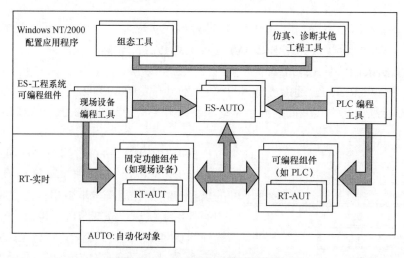

图 1-12　PROFINET 的系统结构

PROFINET 为自动化通信领域提供了一个完整的网络解决方案，包括诸如实时以太网、运动控制、分布式自动化、故障安全以及网络安全等当前自动化领域的热点问题。PROFINET

包括 8 大主要模块，分别为实时通信、分布式现场设备、运动控制、分布式自动化、网络安装、IT 标准集成与信息安全、故障安全和过程自动化。同时 PROFINET 也实现了从现场级到管理层的纵向通信集成，一方面，方便管理层获取现场级的数据，另一方面，原本在管理层存在的数据安全性问题也延伸到了现场级。为了保证现场网络控制数据的安全，PROFINET 提供了特有的安全机制，通过使用专用的安全模块，可以保护自动化控制系统，使自动化通信网络的安全风险最小化。

PROFINET 是一个整体的解决方案，PROFINET 的通信模型如图 1-13 所示。

RT 实时通道能够实现高性能传输循环数据、时间控制信号和报警信号，IRT 同步实时通道实现等时同步方式下的数据高性能传输。PROFINET 使用了 TCP/IP 和 IT 标准，并符合基于工业以太网的实时自动化体系，覆盖了自动化技术的所有要求，能够实现与现场总线的无缝集成。更重要的是 PROFINET 所有的事情都在一条总线电缆中完成，IT 服务和 TCP/IP 开放性没有任何限制，它可以满足用于所有客户从高性能到等时同步可以伸缩的实时通信需要的统一的通信。

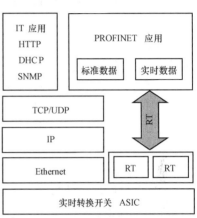

图 1-13　PROFINET 通信协议模型

1.6.7　HSE

现场总线基金会于 1998 年开始起草 HSE，2003 年 3 月完成了 HSE 的第一版标准。HSE 主要利用现有商用的以太网技术和 TCP/IP 协议族，通过错时调度以太网数据，以达到工业现场监控任务的要求。

1. HSE 协议的体系结构

HSE 协议的体系结构如图 1-14 所示。

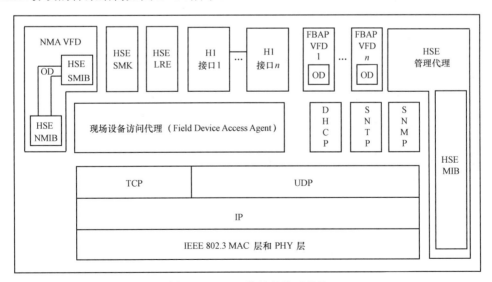

图 1-14　HSE 协议的体系结构

HSE 的物理层、数据链路层采用了 100Mbit/s 标准。网络层和传输层则充分利用现有的

IP 协议和 TCP、UDP 协议。当应用对实时要求非常高时，通常采用 UDP 来承载测量数据，对非实时的数据，则可以采用 TCP 协议。在应用层 HSE 也引入了目前现有的 DHCP、SNTP、SNMP，但为了和 FMS 兼容，还特意设计现场设备访问（Field Device Access，FDA）层，负责如何使用 UDP/TCP 协议传输系统（SM）和 FMS 服务。DHCP 的目的就是在一个 HSE 系统里为现场设备动态地分配 IP 地址。显然，HSE 系统设备想要协调一起工作，那么各网络设备保持一个时间基准的同步，是十分重要的，这个工作就由 SNTP 来完成。SNTP 主要用来监控 HSE 现场设备的物理层、数据链路层、网络层、传输层的运行情况。位于 FDA 和用户层之间的是 FMS，它主要是定义通信的服务和信息格式。功能块应用进程主要是通过 FMS 服务来实现对网络设备的访问。

用户层主要包含系统管理、网络管理、功能块应用进程，以及与 H1 网络的桥接接口。

2. HSE 的网络拓扑结构

HSE 支持以下拓扑结构：

（1）一个或多个 H1 网段。H1 现场总线可由一个或多个 H1 网段经 H1 桥互连而成。物理设备之间的通信由 H1 物理层和数据链路层提供。

（2）由标准以太网设备连接的一个或多个 HSE 网段。

（3）由 HSE 连接设备连接 H1 网段和 HSE 网段。

（4）被一个 HSE 网段分开的两个 H1 网段，每个 H1 网段通过 HSE 连接设备和 HSE 网段连接。

每个物理设备通过提供一个或多个应用进程，来执行整个系统的一部分工作，应用进程之间的通信通过应用层协议实现。

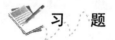

习　题

1. 什么是现场总线？

2. 什么是工业以太网？它有哪些优势？

3. 现场总线控制系统有什么优点？

4. 简述企业网络的体系结构。

5. 简述 5 种现场总线的特点。

6. 工业以太网的主要标准有哪些？

7. 简述 3 种工业以太网的特点。

8. 简述企业网络信息集成系统的层次结构。

9. 现场总线如何与上层网络互联？

10. 分布式系统的特征是什么？

11. 分布式系统的网络类型有哪几种？

12. 分布式系统的应用领域有哪些？

第 2 章 网络通信与网络控制器

2.1 网络通信基础

2.1.1 基本概念

1. 总线的基本术语

（1）总线与总线段。从广义上讲，总线就是传输信号或信息的公共路径，是遵循同一技术规范的连接与操作方式。一组设备通过总线连在一起称为"总线段"（Bus Segment）。可以通过总线段相互连接，把多个总线段连接成一个网络系统。

（2）总线主设备。可在总线上发起信息传输的设备称为总线主设备（Bus Master）。也就是说，主设备具备在总线上主动发起通信的能力，又称命令者。

（3）总线从设备。不能在总线上主动发起通信，只能挂接在总线上，对总线信息进行接收查询的设备称为总线从设备（Bus Slaver），也称基本设备。

在总线上可能有多个主设备，这些主设备都可主动发起信息传输。某一设备既可以是主设备，也可以是从设备，但不能同时既是主设备，又是从设备。被总线主设备连上的从设备称为"响应者"（Responder），它参与命令者发起的数据传送。

（4）控制信号。总线上的控制信号通常有三种类型。一类控制连在总线上的设备，让它们进行所规定的操作，如设备清零、初始化、启动和停止等。另一类是用于改变总线操作的方式，如改变数据流的方向，选择数据字段的宽度和字节等。还有一些控制信号表明地址和数据的含义，如对于地址，可用于指定某一地址空间，或表示出现了广播操作；对于数据，可用于指定它能否转译成辅助地址或命令。

（5）总线协议。管理主、从设备使用总线的一套规则称为总线协议（Bus Protocol）。这是一套事先规定的、必须共同遵守的规约。

2. 总线操作的基本内容

（1）总线操作。总线上命令者与响应者之间的连接→数据传送→脱开这一操作序列称为一次总线"交易"（Transaction），或者称为一次总线操作。脱开（Disconnect）是指完成数据传送操作以后，命令者断开与响应者的连接。命令者可以在做完一次或多次总线操作后放弃总线占有权。

（2）总线传送。一旦某一命令者与一个或多个响应者连接上以后，就可以开始数据的读写操作规程。"读"（Read）数据操作是读来自响应者的数据；"写"（Write）数据操作是向响应者写数据。读写数据都需要在命令者和响应者之间传递数据。为了提高数据传送操作的速度，有些总线系统采用了块传送和管线方式，加快了长距离的数据传送速度。

（3）通信请求。通信请求是由总线上某一设备向另一设备发出的请求信号，要求后者注意并进行某种服务。它们有可能要求传送数据，也有可能要求完成某种动作。

（4）寻址。寻址过程是命令者与一个或多个从设备建立起联系的一种总线操作。通常有以下三种寻址方式。

1）物理寻址：用于选择某一总线段上某一特定位置的从设备作为响应者。由于大多数从设备都包含有多个寄存器，因此物理寻址常常有辅助寻址，以选择响应者的特定寄存器或某一功能。

2）逻辑寻址：用于指定存储单元的某一个通用区，而并不顾及这些存储单元在设备中的物理分布。某一设备监测到总线上的地址信号，看其是否与分配给它的逻辑地址相符，如果相符，它就成为响应者。物理寻址与逻辑寻址的区别在于前者是选择与位置有关的设备，而后者是选择与位置无关的设备。

3）广播寻址：广播寻址用于选择多个响应者。命令者把地址信息放在总线上，从设备将总线上的地址信息与其内部的有效地址进行比较，如果相符，则该从设备被"连上"（Connect）。能使多个从设备连上的地址称为"广播地址"（Broadcast Addresses）。命令者为了确保所选的全部从设备都能响应，系统需要有适应这种操作的定时机构。

每一种寻址方法都有其优点和使用范围。逻辑寻址一般用于系统总线，而现场总线则较多采用物理寻址和广播寻址。不过，现在有一些新的系统总线常常具备上述两种，甚至三种寻址方式。

（5）总线仲裁。总线在传送信息的操作过程中有可能会发生冲突（Contention）。为解决这种冲突，就需进行总线占有权的"仲裁"（Arbitration）。总线仲裁是用于裁决哪一个主设备是下一个占有总线的设备。某一时刻只允许某一主设备占有总线，等到它完成总线操作，释放总线占有权后才允许其他总线主设备使用总线。当前的总线主设备称为命令者（Commander）。总线主设备为获得总线占有权而等待仲裁的时间称为访问等待时间（Access Latency），而命令者占有总线的时间称为总线占有期（Bus Tenancy）。命令者发起的数据传送操作，可以在称为听者（Listener）和说者（Talker）的设备之间进行，而更常见的是在命令者和一个或多个"从设备"之间进行。

（6）总线定时。总线操作用"定时"（Timing）信号进行同步。定时信号用于指明总线上的数据和地址在什么时刻是有效的。大多数总线标准都规定命令者可置起"控制"（Control）信号，用来指定操作的类型，还规定响应者要回送"从设备状态响应"（Slave Status Response）信号。

主设备获得总线控制权以后，就进入总线操作，即进行命令者和响应者之间的信息交换。这种信息可以是地址和数据。定时信号就是用于指明这些信息何时有效。定时信号有异步和同步两种。

（7）出错检测。在总线上传送信息时会因噪声和串扰而出错，因此在高性能的总线中一般设有出错码产生和校验机构，以实现传送过程的出错检测。传送地址时的奇偶出错会使要连接的从设备连不上；传送数据时如果有奇偶错，通常是再发送一次。也有一些总线由于出错率很低而不设检错机构。

（8）容错。设备在总线上传送信息出错时，如何减少故障对系统的影响，提高系统的重配置能力是十分重要的。故障对分布式仲裁的影响就比菊花链式仲裁小。后者在设备出故障时，会直接影响它后面设备的工作。总线系统应能支持软件利用一些新技术，如动态重新分配地址，把故障隔离开来，关闭或更换故障单元。

2.1.2　通信系统的组成

通信系统是传递信息所需的一切技术设备的总和。它一般由信息源和信息接收者，发送、接收设备，传输媒介几部分组成。单向数字通信系统的组成如图 2-1 所示。

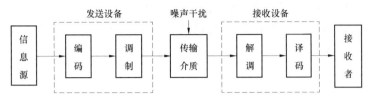

图 2-1 单向数字通信系统的组成

1. 信息源与接收者

信息源和信息接收者是信息的产生者和使用者。在数字通信系统中传输的信息是数据，是数字化了的信息。这些信息可能是原始数据，也可能是经计算机处理后的结果，还可能是某些指令或标志。

信息源可根据输出信号的性质不同分为模拟信息源和离散信息源。模拟信息源（如电话机、电视摄像机）输出幅度连续变化的信号；离散信息源（如计算机）输出离散的符号序列或文字。模拟信息源可通过抽样和量化变换为离散信息源。随着计算机和数字通信技术的发展，离散信息源的种类和数量越来越多。

2. 发送设备

发送设备的基本功能是将信息源和传输媒介匹配起来，即将信息源产生的消息信号经过编码，并变换为便于传送的信号形式，送往传输媒介。

对于数字通信系统来说，发送设备的编码常常又可分为信道编码与信源编码两部分。信源编码是把连续消息变换为数字信号；而信道编码则是使数字信号与传输介质匹配，提高传输的可靠性和有效性。变换方式是多种多样的，调制是最常见的变换方式之一。

发送设备还要包括为达到某些特殊要求所进行的各种处理，如多路复用、保密处理、纠错编码处理等。

3. 传输介质

传输介质是指发送设备到接收设备之间信号传递所经媒介。它可以是无线的，也可以是有线的。有线和无线均有多种传输媒介，如电磁波、红外线为无线传输介质，各种电缆、光缆、双绞线等为有线传输介质。

介质在传输过程中必然会引入某些干扰，如热噪声、脉冲干扰、衰减等。媒介的固有特性和干扰特性直接关系到变换方式的选取。

4. 接收设备

接收设备的基本功能是完成发送设备的反变换，即进行解调、译码、解密等。它的任务是从带有干扰的信号中正确恢复出原始信息来，对于多路复用信号，还包括解除多路复用，实现正确分路。

2.1.3 数据编码

计算机网络系统的通信任务是传送数据或数据化的信息。这些数据通常以离散的二进制 0、1 序列的方式表示。码元是所传输数据的基本单位。在计算机网络通信中所传输的大多为二元码，它的每一位只能在 1 或 0 两个状态中取一个，这每一位就是一个码元。

数据编码是指通信系统中以何种物理信号的形式来表达数据。分别用模拟信号的不同幅度、不同频率、不同相位来表达数据的 0、1 状态的，称为模拟数据编码。用高低电平的矩形脉冲信号来表达数据的 0、1 状态的，称为数字数据编码。

采用数字数据编码，在基本不改变数据信号频率的情况下，直接传输数据信号的传输方式，称为基带传输。基带传输可以达到较高的数据传输速率，是目前广泛应用的数据通信方式。

1. 单极性码

信号电平是单极性的，如逻辑 1 用高电平，逻辑 0 用零电平的信号表达方式，如图 2-2 和图 2-3 所示。

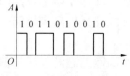

图 2-2　单极性非归零码

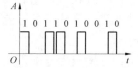

图 2-3　单极性归零码

2. 双极性码

信号电平为正、负两种极性的。如逻辑 1 用正电平，逻辑 0 用负电平的信号表达方式，如图 2-4 和图 2-5 所示。

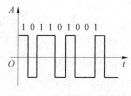

图 2-4　双极性非归零码

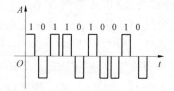

图 2-5　双极性归零码

3. 归零码（RZ）

在每一位二进制信息传输之后均返回到零电平的编码。例如其逻辑 1 只在该码元时间中的某段（如码元时间的一半）维持高电平后就回复到低电平，如图 2-3 和图 2-5 所示。

4. 非归零码（NRZ）

在整个码元时间内维持有效电平，如图 2-2 和图 2-4 所示。

5. 差分码

用电平的变化与否来代表逻辑"1"和"0"，电平变化代表"1"，不变化代表"0"，按此规定的码称为信号差分码。根据初始状态为高电平或低电平，差分码有两种波形（相位恰好相反）。显然，差分码不可能是归零码，其波形如图 2-6 所示。

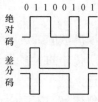

图 2-6　差分码

差分码可以通过一个 JK 触发器来实现。当计算机输出为"1"时，JK 端均为"1"，时钟脉冲使触发器翻转；当计算机输出为"0"时，JK 端均为"0"，触发器状态不变，实现了差分码。

根据信息传输方式，还可分为平衡传输和非平衡传输。平均传输指无论"0"或"1"都是传输格式的一部分；而非平衡传输中，只有"1"被传输，"0"则以在指定的时刻没有脉冲来表示。

6. 曼彻斯特编码（Manchester Encoding）

这是一种常用的基带信号编码。它具有内在的时钟信息，因而能使网络上的每一个系统保持同步。在曼彻斯特编码中，时间被划分为等间隔的小段，其中每小段代表一比特。每一小段时间本身又分为两半，前半个时间段所传信号是该时间段传送比特值的反码，后半个时间段传送的是比特值本身。可见在一个时间段内，其中间点总有一次信号电平的变化。因此携带有信号传送的同步信息而不需另外传送同步信号。

曼彻斯特编码过程与波形如图 2-7 所示。从频谱分析理论知道，理想的方波信号包含从零到无限高的频率成分，由于传输线中不可避免地存在分布电容，故允许传输的带宽是有限的，所以要求波形完全不失真的传输是不可能的。为了与线路传输特性匹配，除很近距离传输外，一般可用低通滤波器将图 2-7 中的矩形波整形成为变换点比较圆滑的基带信号，而在接收端，则在每个码元的最大值（中心点）取样复原。

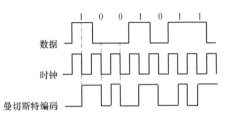

图 2-7　曼彻斯特编码过程与波形

7. 模拟数据编码

模拟数据编码采用模拟信号来表达数据的 0、1 状态。幅度、频率、相位是描述模拟信号的参数，可以通过改变这三个参数，实现模拟数据编码。幅度键控 ASK（Amplitude-Shift Keying）、频移键控 FSK（Frequency-Shift Keying）、相移键控 PSK（Phase-Shift Keying）是模拟数据编码的三种编码方法。

2.1.4　局域网及其拓扑结构

1. 计算机网络和网络拓扑

由于计算机的广泛使用，为用户提供了分散而有效的数据处理与计算能力。计算机和以计算机为基础的智能设备一般除了处理本身业务之外，还要求与其他计算机彼此沟通信息，共享资源，协同工作，于是，出现了用通信线路将各计算机连接起来的计算机群，以实现资源共享和作业分布处理，这就是计算机网络。Internet 就是当今世界上最大的非集中式的计算机网络的集合，是全球范围成千上万个网连接起来的互联网，并已成为当代信息社会的重要基础设施——信息高速公路。

计算机网络的种类繁多，分类方法各异。按地域范围可分为远程网和局域网。网络拓扑结构、信号方式、访问控制方式、传输介质是影响网络性能的主要因素。

2. 星形拓扑

在星形拓扑中，每个站通过点-点连接到中央节点，任何两站之间通信都通过中央节点进行。一个站要传送数据，首先向中央节点发出请求，要求与目的站建立连接。连接建立后，该站才向目的站发送数据。这种拓扑采用集中式通信控制策略，所有通信均由中央节点控制，中央节点必须建立和维持许多并行数据通路，因此中央节点的结构显得非常复杂，而每个站的通信处理负担很小，只需满足点-点链路简单通信要求，结构很简单。星形拓扑结构如图 2-8 所示。

3. 环形拓扑

在环形拓扑中，网络中有许多中继器进行点-点链路连接，构成一个封闭的环路。中继器接收前站发来的数据，然后按原来速度一位一位

图 2-8　星形拓扑结构

地从另一条链路发送出去。链路是单向的，数据沿一个方向（顺时针或逆时针）在网上环行。每个工作站通过中继器再连至网络。一个站发送数据，按分组进行，数据拆成分组加上控制信息插入环上，通过其他中继器到达目的站。由于多个工作站要共享环路，需有某种访问控制方式，确定每个站何时能向环上插入分组。它们一般采用分布控制，每个站有存取逻辑和收发控制。

环形拓扑正好与星形拓扑相反。星形拓扑的网络设备需有较复杂的网络处理功能，而工作站负担最小，环形拓扑的网络设备只是很简单的中继器，而工作站则需提供拆包和存取控制逻辑较复杂功能。环形网络的中继器之间可使用高速链路（如光纤），因此环形网络与其他拓扑相比，可提供更大的吞吐量，适用于工业环境，但在网络设备数量、数据类型、可靠性方面存在某些局限。环形拓扑结构如图 2-9 所示。

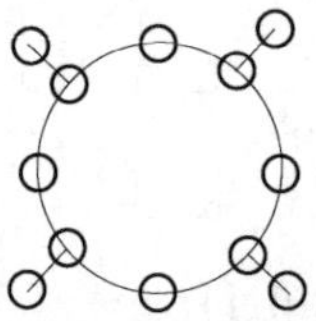

图 2-9　环形拓扑结构

4. 总线形拓扑

在总线形拓扑中，传输介质是一条总线，工作站通过相应硬件接口接至总线上，一个站发送数据，所有其他站都能接收。因为所有节点共享一条传输链路，一次只允许一个站发送信息，需有某种存取控制方式，确定下一个可以发送的站。信息也是按分组发送，达到目的站后，经过地址识别，将信息复制下来。总线形拓扑结构如图 2-10 所示。

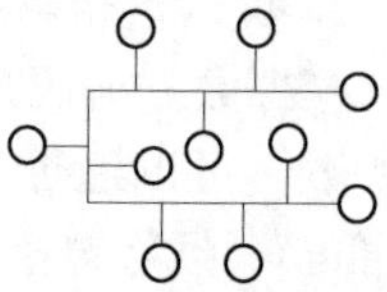

图 2-10　总线形拓扑结构

5. 树形拓扑

树形拓扑是总线形拓扑的扩展形式，传输介质是不封闭的分支电缆。它和总线形拓扑一样，一个站发送数据，其他都能接收。因此，总线形和树形拓扑的传输介质称为多点式或广播式。

树形拓扑的适应性很强，可适用于很宽范围，对网络设备的数量、数据传输速率和数据类型等没有太多限制，可达到很高的带宽。树形结构在单个局域网系统中采用不多，如果把多个总线形或星形网连在一起，或连到另一个大型机或一个环形网上，就形成了树形拓扑结构，这在实际应用环境中是非常需要的。树形结构非常适合于分主次、分等级的层次型管理系统。树形拓扑结构如图 2-11 所示。

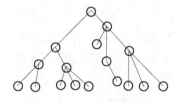

图 2-11　树形拓扑结构

2.1.5　网络传输介质

传输介质是网络中连接收发双方的物理通路，也是通信中实际传送信息的载体。网络中常用的传输介质有电话线、同轴电缆、双绞线、光缆、无线与卫星通信。传输介质的特性对网络中数据通信质量影响很大，主要特性如下：

（1）物理特性：传输介质物理结构的描述。

（2）传输特性：传输介质允许传送数字或模拟信号以及调制技术、传输容量、传输的频率范围。

（3）连通特性：允许点-点或多点连接。

（4）地理范围：传输介质最大传输距离。

（5）抗干扰性：传输介质防止噪声与电磁干扰对传输数据影响的能力。

1. 双绞线的主要特性

无论对于模拟数据还是对于数字数据，双绞线都是最通用的传输介质。电话线路就是一种双绞线。

（1）物理特性。双绞线由按规则螺旋结构排列的两根或四根绝缘线组成。一对线可以作为一条通信线路，各个线对螺旋排列的目的是使各线对之间的电磁干扰最小。

（2）传输特性。双绞线最普遍的应用是语音信号的模拟传输。在一条双绞线上使用频分多路复用技术可以进行多个音频通道的多路复用。如每个通道占用 4kHz 带宽，并在相邻通道之间保留适当的隔离频带，双绞线使用的带宽可达 268kHz，可以复用 24 条音频通道的传输。

使用双绞线或调制解调器传输模拟数据信号时，数据传输速率可达 9600bit/s，24 条音频通道总的数据传输速率可达 230kbit/s。

（3）连通性。双绞线可以用于点 – 点连接，也可用于多点连接。

（4）地理范围。双绞线用作远程中继线时，最大距离可达 15km；用于 10Mbit/s 局域网时，与集线器的距离最大为 100m。

（5）抗干扰性。双绞线的抗干扰性取决于一束线中相邻线对的扭曲长度及适当的屏蔽。在低频传输时，其抗干扰能力相当于同轴电缆。在 10～100kHz 时，其抗干扰能力低于同轴电缆。

2. 同轴电缆的主要特性

同轴电缆是网络中应用十分广泛的传输介质之一。

（1）物理特性。它由内导体、外屏蔽层、绝缘层及外部保护层组成。同轴电缆的特性参数由内、外导体及绝缘层的电参数和机械尺寸决定。

（2）传输特性。根据同轴电缆通频带，同轴电缆可以分为基带同轴电缆和宽带同轴电缆两类。基带同轴电缆一般仅用于数字数据信号传输。宽带同轴电缆可以使用频分多路复用方法，将一条宽带同轴电缆的频带划分成多条通信信道，使用各种调制方案，支持多路传输。宽带同轴电缆也可以只用于一条通信信道的高速数字通信，此时称为单通道宽带。

（3）连通性。同轴电缆支持点 – 点连接，也支持多点连接。宽带同轴电缆可支持数千台设备的连接；基带同轴电缆可支持数百台设备的连接。

（4）地理范围。基带同轴电缆最大距离限制在几千米范围内，而宽带同轴电缆最大距离可达几十千米。

（5）抗干扰性。同轴电缆的结构使得它的抗干扰能力较强。

3. 光缆的主要特性

光缆是网络传输介质中性能最好、应用最广泛的一种。

（1）物理特性。光纤是一种直径为 50～100μm 的柔软、能传导光波的介质，各种玻璃和塑料可以用来制造光纤，其中用超高纯度石英玻璃纤维制作的光纤可以得到最低的传输损耗。在折射率较高的单根光纤外面用折射率较低的包层包裹起来，就可以构成一条光纤通道，多条光纤组成一束就构成光纤电缆。

（2）传输特性。光纤通过内部的全反射来传输一束经过编码的光信号。由于光纤的折射系数高于外部包层的折射系数，因此可以形成光波在光纤与包层界面上的全反射。光纤可以看作频率在 10^{14}～10^{15}Hz 的光波导线，这一范围覆盖了可见光谱与部分红外光谱。以小角度进入的光波沿光纤按全反射方式向前传播。

光纤传输分为单模与多模两类。单模光纤是指光纤的光信号仅与光纤轴成单个可分辨角度的单光纤传输。而多模光纤的光信号与光纤轴成多个可分辨角度的多光纤传输。单模光纤性能优于多模光纤。

（3）连通性。光纤最普遍的连接方法是点－点方式，在某些实验系统中也可采用多点连接方式。

（4）地理范围。光纤信号衰减极小，它可以在 6～8km 距离内不使用中继器，实现高速率数据传输。

（5）抗干扰性。光纤不受外界电磁干扰与噪声的影响，能在长距离、高速率传输中保持低误码率。

2.1.6　介质访问控制方式

如前所述，在总线形和环形拓扑中，网上设备必须共享传输线路。为解决在同一时间有几个设备同时争用传输介质，需有某种介质访问控制方式，以便协调各设备访问介质的顺序，在设备之间交换数据。

通信中对介质的访问可以是随机的，即各工作站可在任何时刻，任意地访问介质；也可以是受控的，即各工作站可用一定的算法调整各站访问介质顺序和时间。在随机访问方式中，常用的争用总线技术为 CSMA/CD。在控制访问方式中则常用令牌总线、令牌环，或称为标记总线、标记环。

1. CSMA/CD（载波监听多路访问/冲突检测）

这种控制方式对任何工作站都没有预约发送时间。工作站的发送是随机的，必须在网络上争用传输介质，故称为争用技术。若同一时刻有多个工作站向传输线路发送信息，则这些信息会在传输线上相互混淆而遭破坏，称为冲突。为尽量避免由于竞争引起的冲突，每个工作站在发送信息之前，都要监听传输线上是否有信息在发送，这就是载波监听。

载波监听 CSMA 的控制方案是先听再讲。一个站要发送，首先需监听总线，以决定传输介质上是否存在其他站的发送信号。如果传输介质是空闲的，则可以发送。如果传输介质是忙的，则等待一定间隔后重试。当监听总线状态后，可采用以下三种 CSMA 坚持退避算法：

（1）不坚持 CSMA。假如传输介质是空闲的，则发送。假如传输介质是忙的，则等待一段随机时间，重复第一步。

（2）1—坚持 CSMA。假如传输介质是空闲的，则发送。假如传输介质是忙的，继续监听，直到介质空闲，立即发送。假如冲突发生，则等待一段随机时间，重复第一步。

（3）P—坚持 CSMA。假如传输介质是空闲的，则以 P 的概率发送，或以（$1-P$）的概率延迟一个时间单位后重复处理，该时间单位等于最大的传输延迟。假如传输介质是忙的，继续监听，直到传输介质空闲，重复第一步。

由于传输线上不可避免的有传输延迟，有可能多个站同时监听到线上空闲并开始发送，从而导致冲突。故每个工作站发送信息之后，还要继续监听线路，判定是否有其他站正与本站同时向传输线发送。一旦发现，便中止当前发送，这就是冲突检测。

载波监听多路访问/冲突检测的协议，简写为 CSMA/CD，已广泛应用于局域网中。每个站在发送帧期间，同时有检测冲突的能力，即边讲边听。一旦检测到冲突，就立即停止发送，并向总线上发一串阻塞信号，通知总线上各站冲突已发生，这样，通道的容量不致因白白传送已损坏的帧而浪费。

2. 令牌（标记）访问控制方式

CSMA 的访问存在发报冲突问题，产生冲突的原因是由于各站点发报是随机的。为了解决冲突问题，可采用有控制的发报方式，令牌方式是一种按一定顺序在各站点传递令牌（Token）的方法。谁得到令牌，谁才有发报权。令牌访问原理可用于环形网络，构成令牌环形网；也可用于总线网，构成令牌总线网络。

（1）令牌环（Token–Ring）方式。令牌环是环形结构局域网采用的一种访问控制方式。由于在环形结构网络上，某一瞬间可以允许发送报文的站点只有一个，令牌在网络环路上不断地传送，只有拥有此令牌的站点，才有权向环路上发送报文，而其他站点仅允许接收报文。站点在发送完毕后，便将令牌交给网上下一个站点，如果该站点没有报文需要发送，便把令牌顺次传给下一个站点。因此，表示发送权的令牌在环形信道上不断循环。环上每个相应站点都可获得发报权，而任何时刻只会有一个站点利用环路传送报文，因而在环路上保证不会发生访问冲突。

（2）令牌传递总线（Token–Passing Bus）方式。这种方式和 CSMA/CD 方式一样，采用总线网络拓扑，但不同的是在网上各工作站按一定顺序形成一个逻辑环。每个工作站在环中均有一个指定的逻辑位置，末站的后站就是首站，即首尾相连。每站都了解先行站（PS）和后继站（NS）的地址，总线上各站的物理位置与逻辑位置无关。

2.2　现场控制网络

现场总线又称现场控制网络，它属于一种特殊类型的计算机网络，是用于完成自动化任务的网络系统。从现场控制网络节点的设备类型、传输信息的种类、网络所执行的任务、网络所处的工作环境等方面，现场控制网络都有别于由普通 PC 机或其他计算机构成的数据网络。这些测控设备的智能节点可能分布在工厂的生产装置、装配流水线、发电厂、变电站、智能交通、楼宇自控、环境监测、智能家居等区域或领域。

2.2.1　现场控制网络的节点

作为普通计算机网络节点的 PC 机或其他种类的计算机、工作站，当然也可以成为现场控制网络的一员。现场控制网络的节点大都是具有计算与通信能力的测量控制设备。它们可能具有嵌入式 CPU，但功能比较单一，其计算或其他能力也许远不及普通 PC 机，也没有键盘、显示等人机交互接口，甚至不带有 CPU、单片机，只带有简单的通信接口。具有通信功能的现场设备都可以成为现场控制网络节点的一员，例如：

（1）限位开关、感应开关等各类开关。

（2）条形码阅读器。

（3）光电传感器。

（4）温度、压力、流量、物位等各种传感器、变送器。

（5）可编程逻辑控制器 PLC。

（6）PID 等数字控制器。

（7）各种数据采集装置。

（8）作为监视操作设备的监控计算机、工作站及其外设。

（9）各种调节阀。

（10）电动机控制设备。

（11）变频器。

（12）机器人。

（13）作为现场控制网络连接设备的中继器、网桥、网关等。

受制造成本和传统因素的影响，作为现场控制网络节点的上述现场设备，其计算能力等方面一般比不上普通计算机。

把这些单个分散的有通信能力的测量控制设备作为网络节点，连接成如图 2-12 所示的网络系统，使它们之间可以相互沟通信息，由它们共同完成自控任务，这就是现场控制网络。

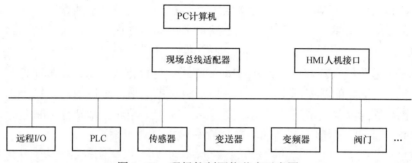

图 2-12　现场控制网络节点示意图

2.2.2　现场控制网络的任务

现场控制网络以具有通信能力的传感器、执行器、测控仪表为网络节点，并将其连接成开放式、数字化，实现多节点通信，完成测量控制任务的网络系统。现场控制网络要将现场运行的各种信息传送到远离现场的控制室，在把生产现场设备的运行参数、状态以及故障信息等送往控制室的同时，又将各种控制、维护、组态命令等送往位于现场的测量控制现场设备中，起着现场级控制设备之间数据联系与沟通的作用。同时现场控制网络还要在与操作终端、上层管理网络的数据连接和信息共享中发挥作用。近年来，随着互联网技术的发展，已经开始对现场设备提出了参数的网络浏览和远程监控的要求。在有些应用场合，需要借助网络传输介质为现场设备提供工作电源。

与工作在办公室的普通计算机网络不同，现场控制网络要面临工业生产的强电磁干扰、各种机械振动和严寒酷暑的野外工作环境，因此要求现场控制网络能适应此类恶劣的工作环境。另外，自控设备千差万别，实现控制网络的互联与互操作往往十分困难，这也是控制网络面对的必须解决的问题。

现场控制网络肩负的特殊任务和工作环境，使它具有许多不同于普通计算机网络的特点。现场控制网络的数据传输量相对较小，传输速率相对较低，多为短帧传送，但它要求通信传输的实时性强，可靠性高。

网络的拓扑结构、传输介质的种类与特性、介质访问控制方式、信号传输方式、网络与系统管理等，都是影响控制网络性能的重要因素。为适应完成自控任务的需要，人们在开发控制网络技术时，注意力往往集中在满足控制的实时性要求、工业环境下的抗干扰、总线供电等现场控制网络的特定需求上。

2.2.3　现场控制网络的实时性

计算机网络普遍采用以太网技术，采用带冲突检测的载波监听多路访问的媒体访问控制方式。一条总线上挂接多个节点，采用平等竞争的方式争用总线。节点要求发送数据时，先监听总线是否空闲，如果空闲就发送数据；如果总线忙就只能以某种方式继续监听，等总线空闲后再发送数据。即使如此也还会有几个节点同时发送而发生冲突的可能性，因而称为非确定性（Nondeterministic）网络。计算机网络传输的文件、数据在时间上没有严格的要求，一次连接失败之后还可继续要求连接。因此，这种非确定性不至于造成后果。

现场控制网络不同于普通数据网络的最大特点在于，它必须满足对现场控制的实时性要求。实时控制往往要求对某些变量的数据准确定时刷新。这种对动作时间有实时要求的系统称为实时系统。

实时系统的运行不仅要求系统动作在逻辑上的正确性，同时要求满足时限性。实时系统又可分为硬实时和软实时两类。硬实时系统要求实时任务必须在规定的时限完成，否则会产生严重的后果；而软实时系统中的实时任务在超过了截止期后的一定时限内，系统仍可以执行处理。

由现场控制网络组成的实时系统一般为分布式实时系统。其实时任务通常是在不同节点上周期性执行的，任务的实时调度要求通信网络系统具有确定性（Deterministic）。例如：一个现场控制网络由几个网络节点的 PLC 构成，每个 PLC 连接着各自下属的电气开关或阀门，由这些 PLC 共同控制管理着一个生产装置的不同部件的动作时序与时限。而且它们的动作通常需要严格互锁。对这个分布式实时系统来说，它应该满足实时性的要求。

现场控制网络中传输的信息内容通常有生产装置运行参数的测量值、控制量、开关阀门的工作位置、报警状态、系统配置组态、参数修改、零点量程调校、设备资源与维护信息等。其中，一部分参数的传输有实时性的要求，例如控制信息；一部分参数要求周期性刷新，例如参数的测量值与开关状态。而像系统组态、参数修改、趋势报告、调校信息等则对时间没有严格要求。要根据各自的情况分别采取措施，从而让现有的网络资源能充分发挥作用，满足各方面的应用需求。

2.3　网　络　硬　件

2.3.1　网络传输技术

1. 广播式网络

广播式网络（Broadcast Network）仅有一条通信信道，由网络上的所有计算机共享。短的消息，即按某种语法组织的分组或包（Packet），可以被任何计算机发送并被其他所有的计算机接收。分组的地址字段指明此分组应被哪台机器接收。一旦收到分组，各计算机将检查它的地址字段。如果是发送给它的，则处理该分组，否则将它丢弃。

广播系统通常也允许在地址字段中使用一段特殊代码，以便将分组发送到所有目标。使用此代码的分组发出以后，网络上的每一台计算机都会接收和处理它。这种操作称为广播（Broadcasting）。某些广播系统还支持向机器的一个子集发送的功能，即多点播送（Multicasting）。一种常见的方案是保留地址字段的某一位来指示多点播送。而剩下的 $n-1$ 位地址字段存放组号。每台机器可以注册到任意组或所有的组。当某一分组被发送给某个组时，它被发送到所有注册到该组的计算机。

2. 点到点网络

点到点网络（Point-to-point Network）由计算机之间的多条连接构成。为了能从源到达目的地，这种网络上的分组可能必须通过一台或多台中间机器。通常是多条路径，并且可能长度不一样，因此在点到点网络中路由算法十分重要。一般来说（当然也有例外），小的、地理上处于本地的网络采用广播方式，而大的网络则采用点到点方式。

另一个网络分类的标准是它的连接距离。图 2-13 列出了按连接距离分类的多处理器系统。最上面的是数据流机器（Data Flow Machine），它是高度并行的计算机，具有多个处理单元为同一程序服务。接下来是多计算机（Multicomputers），即在非常短、速度很快的总线上发送消息进行通信的机器。多计算机之后，就是在很长的电缆上进行通信而实现交换消息的网络。它又可分为局域网、城域网和广域网。最后，两个或更多网络的连接称为互联网。

处理器间的距离	多个处理器的位置	例子
0.1m	同一电路板	数据流机器
1m	同一系统	多计算机
10m	同一房间	局域网
100m	同一建筑物	局域网
1km	同一园区	局域网
10km	同一城市	城域网
100km	同一国家	广域网
1000km	同一洲内	广域网
10000km	同一行星上	互联网

图 2-13　按连接距离分类的相互连接的多处理器系统

2.3.2　局域网

局域网（Local Area Network，LAN），是处于同一建筑、同一大学或方圆几千米远地域内的专用网络。局域网常被用于连接公司办公室或工厂里的个人计算机和工作站，以便共享资源（如打印机）和交换信息。LAN 有和其他网络不同的三个特征：范围、传输技术和拓扑结构。

LAN 的覆盖范围比较小，这意味着即使是在最坏情况下其传输时间也是有限的，并且可以预先知道传输时间。知道了传输的最大时间，就可以使用某些设计方法，而在其他情况下是不能这样做的。这同样也简化了网络的管理。

LAN 通常使用这样一种传输技术，即用一条电缆连接所有的计算机。这有点像电话公司曾经在乡村使用的公用线。传统的 LAN 速度为 10～100Mbit/s，传输延迟低（几十个毫秒），并且出错率低。新的 LAN 运行速度更高，可达到每秒数百兆位。

广播式 LAN 可以有多种拓扑结构，图 2-14 给出了其中的两种。在总线形（如线性电缆）网络中，任一时刻只有一台计算机是主站并可进行发送。而其他计算机则不能发送。当两台或更多计算机都想发送信息时，需要一种仲裁机制来解决冲突。该机制可以是集中式的，也可是分布式的。IEEE 802.3，即通常所说的以太网（Ethernet），就是一种基于总线的广播式网络，它使用分布式控制，速度为 10Mbit/s 或 100Mbit/s。以太网上的计算机在任意时刻都可以发送信息，如果两个或更多的分组发生冲突，计算机就等待一段时间，然后再次试图发送。

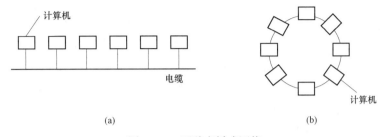

图 2-14　两种广播式网络

（a）总线形；（b）环形

第二种广播式系统是环网。在环中，每比特独自在网内传播而不必等待它所在分组里的其他比特。典型地，每比特环绕一周的时间仅相当于发出几比特的时间，常常还来不及发送整个分组。和其他所有广播系统一样，也需要某种机制来仲裁对环形网的同时访问。

根据信道的分配方式，广播式网络还可以进一步划分为静态和动态两类。典型的静态分配方法是把时间分为离散的区间，采用循环算法，每台计算机只能在自己的时段到来时才能进行广播。在不需要发送时，静态分配算法就会浪费信道的容量。因此，有些系统试图动态分配信道。

公共信道的动态分配算法既可以是集中式的，也可以是分散式的。在集中式信道分配算法中存在一个独立的实体，例如总线仲裁单元，由它决定下一个发送者是谁。仲裁单元可根据某种内部算法接受申请和作出决定。在分散式信道分配算法中，没有这样的中央实体，每台计算机必须自己决定是否发送。

还有使用点到点电缆组建的 LAN。每一条电缆连接某两台特定的计算机。这种 LAN 实际上是微缩的广域网。

2.3.3　城域网

城域网（Metropolitan Area Network，MAN），基本上是一种大型的 LAN，通常使用与 LAN 相似的技术。它可能覆盖一组邻近的公司办公室或一个城市，既可能是私有的，也可能是公用的。MAN 可以支持数据和声音，并且可能涉及当地的有线电视网。MAN 仅使用一条或两条电缆，并且不包含交换单元，即把分组分流到几条可能的引出电缆的设备。这样做可以简化设计。

2.3.4　广域网

广域网（Wide Area Network，WAN），是一种跨越大的地域的网络，通常包含一个国家或州。它包含想要运行用户（即应用）程序的计算机的集合。

2.3.5　无线网

移动计算机，例如笔记本计算机和个人数字助理 PDA（Personal Digital Assistant），是计算机工业增长最快的一部分。许多拥有这种计算机的人在他们的办公室里都有连接到 LAN 上的桌面计算机，并且希望当他们不在办公室或在路途中时，仍然能连接到自己的大本营。显然在汽车或飞机中不可能使用有线连接，这时，无线网络可满足用户的需要。

实际上，数据无线通信并不是什么新的思想。早在 1901 年，意大利物理学家 Guglielmo Marconi 就演示了使用 Morse（莫尔斯）电码从轮船上向海岸发送无线电报（莫尔斯电码用点和划表示字母，实际上它也是二进制）。现代数字无线系统的性能更好，但是基本思路是一样的。

2.3.6 互联网

世界上有许多网络，而且常常使用不同的硬件和软件。在一个网络上的用户经常需要和另一个网络上的用户通信。这就需要连接不同的，而且往往是不兼容的网络。有时候使用被称作网关（Gateway）的机器来完成连接，并提供硬件和软件的转换。互联的网络集合就称为互联网（Internetwork 或 Internet）。

常见的互联网是通过 WAN 连接起来的 LAN 集合。

2.4 网 络 互 联

2.4.1 基本概念

网络互联是将分布在不同地理位置的网络、网络设备连接起来，构成更大规模的网络系统，以实现网络的数据资源共享。相互连接的网络可以是同种类型的网络，也可以是运行不同网络协议的异型系统。网络互联是计算机网络和通信技术迅速发展的结果，也是网络系统应用范围不断扩大的自然要求。网络互联要求不改变原有子网内的网络协议、通信速率、硬件和软件配置等，通过网络互联技术使原先不能相互通信和共享资源的网络间有条件实现相互通信和信息共享。此外，还要求将因连接对原有网络的影响减至最小。

在相互连接的网络中，每个子网成为网络的一个组成部分，每个子网的网络资源都应该成为整个网络的共享资源，可以为网上任何一个节点所享用。同时，又应该屏蔽各子网在网络协议、服务类型、网络管理等方面的差异。网络互联技术能实现更大规模、更大范围的网络连接，使网络、网络设备、网络资源、网络服务成为一个整体。

2.4.2 网络互联规范

网络互联必须遵循一定的规范，随着计算机和计算机网络的发展，以及应用对局域网络互联的需求，IEEE 于 1980 年 2 月成立了局域网标准委员会（IEEE 802 委员会），建立了 802 课题，制定了开放式系统互联（OSI）模型的物理层、数据链路层的局域网标准。已经发布了 IEEE 802.1～IEEE 802.11 标准，其主要文件所涉及的内容如图 2-15 所示。其中，IEEE 802.1～IEEE 802.6 已经成为国际标准化组织（ISO）的国际标准 ISO 8802-1～ISO 8802-6。

图 2-15　IEEE 802 标准的内容

2.4.3　网络互联操作系统

局域网操作系统是实现计算机与网络连接的重要软件。局域网操作系统通过网卡驱动程序与网卡通信实现介质访问控制和物理层协议。对不同传输介质、不同拓扑结构、不同介质访问控制协议的异型网，要求计算机操作系统能很好地解决异型网络互联的问题。Netware、Windows NT Server、LAN Manager 都是局域网操作系统的范例。

LAN Manager 局域网操作系统是微软公司推出的，是一种开放式局域网操作系统，采用网络驱动接口规范 NDIS，支持 EtherNet、Token-ring、ARC net 等不同协议的网卡、多种拓扑结构和传输介质。它是基于 Client/Server 结构的服务器操作系统，具有优越的局域网操作系统性能。它可提供丰富的实现进程间通信的工具，支持用户机的图形用户接口。它采用以域为管理实体的管理方式，对服务器、用户机、应用程序、网络资源与安全等实行集中式网络管理。通过加密口令控制用户访问，进行身份鉴定，保障网络的安全性。

2.4.4　现场控制网络互联

现场控制网络通过网络互联实现不同网段之间的网络连接与数据交换，包括在不同传输介质、不同速率、不同通信协议的网络之间实现互联。

现场控制网络的相关规范对一条总线段上容许挂接的自控设备节点数有严格的限制。一般同种总线的网段采用中继器或网桥实现连接与扩展。例如 CAN、PROFIBUS 等都拥有高速和低速网段。其高速网段与低速网段之间采用网桥连接。

不同类型的现场总线网段之间采用网关，在当前多种现场总线标准共存、难以统一的情况下，应采用专用接口方式，即一对一的总线互联"网关"，实现不同类型现场总线网段的互联。采用中继器、网桥、网关、路由器等将不同网段、子网连接成企业应用系统。

2.5　通信参考模型

2.5.1　OSI 参考模型

为了实现不同厂家生产的设备之间的互联操作与数据交换，国际标准化组织 ISO/TC97 于 1978 年建立了"开放系统互联"分技术委员会，起草了开放系统互联参考模型 OSI（Open System Interconnection）的建议草案，并于 1983 年成为正式的国际标准 ISO 7498，1986 年又对该标准进行了进一步地完善和补充，形成了为实现开放系统互联所建立的分层模型，简称 OSI 参考模型。这是为异种计算机互联提供的一个共同基础和标准框架，并为保持相关标准的一致性和兼容性提供了共同的参考。"开放"并不是指对特定系统实现具体的互联技术或手段，而是对标准的认同。一个系统是开放系统，是指它可以与世界上任一遵守相同标准的其他系统互联通信。

OSI 参考模型把开放系统的通信功能划分为 7 个层次。从连接物理介质的层次开始，分别赋予 1、2、…、7 层的顺序编号，相应地称为物理层、数据链路层、网络层、传输层、会话层、表示层和应用层。OSI 参考模型如图 2-16 所示。

OSI 模型有 7 层，其分层原则如下：

（1）根据不同层次的抽象分层。

（2）每层应当实现一个定义明确的功能。

（3）每层功能的选择应该有助于制定网络协议的国际标准。

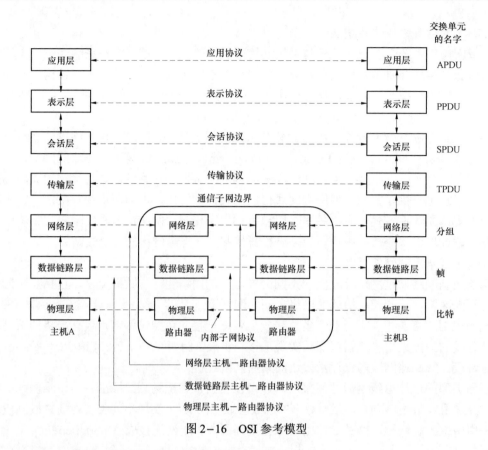

图 2—16　OSI 参考模型

（4）各层边界的选择应尽量减少跨过接口的通信量。

（5）层次应足够多，以避免不同的功能混杂在同一层中，但也不能太多，否则体系结构会过于庞大。

下面将从最下层开始，依次讨论 OSI 参考模型的各层。OSI 模型本身不是网络体系结构的全部内容，这是因为它并未确切地描述用于各层的协议和服务，它仅仅告诉我们每一层应该做什么。不过，ISO 已经为各层制定了标准，但它们并不是参考模型的一部分，它们是作为独立的国际标准公布的。

1. 物理层

物理层（Physical Layer）涉及通信在信道上传输的原始比特流。设计上必须保证一方发出二进制"1"时，另一方收到的也是"1"而不是"0"。这里的典型问题是用多少伏特电压表示"1"，多少伏特电压表示"0"；一比特持续多少微秒；传输是否在两个方向上同时进行；最初的连接如何建立和完成通信后连接如何终止；网络接插件有多少针以及各针的用途。这里的设计主要是处理机械的、电气的和过程的接口，以及物理层下的物理传输介质等问题。

2. 数据链路层

数据链路层（Data Link Layer）的主要任务是加强物理层传输原始比特的功能，使之对网络层显现为一条无错线路。发送方把输入数据分装在数据帧（Data Frame）里（典型的帧为几百字节或几千字节），按顺序传送各帧，并处理接收方回送的确认帧（Acknowledgement

Frame）。因为物理层仅仅接收和传送比特流，并不关心它的意义和结构，所以只能依赖各链路层来产生和识别帧边界。可以通过在帧的前面和后面附加上特殊的二进制编码模式来达到这一目的。如果这些二进制编码偶然在数据中出现，则必须采取特殊措施以避免混淆。

3. 网络层

网络层（Network Layer）关系到子网的运行控制，其中一个关键问题是确定分组从源端到目的端如何选择路由。路由既可以选用网络中固定的静态路由表，几乎保持不变，也可以在每一次会话开始时决定（例如通过终端对话决定），还可以根据当前网络的负载状况，高度灵活地为每一个分组决定路由。

4. 传输层

传输层（Transport Layer）的基本功能是从会话层接收数据，并且在必要时把它分成较小的单元，传递给网络层，并确保到达对方的各段信息正确无误，而且，这些任务都必须高效率地完成。从某种意义上来说，传输层使会话层不受硬件技术变化的影响。

5. 会话层

会话层（Session Layer）允许不同计算机上的用户建立会话（Session）关系。会话层允许进行类似传输层的普通数据的传输，并提供了对某些应用有用的增强服务会话，也可被用于远程登录到分时系统或在两台计算机间传递文件。

6. 表示层

表示层（Presentation Layer）完成某些特定的功能，由于这些功能常被请求，因此人们希望找到通用的解决办法，而不是让每个用户来实现。值得一提的是，表示层以下的各层只关心可靠地传输比特流，而表示层关心的是所传输的信息的语法和语义。

7. 应用层

应用层（Application Layer）包含大量人们普遍需要的协议。例如，世界上有成百种不兼容的终端型号。如果希望一个全屏幕编辑程序能工作在网络中许多不同的终端类型上，每个终端都有不同的屏幕格式、插入和删除文本的换码序列、光标移动等，其困难可想而知。

2.5.2　TCP/IP 参考模型

现在从 OSI 参考模型转向计算机网络的祖父 ARPANET 和其后继的因特网使用的参考模型。ARPANET 是由美国国防部 DoD（U.S.Department of Defense）赞助的研究网络，它通过租用的电话线连接了数百所大学和政府部门。当卫星和无线网络出现以后，现有的协议在和它们互联时出现了问题，所以需要一种新的参考体系结构，因此能无缝隙地连接多个网络的能力是从一开始就确定的主要设计目标。这个体系结构在它的两个主要协议出现以后，称为TCP/IP 参考模型（TCP/IP Reference Model）。

1. 互联网层

所有的这些需求导致了基于无连接互联网络层的分组交换网络。这一层称作互联网层（Internet Layer），它是整个体系结构的关键部分。它的功能是使主机可以把分组发往任何网络并使分组独立地传向目标（可能经由不同的网络）。这些分组到达的顺序和发送的顺序可能不同，因此如果需要按顺序发送及接收时，高层必须对分组排序。必须注意到这里使用的"互联网"是基于一般意义的，虽然因特网中确实存在互联网层。

互联网层定义了正式的分组格式和协议，即 IP 协议（Internet Protocol）。互联网层的功能就是把 IP 分组发送到应该去的地方。分组路由和避免阻塞是这里主要的设计问题。由于这些原因，可以说 TCP/IP 互联网层和 OSI 网络层在功能上非常相似。图 2-17 显示了它们的对应关系。

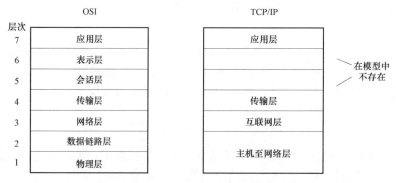

图 2-17　TCP/IP 参考模型

2. 传输层

在 TCP/IP 模型中，位于互联网层之上的那一层，现在通常称为传输层（Transport Layer）。它的功能是使源端和目标端主机上的对等实体可以进行会话，和 OSI 的传输层一样。这里定义了两个端到端的协议。

第一个是传输控制协议 TCP（Transmission Control Protocol）。它是一个面向连接的协议，允许从一台计算机发出的字节流无差错地发往互联网上的其他计算机。它把输入的字节流分成报文段并传给互联网层。在接收端，TCP 接收进程把收到的报文再组装成输出流。TCP 还要处理流量控制，以避免快速发送方向低速接收方发送过多报文而使接收方无法处理。

第二个协议是用户数据报协议 UDP（User Datagram Protocol）。它是一个不可靠的、无连接协议，用于不需要 TCP 的排序和流量控制能力而是自己完成这些功能的应用程序。它也被广泛地应用于只有一次的、客户—服务器模式的请求—应答查询，以及快速递交比准确递交更重要的应用程序，如传输语音或影像。IP、TCP 和 UDP 的关系如图 2-18 所示。自从这个模型出现以来，IP 已经在很多其他网络上实现了。

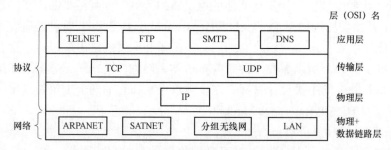

图 2-18　TCP/IP 模型中的协议与网络

3. 应用层

TCP/IP 模型没有会话和表示层。由于没有需要，所以把它们排除在外。来自 OSI 模型的经验已经证明，它们对大多数应用程序都没有用处。

传输层的上面是应用层（Application Layer），它包含所有的高层协议。最早引入的是虚拟终端协议（TELNET）、文件传输协议（FTP）和电子邮件协议（SMTP），如图 2-18 所示。

虚拟终端协议允许一台计算机上的用户登录到远程计算机上并且进行工作。文件传输协议提供了有效地把数据从一台计算机移动到另一台计算机的方法。电子邮件协议最初仅是一种文件传输，但是后来为它提出了专门的协议。这些年来又增加了不少的协议，例如域名系统服务 DNS（Domain Name Service）用于把主机名映射到网络地址；NNTP 协议，用于传递新闻文章；还有 HTTP 协议，用于在万维网（WWW）上获取主页等。

4. 主机至网络层

互联网层的下面什么都没有，TCP/IP 参考模型没有真正描述这一部分，只是指出主机必须使用某种协议与网络连接，以便能在其上传递 IP 分组。这个协议未被定义，并且随主机和网络的不同而不同。

2.5.3　OSI 参考模型和 TCP/IP 参考模型的比较

OSI 参考模型和 TCP/IP 参考模型有很多相似之处。它们都是基于独立的协议栈的概念。而且，层的功能也大体相似。例如，在两个模型中，传输层及传输层以上的层都为希望通信的进程提供端到端的、与网络无关的传输服务。这些层形成了传输提供者。同样，在两个模型中，传输层以上的层都是传输服务的由应用主导的用户。

OSI 模型有三个主要概念，即服务、接口、协议。

可能 OSI 模型的最大贡献就是使这三个概念之间的区别明确化了。每一层都为它上面的层提供一些服务。服务定义该层做些什么，而不管上面的层如何访问它或该层如何工作。

TCP/IP 参考模型最初没有明确区分服务、接口和协议，虽然后来人们试图改进它以便接近于 OSI。例如，互联网层提供的真正服务只是发送 IP 分组（Send IP Packet）和接收 IP 分组（Receive IP Packet）。

因此，OSI 模型中的协议比 TCP/IP 参考模型的协议具有更好的隐藏性，在技术发生变化时能相对比较容易地替换掉。最初把协议分层的主要目的之一就是能做这样的替换。

OSI 参考模型产生在协议发表之前。这意味着该模型没有偏向于任何特定的协议，因此非常通用。但不利的方面是设计者在协议方面没有太多的经验，因此不知道该把哪些功能放到哪一层最好。

例如，数据链路层最初只处理点到点的网络。当广播式网络出现以后，就不得不在该模型中再加上一个子层。当人们开始用 OSI 模型和现存的协议组建真正的网络时，才发现它们不符合要求的服务规范，因此不得不在模型上增加子层以弥补不足。最后，委员会本来期望每个国家有一个网络，由政府运行并使用 OSI 的协议，因此没有人考虑互联网。总而言之，事情并不像预计的那样顺利。

而 TCP/IP 却正好相反。首先出现的是协议，模型实际上是对已有协议的描述。因此，不会出现协议不能匹配模型的情况，它们配合得相当好。唯一的问题是该模型不适合于任何其他协议栈。因此，它对于描述其他非 TCP/IP 网络并不特别有用。

现在从一般问题转向更具体一些，两个模型间明显的差别是层的数量：OSI 模型有 7 层，而 TCP/IP 模型只有 4 层。它们都有（互联）网络层、传输层和应用层，但其他层并不相同。

另一个差别是面向连接的和无连接的通信。OSI 模型在网络层支持无连接和面向连接的通信，但在传输层仅有面向连接的通信，这是它所依赖的（因为传输服务对用户是可见的）。然而 TCP/IP 模型在网络层仅有一种通信模式，但在传输层支持两种模式，给了用户选择的机会。这种选择对简单的请求–应答协议是十分重要的。

2.5.4 现场总线的通信模型

具有七层结构的 OSI 参考模型可支持的通信功能是相当强大的。作为一个通用参考模型，需要解决各方面可能遇到的问题，需要具备丰富的功能。作为工业数据通信的底层控制网络，要构成开放互联系统，应该如何制定和选择通信模型，7 层 OSI 参考模型是否适应工业现场的通信环境，简化型是否更适合于控制网络的应用需要，这是应该考虑的重要问题。

在工业生产现场存在大量的传感器、控制器、执行器等，它们通常相当零散地分布在一个较大范围内。对由它们组成的控制网络，其单个节点面向控制的信息量不大，信息传输的任务相对也比较简单，但对实时性、快速性的要求较高。如果按照 7 层模式的参考模型，由于层间操作与转换的复杂性，网络接口的造价与时间开销显得过高。为满足实时性要求，也为了实现工业网络的低成本，现场总线采用的通信模型大都在 OSI 模型的基础上进行了不同程度的简化。

部分典型现场总线的通信参考模型与 OSI 模型的对应关系如图 2-19 所示。可以看到，它们与 OSI 模型不完全保持一致，在 OSI 模型的基础上分别进行了不同程度的简化，不过控制网络的通信参考模型仍然以 OSI 模型为基础。图 2-19 中的这几种控制网络还在 OSI 模型的基础上增加了用户层，用户层是根据行业的应用需要，在施加某些特殊规定后形成的标准。

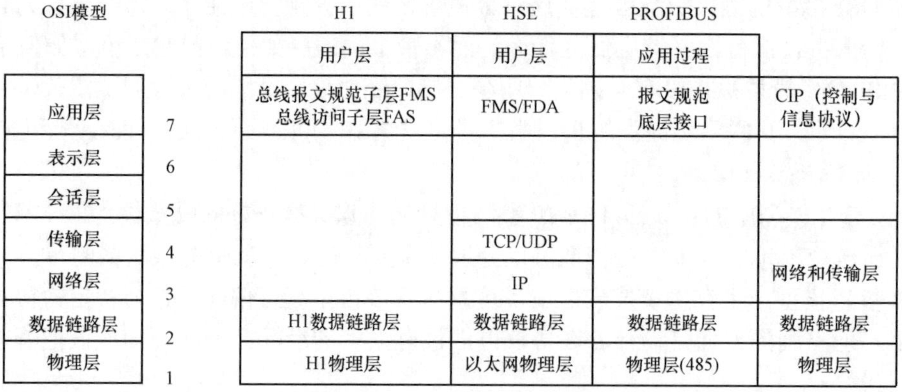

OSI模型		H1	HSE	PROFIBUS	
		用户层	用户层	应用过程	
应用层	7	总线报文规范子层FMS 总线访问子层FAS	FMS/FDA	报文规范 底层接口	CIP（控制与 信息协议）
表示层	6				
会话层	5				
传输层	4		TCP/UDP		网络和传输层
网络层	3		IP		
数据链路层	2	H1数据链路层	数据链路层	数据链路层	数据链路层
物理层	1	H1物理层	以太网物理层	物理层(485)	物理层

图 2-19 部分现场总线通信参考模型与 OSI 模型的对应关系

图 2-19 中的 H1 指 IEC 标准中的 61158。它采用了 OSI 模型中的 3 层，即物理层、数据链路层和应用层，隐去了第 3 层至第 6 层。应用层有两个子层：总线访问子层 FAS 和总线报文规范子层 FMS。此外，还将从数据链路到 FAS、FMS 的全部功能集成为通信栈。

在 OSI 模型基础上增加的用户层规定了标准的功能模块、对象字典和设备描述，供用户组成所需要的应用程序，并实现网络管理和系统管理。在网络管理中，设置了网络管理代理和网络管理信息库，提供组态管理、性能管理和差错管理的功能。在系统管理中，设置了系统管理内核、系统管理内核协议和系统管理信息库，实现设备管理、功能管理、时钟管理和安全管理等功能。

HSE 即高速以太网，是 H1 的高速网段，也属于 IEC 的标准子集之一。它的从物理层到传输层的分层模型跟计算机网络中常用的以太网相同。应用层和用户层的设置跟 H1 基本相当。图中应用层的 FDA 指现场设备访问，是 HSE 的专有部分。

PROFIBUS 也是 IEC 的标准子集之一，也作为德国国家标准 DIN19245 和欧洲标准

EN50170。它采用了 OSI 模型的物理层、数据链路层。其 DP 型标准隐去了第 3 层至第 7 层，而 FMS 型标准则只隐去第 3 层至第 6 层，采用了应用层。此外，增加用户层作为应用过程的用户接口。

图 2-20 是 OSI 模型与另两种现场总线的通信参考模型的分层比较。其中 LonWorks 采用了 OSI 模型的全部 7 层通信协议，被誉为通用控制网络。图 2-20 中还表示了它各分层的作用。

图 2-20 中作为 ISO11898 标准的 CAN 只采用了 OSI 模型的下面两层，即物理层和数据链路层。这是一种应用广泛，可以封装在集成电路芯片中的协议。要用它实际组成一个控制网络，还需要增添应用层或用户层，以及其他约定。

OSI 模型		LonWorks		CAN
应用层	7	应用层	应用程序	
表示层	6	表示层	数据解释	
会话层	5	会话层	请求或响应、确认	
传输层	4	传输层	端端传输	
网络层	3	网络层	报文传递寻址	
数据链路层	2	数据链路层	介质访问与成帧	数据链路层
物理层	1	物理层	物理电气连接	物理层

图 2-20　OSI 模型与 LonWorks 和 CAN 的分层比较

2.6　netX 网络控制器

netX 是德国赫优讯公司生产的一种高度集成的网络控制器。该公司由 Hans-Jürgen Hilscher 于 1986 年创建，总部位于德国 Hattersheim。公司最初是由一个致力于电子和控制技术的专家团队组成，在这个领域成功奠定了公司在系统工程领域的服务供应商资格。该公司基于早期所取得的经验，在 20 世纪 90 年代初将重点转向现场总线与工业以太网市场。目前，公司从事工业通信技术，并成为该领域首屈一指的工业通信产品制造商和技术服务供应商。2005 年底赫优讯公司推出了代表工业通信未来的网络控制芯片 netX。

netX 具有全新的系统优化结构，适合工业通信和大规模的数据吞吐。

每个通信通道由三个可自由配置的 ALU 组成，通过命令集和其结构可以实现不同的现场总线和实时以太网系统。内部以 32 位 ARM 为 CPU 核，主频 200MHz，netX 的特点是：

（1）统一的通信平台。

（2）现场总线到实时以太网的全集成策略。

（3）集成通信控制器的单片解决方案。

（4）开放的技术。

netX 作为一个系统解决方案的主要组成部分，包含了相关的软件、开发工具和设计服务等。客户可以根据其产品策略、功能或资源决定选择 netX 的相关产品。

2.6.1　netX 系列网络控制器

netX 网络控制器根据其性能的不同，具有不同的型号，面向的应用场合也不一样。netX

网络控制器的功能及适用场合见表 2-1。

表 2-1　　　　　　　　　　　netX 网络控制器的功能及适用场合

型　　号	功能及适用场合
netX 5	带有两个通信接口，需外接 CPU
netX 50	带有两个通信接口 可作为 IO-Link，网关和 IO 提供协议堆栈，适合小型应用
netX 100	带有三个通信接口 可作为 IO/运动控制/识别系统 提供协议堆栈，适合大型应用
netX 500	带有四个通信接口 可作为 HMI 提供协议堆栈，适合大型应用

　　每一种现场总线或工业以太网都有其专用的通信协议芯片，只有 netX 是目前唯一一款支持所有通信系统的协议芯片。现场总线和工业以太网的传统解决方案如图 2-21 所示，现场总线和工业以太网的 netX 解决方案如图 2-22 所示。

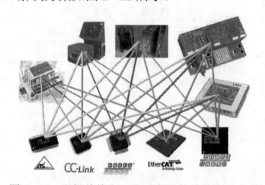

图 2-21　现场总线和工业以太网的传统解决方案

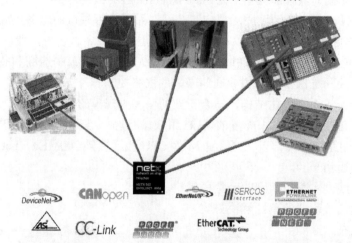

图 2-22　现场总线和工业以太网的 netX 解决方案

　　netX 作为一种最优的网络控制器只需外接时钟、外部内存和物理网络接口就可以了。针对以太网的应用，芯片上已经集成了 PHY（模拟以太网驱动），因此只需外接少量的元器件。

详细的设计开发文档可以从赫优讯公司网站的 netX 板块中下载。

2.6.2　netX 系列网络控制器的软件结构

netX 网络控制器的基本理念就是提供一种开放的解决方案。通过定义好的接口，用户可以在 netX 上实现不同的应用。可以是单片的解决方案，所有的应用都在 netX 上实现；也可以将 netX 作为一个模块，应用通过双端口内存接口访问 netX。

1. 配置工具

主站协议的一个主要功能就是要实现整个网络配置，这可以通过网络配置工具 SYCON.net 来实现，该网络配置工具是基于标准的 FDT/DTM 技术。此外，还定义了其他工具的接口。

2. 驱动

面向可加载的标准固件，提供双端口内存的驱动。用户也可以根据提供的 Toolkit 开发自己的驱动。

3. 操作系统

所有的协议堆栈都是基于赫优讯公司针对 netX 开发的实时操作系统 rcX 的，该操作系统是免费的。针对其他操作系统的应用，提供相应的板级支持包。

4. 协议堆栈

协议堆栈提供的方式有三种：可加载的固件、可链接的目标模块或源码。这三种方式都支持 rcX 实时操作系统。源码可应用于其他操作系统。

5. 硬件抽象层

通过抽象层可以实现与 ALU 的数据交换，以 C 源码的方式提供，定义了相关的接口，适合所有型号的 netX 芯片。

6. Micro Code

不同通信通道的不同网络的配置是由 Micro Code 来实现的。Micro Code 是一个二进制文件，在初始化阶段，由协议堆栈下载到 ALU。用户不能改变或创建 Micro Code。

netX 软件结构原理如图 2-23 所示。

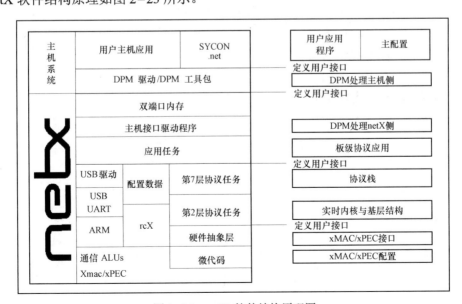

图 2-23　netX 软件结构原理图

2.6.3 基于 netX 网络控制器的产品分类

赫优讯公司可以为各种现场总线和工业以太网技术研究及开发提供解决方案。产品种类丰富，包括 PROFIBUS、DeviceNet、CANopen、InterBus、CC-Link、ControlNet、ModbusPlus、AS-Interface、IO-Link、SERCOS、EtherCAT、PROFINET 和 Ethernet/IP 等各种主流现场总线与工业以太网系统。该公司还生产和销售各种通用网关、计算机通信板卡、小背板嵌入式通信模块以及工业网络 ASIC 芯片等，并提供相应的软件工具等辅助产品。赫优讯公司的产品如图 2-24 所示。

图 2-24　赫优讯公司的产品

netX 产品具有如下技术特点：

（1）固件 Firmware。各种产品的固件基本代码相同，技术不断改进和完善，每年销售量巨大，技术成熟可靠。

（2）双端口内存 DualPortMemory。各种 Hilscher 产品都采用简便的物理接口和逻辑接口。

（3）赫优讯设备驱动 Hilscher Device Driver。Hilscher 提供各种产品的标准驱动。

（4）网络配置工具 Configuration Tool。对于各种 Hilscher 产品以及各种现场总线使用同一个网络配置工具。

netX 产品的技术层次结构如图 2-25 所示。

1. 通用网关类

（1）netLINK。最小的 MPI 和以太网协议转换的网关。

MPI 接口的通信速率为 9.6kbit/s～12Mbit/s，连接器为 DSub 9 针（公），以太网接口的通信速率为 10/100Mbit/s 连接器为 RJ45（公）。最小的 netLINK 网关如图 2-26 所示。

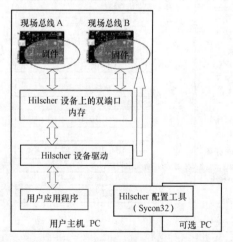

图 2-25　netX 产品的技术层次结构

图 2-26　最小的 netLINK 网关

（2）netTAP。netTAP 是一种通用协议转换器，实现现场总线从站到串口协议转换、以太网到串口协议转换、以太网到现场总线主站协议转换及其不同实时以太网之间协议转换。

2. 计算机通信板卡 CIF/cifX

（1）现场总线通信板卡。现场总线通信板卡为 CIF 系列，包括 PCI 总线接口 CIF50、PCMCIA 总线接口 CIF60 和 PC104 总线接口 CIF104 等。

（2）实时以太网计算机通信板卡。实时以太网计算机通信板卡为 cifX，一块计算机通信板卡通过装载不同的固件，可以支持各种实时以太网协议。

cifX 支持的实时以太网协议如图 2-27 所示。

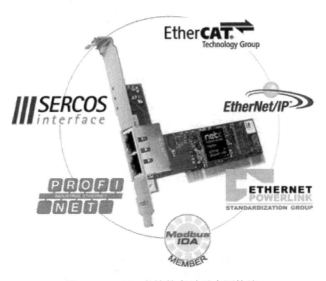

图 2-27　cifX 支持的实时以太网协议

3. 嵌入式模块

（1）基本型 COM。包括主机接口和现场总线接口的基本型嵌入式通信模块 COM 如图 2-28 所示。COM 的尺寸为 63mm×77mm。嵌入式通信模块 COM 的种类有 AS-I、CANopen、ControlNet、DeviceNet、EtherNet（10Mbit/s）、InterBus 和 PROFIBUS。

（2）紧凑型 COM-C。紧凑型小背板嵌入式通信模块 COM-C 如图 2-29 所示。COM-C 的尺寸为 30mm×70mm。嵌入式通信模块 COM-C 的种类有 CANopen、DeviceNet、Ethernet（100Mbit/s）、PROFIBUS、AS-I、SERCOS 和 CC-Link。

图 2-28　基本型嵌入式通信模块 COM　　　　　图 2-29　紧凑型小背板嵌入式通信模块 COM-C

（3）实时以太网嵌入式通信模块 comX。统一的 comX 硬件，根据不同的通信协议，可装载不同的固件。实时以太网嵌入式通信模块 comX 的应用如图 2-30 所示。

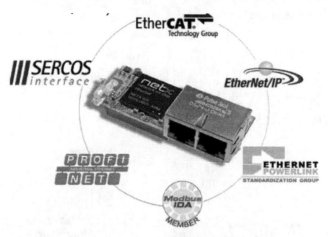

图 2-30　实时以太网嵌入式通信模块 comX 的应用

netX 的应用如图 2-31 所示。

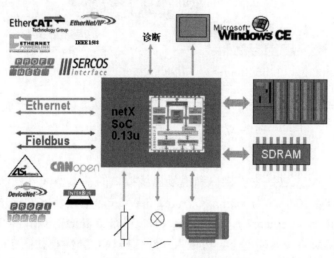

图 2-31　netX 的应用

2.6.4　开发工具和测试板

netX 与其他一些控制器一样，在 netX 芯片中集成了 ARM926 和 ARM966。因此，市场上所有的 ARM 开发工具通过其标准的 JTAG 或 ETM 接口都可以对 netX 进行调试。

Hitex 公司提供的 HiTOP 开发环境集成了 GNU 编译器和 JTAG 仿真器 Tantino，通过 HiTOP 可以访问 rcX 实时操作系统单元。通过 netSTICK 或 NXHX 软件开发板可以快速经济地了解 netX 技术。这两者都包含了 USB 调试接口，并集成了 HiTOP 开发环境。因此，有关协议接口和 rcX 实时内核的测试，以及应用程序的开发都可以在这些板子上进行测试，并且提供面向其他不同应用的开发板和测试板。netSTICK 和 NXHX 软件开发板如图 2-32 所示。

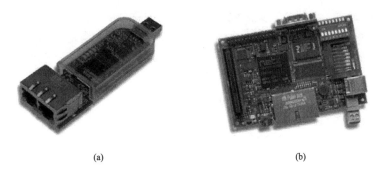

(a)　　　　　　　　　　　　　　　(b)

图 2-32　netSTICK 或 NXHX 软件开发板

（a）netSTICK 软件开发板；（b）NXHX 软件开发板

2.7　Anybus CompactCom 嵌入式工业网络通信技术

HMS（Hassbjer MicroSystems）公司于 1988 年由 Nicolas Hassbjer 创建，自成立以来一直处于技术的前端，可以为用户提供从需求分析到产品支持全方位的服务，并能够根据特殊需求进行方案定制。随着上百万接口卡和网关的应用，HMS 公司的技术如今已经应用于世界的众多工厂。

HMS 公司起初是进行一个关于纸张厚度测量的研究项目，但很快意识到其设备需要与不同的现场总线和工业网络连接。因此，HMS 公司发明了 Anybus 产品概念——一种可以接入任何网络的接口卡。HMS 公司开发和生产先进的工业通信硬件和软件，用于自动化设备和不同工业网络之间的通信连接，总部位于瑞典的阿姆斯特丹，其产品首次安装于三个通用汽车工厂后，HMS 公司以极快的速度增长，如今已在全球拥有几百名员工，并被认可为自动化工业通信技术的领导者。在 10 个国家设有分支机构，在另外 30 个国家拥有合作伙伴，已建立起广泛的销售和支持全球网络。

工业以太网正在以更快的速度增长，而无线技术也找到了立足点。更加清晰、明朗的是网络市场依旧呈现碎片化，因为客户依旧有连接现场总线、工业以太网和无线网络的需求。总之，越来越多的工业设备要实现互联，如工业物联网和工业 4.0 的趋势推动了这一进程。

2.7.1　Anybus CompactCom 接口

HMS 公司的新型以太网解决方案能够使设备制造商将其选择的工业以太网协议下载到标准化以太网硬件。针对通用以太网产品发布了最新的 Anybus CompactCom 产品。Anybus CompactCom 是一系列芯片、板卡或模块模式的通信接口，可嵌入工业设备，支持所有主流工业网络，但尤其适合高端工业以太网与现场总线应用。

1. Anybus CompactCom 40 系列通信接口的结构形式

Anybus CompactCom 40 系列通信接口的结构形式如图 2-33 所示。

这是一种通信解决方案，包含以太网硬件，可加载 PROFINET、EtherCAT、EtherNet/IP 和

图 2-33　Anybus CompactCom 40
系列通信接口的结构形式

Ethernet POWERLINK。该解决方案为设备制造商带来完全的灵活性，只需在交付客户之前将需要的工业以太网协议简单下载到 CompactCom 芯片、板卡或模块中即可。

2. Anybus CompactCom 40 系列的特点与优势

Anybus CompactCom 40 系列的特点与优势如下：

（1）完整的、具有连接件的可互换通信模块。

（2）单一芯片支持多种网络连接。

（3）预制的解决方案，将编程工作降到最少。

（4）快捷的设计以及 HMS 的免费支持确保了产品快速的上市时间。

（5）网络合规性预认证，使产品的网络认证更快捷。

（6）快速的以太网数据传输：每个方向 1500B/μs 的处理数据，1500B/μs 的参数数据。

（7）小于 15μs 的极低延迟（针对实时网络）。

（8）基于事件的接口方式，支持任意时刻简单访问输入数据与输出数据。

（9）快速的、基于事件的应用硬件接口：8 位/16 位并口与高速 SPI 接口，同时支持 I/O 移位寄存器接口。

（10）所有以太网版本使用一个硬件平台，简单下载新的固件就可以支持与另一网络的通信（如 PROFINET、EtherNet/IP、EtherCAT 等）。

（11）固件管理工具支持通过 FTP 或串行连接简单下载。

（12）扩展的基于 Flash 的文件系统支持双 disc 访问（内部的与外部的）。

（13）Socket 接口处理完整以太网报文（支持 20 多个 socket 连接）。

（14）时钟同步操作。

（15）通过通往 IXXAT Safe T100 的黑色通道支持功能安全网络。

（16）可靠的安全性：强制的软件签名避免了未授权软件下载到模块中。此外，使用加密防止非法复制。

由于工业网络市场正在向工业以太网方向发展，CompactCom 通用以太网解决方案立即成为用户提供产品的一个重要部分。这种产品使得设备制造商的操作更为方便，因为制造商不必储存不同工业以太网对应的不同 CompactCom 产品，而是可以将客户订单要求的网络协议简单下载到标准化的通用以太网硬件。

Anybus CompactCom 技术基于 Anybus NP40 网络处理器，客户可以通过一个实施项目即时访问整个 CompactCom 系列，只需简单插入另一个 Anybus CompactCom 芯片、板卡或模块即可访问任何现场总线和工业以太网网络。

用户可以使用固件管理器软件简单下载固件用于其选择的网络，也可以使用 FTP 或应用接口下载固件。

3. Anybus NP40 网络处理器

Anybus NP40 网络处理器的解决方案如图 2-34 所示。

NP40 网络处理器集成了 HMS 独特的 IP 以提供同类最佳延迟，以及对诸如运动控制的高要求工业应用起决定性作用的实时功能。实时加速

图 2-34　Anybus NP40 网络处理器的解决方案

器（RTA）在若干层面参与工作，从网络控制器层的"动态"协议预处理，到确保即时访问网络控制数据的零延迟 API。可配置的 RTA 根据网络事件指示进行中断操作，这优化了与主机应用的集成。NP40 网络处理器的结构如图 2-35 所示。

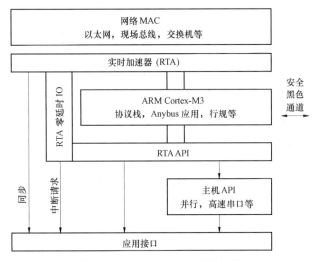

图 2-35　NP40 网络处理器结构

由于 NP40 处理器实际上提供了设备与网络间的"零延迟"，Anybus CompactCom 40 系列是具有快速网络周期与同步要求如伺服驱动器系统的高性能应用的理想选择。

Anybus NP40 是 HMS 公司工业网络处理器，能够处理工业设备与任意工业网络之间的通信，尤其针对实时工业以太网。其特点如下：

（1）灵活性。一个硬件平台，任意网络可行。NP40 支持所有主流的工业以太网和现场总线网络。通过简单下载新的软件，一个硬件平台能够支持多种不同的网络。因此，对于每个新网络无需启动新的开发项目。

（2）低延迟。针对高要求应用，支持运动和同步。NP40 处理器能够实现较低延迟，将延迟降到几微秒。它实际上允许网络与主机 API 之间的"零延迟"，使其能够支持需要同步或者运动配置文件的高性能应用。

在 NP40 处理器中，HMS 公司将强大的 ARM Cortex M3 核心与 FPGA 结合到同一芯片上，同时允许快速数据传输与硬件或 FPGA 的实时同步。

实时交换机集成到 FPGA 结构中且支持实时网络中的同步循环消息，如 PROFINET IRT、POWERLINK、EtherCAT 和 Sercos III。由于网络处理器基于闪存，对于多种不同的工业以太网它可以重新编程。

Anybus CompactCom 40 系列使用了集成的以太网 HUB，支持多路复用以及轮询响应链方式，具有 1μs 的响应时间（从轮询请求到轮询响应的时间），同步的最大抖动时间是 1μs。能够满足高性能工业以太网应用需求，因此主机和选择网络之间能够实现快速通信，每个方向的数据传输速率达到 1500B/μs。

采用 Anybus CompactCom 时，设备制造商只需插入相应的 Anybus 产品，就能即时连接 20 种工业网络。这种产品为设备制造商打开了新的商机并相应地扩展了其市场。

4. Anybus NP40 网络处理器

CompactCom 40 系列由 M40、B40 和 C40 组成，具有模块、板卡和芯片三种形式的通信产品，这些产品形式都建立于 Anybus NP40 处理器之上，尤其适合现代高要求工业应用。通过植入 CompactCom 概念到用户的产品中，只需简单插入另一 Anybus 模块，用户就可以即时访问任意其他的工业网络。

（1）M40 通信模块。M40 是完整的通信模块，它支持用户的产品在工业网络上通信。

图 2-36 针对 PROFIBUS 的
Anybus CompactCom M40 通信模块

例如：针对 PROFIBUS 的 Anybus CompactCom M40 的通信模块，如图 2-36 所示，它支持用户的产品在 PROFIBUS 网络上通信。

Anybus CompactCom M40 支持设备与 PROFIBUS 间的通信。该模块处理数据长度最长可达 488B（244B 输入与 244B 输出），并且根据 IEC61158 类型 3 支持 PROFIBUS DP-V0 与 DP-V1。

（2）B40 通信板卡。B40 是板卡模式的高性能网络接口，预制的软件与硬件可支持用户的设备与任意工业网络之间的通信。用户具有添加自选连接件（DSUB、RJ45、M12 等）与网络隔离的灵活性，尤其适合需要极快速数据传输的高要求工业应用。该板卡是主要考虑连接件灵活性、尺寸与成本，寻求半集成解决方案的设备制造商的理想选择。基于 Anybus NP40 网络处理器，B40 可以实现优化的集成，如具低延迟的动态处理与直通交换的高性能以太网交换机。NP40 支持机器与网络间极快速的数据传输，这是支持运动控制行规、同步等高性能的基础。

B40 适用的网络有 PROFINET、ETHERNET POWERLINK、EtherCAT、EtherNet/IP、Modbus TCP、CC-Link、DeviceNet、PROFIBUS。

B40 以太网双端口模块如图 2-37 所示。

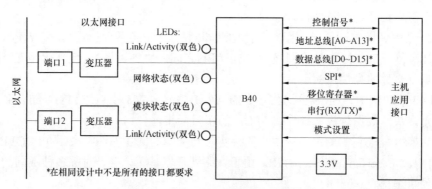

图 2-37 B40 以太网双端口模块

（3）C40 通信芯片。C40 包含处理用户的设备与任意工业网络间通信所需的全部功能。基于芯片的解决方案可以让用户自己设计芯片周围的硬件和连接件。这种单芯片网络控制器无需不同外部通信所需的 ASIC 与 FPGA，极大地降低了设计的复杂性和成本。C40 以太网双端口模块如图 2-38 所示。

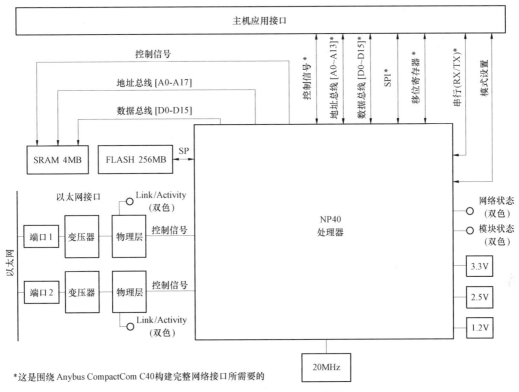

*这是围绕 Anybus CompactCom C40 构建完整网络接口所需要的

图 2-38　C40 以太网双端口模块

5. Anybus CompactCom 模块的安装

CompactCom 模块滑入主机自动化设备 PCB 预先指定的卡槽内。模块采用创新机制固定，只需拧紧 CompactCom 模块前部的两个螺钉。CompactCom 模块结构如图 2-39 所示。

HMS 提供为 Anybus CompactCom 定制的 CompactFlash 连接件如图 2-40 所示。模块的嵌入可从自动化设备制造商到终端用户的任意物流环节安装。HMS 可根据用户的需求提供 CompactCom 插槽盖。

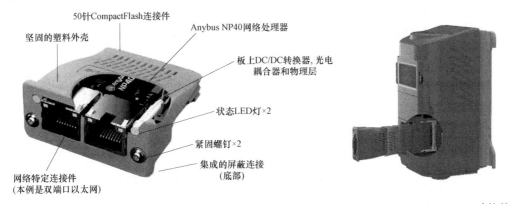

图 2-39　CompactCom 模块结构　　　　图 2-40　CompactFlash 连接件

实现工业网络的从站可以采用 Anybus CompactCom 40 系列的从站板卡、模块或芯片，其共同特点与用户的接口是与网络类型无关的，从而可以开发一次即可实现所有主流网络，各自特点介绍如下。

（1）B40 板卡。

1）接口丰富。它与用户的 CPU 之间的硬件接口可以通过 UART 串口、8 位/16 位并口或 SPI 接口通信（同时支持，任选其一），软件接口 HMS 公司提供 C 语言的驱动和基于主流 ARM 的示例工程。

2）互换性强。由于软硬件接口的统一性，用户开发了一种网络，其他网络就不用再做第二次开发，只需更换同一系列中不同的 B40 型号或者直接更换以太网固件即可。

3）内置交换机。以太网接口的 B40 均内置双口以太网交换机，便于用户多个设备级联。

4）实时性强。IO 数据延迟小于 15μs，同步抖动小于 1μs，可以满足工厂自动化和运动控制应用。

5）开发简单。由于 B40 上已包含除连接器外的全部软硬件，因此无需了解协议本身。此外，HMS 公司可以提供免费样品和本地技术支持服务帮助用户评估测试。

（2）M40 模块。M40 模块与 B40 相比，M40 多了外壳，连接器、指示灯等，安装更方便，互换性也更好，性能、接口和开发方法与 B40 完全相同。

（3）C40 芯片。C40 芯片适用于年用量较大或需要高集成度的场合，C40 芯片方案由 NP40 处理器加上相应的软件组成。HMS 并不仅仅提供芯片本身，而是会以授权的方式提供包含协议栈的固件、原理图和 BOM，它与 M40/B40 软件接口完全相同，所以推荐用户前期可以用 M40 或 B40 评估，然后再过渡到 C40。

2.7.2　Anybus SG 网关在智能电网中的应用

HMS 公司的新型工业物联网网关能够让工业设备与电网通信，针对智能电网应用，提供了新型工业物联网网关系列，Anybus SG 网关实现了工业应用和能源协议之间的通信。该通信是发电厂和能源设备与工业应用相互作用即智能电网的基础，Anybus SG 网关让智能电网成为可能。SG 网关能够让运行 Modbus、PROFIBUS、PROFINET、EtherNet/IP 或 M-Bus 的工业设备与能源协议（IEC 61850 和 IEC 60870-5-104）进行通信，这意味着使用 IEC 协议的发电厂控制室可以连接工业设备，如发电机、驱动器、过滤器和保护设备。由于 SG 网关既可以作为主站，也可以作为从站，还可以连接智能电子装置（IED）和工业网络，通过 IEC 标准进行通信，从而实现由西门子、罗克韦尔或三菱等公司的 PLC 控制这些装置。Anybus SG 网关也可用于实现远程控制和管理电网中的电气设备，通过远程控制协议使用以太网或 3G、4G 移动网络发送数据，然后数据可在发电厂控制室的软件应用中集中显示。

智能电网可以实现大量的能源节约和优化，并且在市场上有大量的创建智能能源解决方案的需求。为使智能电网成为现实，用户需要在复杂的 IEC 协议和工业网络中进行通信，新型的 SG 网关可解决这一问题。

2.7.3　Anybus X-gateway 在 PROFINET 和 PROFIBUS 网络中的应用

自动化工程师通常需要在工厂中桥接不同的协议和网络，但也需要支持相同网络中设备间的通信。例如：在 PROFINET 和 PROFIBUS 网络中，有许多设备和子系统不能与彼此通信。这就有可能需要连接不同的物理形式，如铜缆和光纤或者在两个控制型网络间进行耦合或解耦 I/O 数据。通过 Anybus X-gateway、HMS 公司能够提供多样化的 PROFINET 设备连接方式。

Anybus 网关如何解决 PROFINET 和 PROFIBUS 连接问题的应用方案如下：

（1）耦合 PROFINET IRT 机器与控制 PLC。许多工厂需要在两个控制型 PROFINET IRT 网络之间进行耦合或解耦 I/O 数据，例如工厂中的两个网段之间。Anybus X-gateway 可以作为 PROFINET 或 PROFINET 耦合器，实现快速的 I/O 数据传输，PROFINET 接口作为 PROFINET I/O 或 IRT 网络上的 I/O 设备。

（2）耦合 PROFIBUS 网络。在两个控制型 PROFIBUS 网络之间进行耦合或解耦 I/O 数据是 Anybus X-gateway 的另一个通用任务。该功能通常被称为 DP 或 DP 耦合。两个 PROFIBUS 网络彼此之间是电气与逻辑隔离的。

（3）耦合 PROFINET I/O 网络。可以在两个控制型 PROFINET I/O 网络之间进行耦合或解耦 I/O 数据。

（4）连接光纤网络到铜缆网络。PROFINET FO 在德国汽车行业中尤为受欢迎。然而，许多机器和系统不支持光纤连接。Anybus X-gateway 可以作为这两个网络之间的耦合器实现通信。

（5）从 PROFIBUS 过渡到 PROFINET。许多工厂都拥有完善的 PROFIBUS 网络，无论是作为工厂的主要网络还是子系统。然而，通常需要安装运行 PROFINET 的设备或系统。凭借 Anybus X-gateway，该转换可以轻易实现。X-gateway 作为两个网络间的翻译器，可在数分钟之内完成安装，这也是从现场总线过渡到工业以太网的快速方式。最终用户能够重复使用和连接现有的运转正常设备到新的高性能自动化系统。

2.7.4　Anybus X-gateway 在 Modbus-TCP 转 M-BUS 网关中的应用

HMS 公司的新网关可从 Modbus-TCP 网络监测来自测量设备的 M-BUS 数据，如图 2-41 所示。

M-BUS（Meter-BUS）是测量设备广泛使用的通信标准。它主要使用于楼宇中，如电能表、燃气表、水表或其他类型的耗量表。

通过从这些测量设备中获得数据到 PLC 或 SCADA 系统中，用户可以全面浏览能源消耗，包括以前需要单独核对的楼宇参数。

Anybus M-BUS 到 Modbus TCP 网关解码 M-BUS 报文并将测量值映射到 Modbus 寄存器，映射和配置都在基于 Web 的配置工具中进行，它允许用户对网关进行设置，无需任何编程，最多可连接 20 个 M-BUS 从站，并且支持它们在 Modbus-TCP 网络上通信。

图 2-41　Modbus-TCP 转 M-BUS 网关

通过 Anybus X-gateway 可连接更多网络，该解决方案可通过配套 M-BUS 网关和 Anybus X-gateway Modbus TCP 来进行扩展，让其可连接 M-BUS 设备到大多数工业网络。支持的网络有 CANopen、CC-Link、ControlNet、DeviceNet、EtherCAT、EtherNet/IP、Modbus RTU、PROFIBUS 和 PROFINET。

许多厂目前都在优化能源消耗，生产线通常与部分工业网络相连，但是建立参数（如用电、用水、燃气等）通常是在独立的 M-BUS 系统上监测。凭借 HMS 公司的新解决方案，让工厂业主可以从 Modbus-TCP 或其他他网络上的 PLC 分析和优化能源使用。

2.7.5　Anybus Communicator 串行网关

HMS 公司进一步扩展其产品系列，推出支持 CC-Link 网络的 Anybus Communicator 串行网关，如图 2-42 所示。

图 2-42　Anybus Communicator
串行网关

Anybus Communicator 串行网关是一系列智能协议转换产品，将自动化设备的串行接口接入各种现场总线。这个产品的出现为那些不具有内置 CC-Link 接口的设备接入 CC-Link 网络提供了一种解决方案。典型应用包括将小型 PLC、人机界面、条码扫描器、RFID 扫描器、称重设备、变频器和电动机驱动器等设备接入 CC-Link 网络。

Anybus Communicator 是一款体积小巧、DIN 导轨安装的产品，网关在 CC-Link 网络上作为从站设备。与现场设备连接的串行接口支持 RS-232、RS-485 和 RS-422，最高波特率为 57.6kbit/s。串行接口既支持应用广泛的 Modbus 协议，同时也可方便地通过专用配置软件配置为其他用户自定义协议。为了简化串行通信调试工作，网关还具有内置串口监听器的功能。除 CC-Link 之外，Anybus Communicator 系列还支持 PROFIBUS、DeviceNet、Interbus、CANopen、Modbus Plus、ControlNet 等现场总线以及 PROFINET、EtherNet/IP、ETHERNET POWERLINK 和 Modbus-TCP 等工业以太网。不同网络的网关都具有相同的使用方式，这样为用户将现场设备接入各种工业网络提供了一个统一的解决方案。

HMS 公司扩展的网关产品线宣布推出支持 EtherCAT 的 Anybus Communicator 串行网关。为那些不具备 EtherCAT 接口的设备接入 EtherCAT 网络提供了可能。典型应用包括条形码阅读器、RFID 扫描器、称重设备、变频器和电机启动器等。

2.7.6　Anybus-IC 系列接口

HMS 公司扩展的 Anybus-IC 系列产品，新增 PROFINET IO 接口模块。该产品是一款体积小巧且功能强大的单芯片 PROFINET IO 接口模块，并经过了 PROFIBUS 用户组织的一致性认证。目前，除了最新的 PROFINET IO 以外，HMS 公司的 Anybus-IC 系列可互换性接口芯片还支持 PROFIBUS、CANopen, DeviceNet、EtherNet/IP 和 Modbus-TCP，如图 2-43 所示。

图 2-43　Anybus-IC 系列接口

Anybus-IC 包含了强大的微处理器，并集成快速以太网控制器和全功能的 PROFINET IO 设备协议栈。使用 Anybus-IC 可以将用户开发一个 PROFINET IO 的工作量减少约 70%。此外，采用 Anybus-IC 用户产品的体积和功耗也可以降到最低，这为条码扫描器和电动机启动器等小型自动化设备实现 PROFINET I/O 提供了可能。

Anybus-IC 是 32 针 DIP 封装，需要单 5V 电源供电。其功能是作为标准的 I/O 设备并遵循 PROFINET 规范 Class A，支持最多 144B 输入数据和 144B 输出数据。Anybus-IC 包括自动化设备实现 PROFINET 所需的软件和硬件，用户只需添加 RJ45 以太网连接件即可。如果智能设备具有其自己的微处理器，Anybus-IC 可通过异步串行 TTL 接口与其连接。Anybus-IC 能够处理全部的 PROFINET I/O 协议，因此减少了微处理器的负担，从而非常适用于对实时性要求高的应用。对于本身不具备微处理器的产品，例如阀门终端等，Anybus-IC 还具有移位寄存接口，可以直接控制最多 128 位输入和输出。

Anybus-IC 系列的所有产品都具有可互换性，为中小型自动化设备制造商提供了简单而高效的方式，经过一次开发即可将产品接入各种主流现场总线和工业以太网。

2.7.7　Anybus 定制型嵌入式接口

HMS 公司还推出了定制型嵌入式接口解决方案，基于成熟的 Anybus 标准通信接口模块，HMS 公司还可提供定制型版本，为特殊需求进行量体裁衣，例如：满足高防护等级（IP65）、特殊的形状或尺寸、特殊连接件或电源需求等，定制型嵌入式接口如图 2-44 所示。

定制型 Anybus 接口模块使用标准的 Anybus 软件技术并具有与标准模块相同的软件接口。这样客户可以继续得益于 Anybus 产品开发时间短、开发风险小、开发成本可控等优点。另外，无需任何额外费用就可以享受 HMS 公司的软件升级服务。

图 2-44　定制型嵌入式接口

 习　　题

1. 什么是总线与总线段？
2. 什么是总线操作？
3. 什么是总线仲裁？
4. 什么是总线定时？
5. 数字通信系统有哪几部分组成？
6. 什么是码元？
7. 什么是数字数据编码？
8. 什么是差分码？
9. 什么是曼彻斯特编码？
10. 常用的网络拓扑结构有哪几种？
11. 什么是 CSMA/CD（载波监听多路访问/冲突检测）？
12. 现场控制网络的节点有哪些？
13. 网络互联设备主要有哪些？
14. 什么是 OSI 参考模型？它分为哪几层？
15. 现场总线的通信模型有什么特点？
16. netX 网络控制器产品的特点是什么？
17. netX 网络控制器的技术特点是什么？
18. netX 网络控制器能为哪些现场总线和工业以太网提供解决方案？
19. netX 网络控制器产品的分类？
20. Anybus CompactCom 接口有几种形式？它主要能实现哪些现场总线与工业以太网？
21. NP40 网络处理器能实现的主要功能是什么？

第 3 章 CAN 现场总线

20 世纪 80 年代初，德国的 BOSCH 公司提出了用 CAN（Controller Area Network）控制器局域网络来解决汽车内部的复杂硬信号接线。目前，其应用范围已不再局限于汽车工业，而向过程控制、纺织机械、农用机械、机器人、数控机床、医疗器械及传感器等领域发展。CAN 总线以其独特的设计，低成本、高可靠性、实时性、抗干扰能力强等特点得到了广泛地应用。

1993 年 11 月，ISO 正式颁布了道路交通运输工具、数据信息交换、高速通信控制器局域网国际标准 ISO 11898 CAN 高速应用标准，ISO 11519 CAN 低速应用标准，这为控制器局域网的标准化、规范化铺平了道路。CAN 具有如下特点：

（1）CAN 为多主方式工作，网络上任一节点均可以在任意时刻主动地向网络上其他节点发送信息，而不分主从，通信方式灵活，且无需站地址等节点信息。利用这一特点可方便地构成多机备份系统。

（2）CAN 网络上的节点信息分成不同的优先级，可满足不同的实时要求，高优先级的数据最多可在 134μs 内得到传输。

（3）CAN 采用非破坏性总线仲裁技术。当多个节点同时向总线发送信息时，优先级较低的节点会主动地退出发送，而最高优先级的节点可不受影响地继续传输数据，从而大大节省了总线冲突仲裁时间，尤其是在网络负载很重的情况下也不会出现网络瘫痪情况（以太网则可能出现）。

（4）CAN 只需通过报文滤波即可实现点对点、一点对多点及全局广播等几种方式传送接收数据，无需专门的"调度"。

（5）CAN 的直接通信距离最远可达 10km（通信速率 5kbit/s 以下）；通信速率最高可达 1Mbit/s（此时通信距离最长为 40m）。

（6）CAN 上的节点数主要取决于总线驱动电路，目前可达 110 个；报文标识符可达 2032 种（CAN 2.0A），而扩展标准（CAN 2.0B）的报文标识符几乎不受限制。

（7）采用短帧结构，传输时间短，受干扰概率低，具有极好的检错效果。

（8）CAN 的每帧信息都有 CRC 校验及其他检错措施，保证了数据出错率极低。

（9）CAN 的通信介质可为双绞线、同轴电缆或光纤，选择灵活。

（10）CAN 节点在错误严重的情况下具有自动关闭输出功能，以使总线上其他节点的操作不受影响。

3.1 CAN 的技术规范

控制器局域网（CAN）为串行通信协议，能有效地支持具有很高安全等级的分布实时控制。CAN 的应用范围很广，从高速网络到低价位的多路接线都可以使用 CAN。在汽车电子行业里，使用 CAN 连接发动机控制单元、传感器、防刹车系统等，其传输速率可达 1Mbit/s。同时，可以将 CAN 安装在卡车本体的电子控制系统里，如车灯组、电气车窗等，用以代替接线配线装置。

制订技术规范的目的是为了在任何两个 CAN 仪器之间建立兼容性。可是，兼容性有不同的方面，比如电气特性和数据转换的解释。为了达到设计透明度以及实现柔韧性，CAN 被细分为以下不同的层次：

（1）CAN 对象层（Object Layer）。

（2）CAN 传输层（Transfer Layer）。

（3）物理层（Physical Layer）。

对象层和传输层包括所有由 ISO/OSI 模型定义的数据链路层的服务和功能。对象层的作用范围包括：

（1）查找被发送的报文。

（2）确定由实际要使用的传输层接收哪一个报文。

（3）为应用层相关硬件提供接口。

在这里，定义对象处理较为灵活，传输层的作用主要是传送规则，也就是控制帧结构、执行仲裁、错误检测、出错标定、故障界定。总线上什么时候开始发送新报文及什么时候开始接收报文，均在传输层里确定。位定时的一些普通功能也可以看作是传输层的一部分。理所当然，传输层的修改是受到限制的。

物理层的作用是在不同节点之间根据所有的电气属性进行位信息的实际传输。当然，同一网络内，物理层对于所有的节点必须是相同的。尽管如此，在选择物理层方面还是很自由的。

3.1.1　CAN 的基本概念

1. 报文

总线上的信息以不同格式的报文发送，但长度有限制。当总线开放时，任何连接的单元均可开始发送一个新报文。

2. 信息路由

在 CAN 系统中，一个 CAN 节点不使用有关系统结构的任何信息（如站地址）。这时包含如下重要概念：

系统灵活性——节点可在不要求所有节点及其应用层改变任何软件或硬件的情况下，被接于 CAN 网络。

报文通信——一个报文的内容由其标识符 ID 命名。ID 并不指出报文的目的，但描述数据的含义，以便网络中的所有节点有可能借助报文滤波决定该数据是否使它们激活。

成组——由于采用了报文滤波，所有节点均可接收报文，并同时被相同的报文激活。

数据相容性——在 CAN 网络中，可以确保报文同时被所有节点接收或者没有节点接收，因此，系统的数据相容性是借助于成组和出错处理达到的。

3. 位速率

CAN 的数据传输速率在不同的系统中是不同的，而在一个给定的系统中，此速率是唯一的，并且是固定的。

4. 优先权

在总线访问期间，标识符定义了一个报文静态的优先权。

5. 远程数据请求

通过发送一个远程帧，需要数据的节点可以请求另一个节点发送一个相应的数据帧，该数据帧与对应的远程帧以相同标识符 ID 命名。

6. 多主站

当总线开放时，任何单元均可开始发送报文，发送具有最高优先权报文的单元，以赢得总线访问权。

7. 仲裁

当总线开放时，任何单元均可开始发送报文，若同时有两个或更多的单元开始发送，总线访问冲突运用逐位仲裁规则，借助标识符 ID 解决。这种仲裁规则可以使信息和时间均无损失。若具有相同标识符的一个数据帧和一个远程帧同时发送，数据帧优先于远程帧。仲裁期间，每一个发送器都对发送位电平与总线上检测到的电平进行比较，若相同则该单元可继续发送。当发送一个"隐性"电平（Recessive Level），而在总线上检测为"显性"电平（Dominant Level）时，该单元退出仲裁，并不再传送后续位。

8. 故障界定

CAN 节点有能力识别永久性故障和短暂扰动，可自动关闭故障节点。

9. 连接

CAN 串行通信链路是一条众多单元均可被连接的总线。理论上，单元数目是无限的，实际上，单元总数受限于延迟时间和（或）总线的电气负载。

10. 单通道

由单一进行双向位传送的通道组成的总线，借助数据重同步实现信息传输。在 CAN 技术规范中，实现这种通道的方法不是固定的，例如，可以是单线（加接地线）、两条差分连线、光纤等。

11. 总线数值表示

总线上具有两种互补逻辑数值：显性电平和隐性电平。在显性位与隐性位同时发送期间，总线上数值将是显性位。例如：在总线的"线与"操作情况下，显性位由逻辑"0"表示，隐性位由逻辑"1"表示。在 CAN 技术规范中未给出表示这种逻辑电平的物理状态（如电压、光、电磁波等）。

12. 应答

所有接收器均对接收报文的相容性进行检查，应答一个相容报文，并标注一个不相容报文。

3.1.2　CAN 的分层结构

CAN 遵从 OSI 模型，按照 OSI 标准模型，CAN 结构划分为数据链路层和物理层两层。而数据链路层又包括逻辑链路控制子层 LLC 和媒体访问控制子层 MAC，而在 CAN 技术规范 2.0A 的版本中，数据链路层的 LLC 和 MAC 子层的服务和功能被描述为"目标层"和"传送层"。CAN 的分层结构和功能如图 3-1 所示。

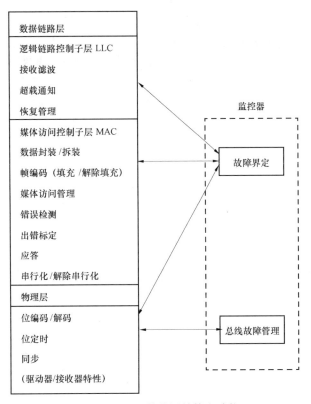

图 3-1 CAN 的分层结构和功能

LLC 子层的主要功能：为数据传送和远程数据请求提供服务，确认由 LLC 子层接收的报文实际已被接收，并为恢复管理和超载通知提供信息。在定义目标处理时，存在许多灵活性。MAC 子层的功能主要是传送规则，即控制帧结构、执行仲裁、错误检测、出错标定和故障界定。MAC 子层也要确定，为开始一次新的发送，总线是否开放或者是否马上开始接收。位定时特性也是 MAC 子层的一部分。MAC 子层特性不存在修改的灵活性。物理层的功能是有关全部电气特性在不同节点间的实际传送。自然，在一个网络内，物理层的所有节点必须是相同的，然而，在选择物理层时存在很大的灵活性。

CAN 技术规范 2.0B 定义了数据链路中的 MAC 子层和 LLC 子层的一部分，并描述与 CAN 有关的外层。物理层定义信号怎样进行发送，因而，涉及位定时、位编码和同步的描述。在这部分技术规范中，未定义物理层中的驱动器/接收器特性，以便允许根据具体应用，对发送媒体和信号电平进行优化。MAC 子层是 CAN 协议的核心。它描述由 LLC 子层接收到的报文和对 LLC 子层发送的认可报文。MAC 子层可响应报文帧、仲裁、应答、错误检测和标定。MAC 子层由称为故障界定的一个管理实体监控，它具有识别永久故障或短暂扰动的自检机制。LLC 子层的主要功能是报文滤波、超载通知和恢复管理。

3.1.3 报文传送和帧结构

在进行数据传送时，发出报文的单元称为该报文的发送器。该单元在总线空闲或丢失仲裁前恒为发送器。如果一个单元不是报文发送器，并且总线不处于空闲状态，则该单元为接收器。

对于报文发送器和接收器，报文的实际有效时刻是不同的。对于发送器而言，如果直到帧结束末尾一直未出错，则对于发送器报文有效。如果报文受损，将允许按照优先权顺序自动重发。为了能同其他报文进行总线访问竞争，总线一旦空闲，重发送立即开始。对于接收器而言，如果直到帧结束的最后一位一直未出错，则对于接收器报文有效。

构成一帧的帧起始、仲裁场、控制场、数据场和 CRC 序列均借助位填充规则进行编码。当发送器在发送的位流中检测到 5 位连续的相同数值时，将自动地在实际发送的位流中插入一个补码位。数据帧和远程帧的其余位场采用固定格式，不进行填充，出错帧和超载帧同样是固定格式，也不进行位填充。位填充方法如图 3-2 所示。

未填充位流　　　　100000xyz　011111xyz

填充位流　　　　　1000001xyz　0111110xyz

其中：xyz ∈ {0,1}

图 3-2　位填充

报文中的位流按照非归零（NRZ）码方法编码，这意味着一个完整位的位电平要么是显性，要么是隐性。

报文传送由 4 种不同类型的帧表示和控制：数据帧携带数据由发送器至接收器；远程帧通过总线单元发送，以请求发送具有相同标识符的数据帧；出错帧由检测出总线错误的任何单元发送；超载帧用于提供当前的和后续的数据帧的附加延迟。

数据帧和远程帧借助帧间空间与当前帧分开。

1. 数据帧

数据帧由 7 个不同的位场组成，即帧起始、仲裁场、控制场、数据场、CRC 场、应答场（ACK 场）和帧结束。数据场长度可为 0。CAN 2.0A 数据帧的组成如图 3-3 所示。

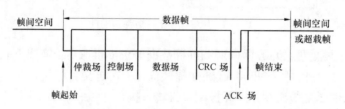

图 3-3　CAN 2.0A 数据帧组成

在 CAN 2.0B 中存在两种不同的帧格式，其主要区别在于标识符的长度，具有 11 位标识符的帧称为标准帧，而包括 29 位标识符的帧称为扩展帧。标准格式和扩展格式的数据帧结构如图 3-4 所示。

图 3-4　标准格式和扩展格式数据帧

为使控制器设计相对简单，并不要求执行完全的扩展格式（例如，以扩展格式发送报文或由报文接收数据），但必须不加限制地执行标准格式。如新型控制器至少具有下列特性，则可被认为同 CAN 技术规范兼容：每个控制器均支持标准格式；每个控制器均接收扩展格式报文，即不至于因为它们的格式而破坏扩展帧。

CAN 2.0B 对报文滤波特别加以描述，报文滤波以整个标识符为基准。屏蔽寄存器可用于选择一组标识符，以便映像至接收缓存器中，屏蔽寄存器每一位都需是可编程的。它的长度可以是整个标识符，也可以仅是其中一部分。

（1）帧起始（SOF）。标志数据帧和远程帧的起始，它仅由一个显性位构成。只有在总线处于空闲状态时，才允许站开始发送。所有站都必须同步于首先开始发送的那个站的帧起始前沿。

（2）仲裁场。由标识符和远程发送请求（RTR）组成。仲裁场如图 3-5 所示。

图 3-5　仲裁场组成

对于 CAN 2.0B 标准，标识符的长度为 11 位，这些位以从高位到低位的顺序发送，最低位为 ID.0，其中最高 7 位（ID.10～ID.4）不能全为隐性位。

RTR 位在数据帧中必须是显性位，而在远程帧中必须为隐性位。

对于 CAN 2.0B 标准格式和扩展格式的仲裁场格式不同。在标准格式中，仲裁场由 11 位标识符和远程发送请求位 RTR 组成，标识符位为 ID.28～ID.18，而在扩展格式中，仲裁场由 29 位标识符和替代远程请求 SRR 位、标识位及远程发送请求位组成，标识符位为 ID.28～ID.0。

为区别标准格式和扩展格式，将 CAN 2.0B 标准中的 r1 改记为 IDE 位。在扩展格式中，先发送基本 ID，其后是 IDE 位和 SRR 位。扩展 ID 在 SRR 位后发送。

SRR 位为隐性位，在扩展格式中，它在标准格式的 RTR 位上被发送，并替代标准格式中的 RTR 位。这样，标准格式和扩展格式的冲突由于扩展格式的基本 ID 与标准格式的 ID 相同而告解决。

IDE 位对于扩展格式属于仲裁场，对于标准格式属于控制场。IDE 在标准格式中以显性电平发送，而在扩展格式中为隐性电平。

（3）控制场。由 6 位组成，如图 3-6 所示。

图 3-6　控制场组成

由图可见，控制场包括数据长度码和两个保留位，这两个保留位必须发送显性位，但接收器认可显性位与隐性位的全部组合。

数据长度码 DLC 指出数据场的字节数目。数据长度码为 4 位，在控制场中被发送。数据字节的允许使用数目为 0～8，不能使用其他数值。

（4）数据场。由数据帧中被发送的数据组成，它可包括 0～8B，每个字节 8 位。首先发送的是最高有效位。

（5）CRC场。包括CRC序列，后随CRC界定符。CRC场结构如图3-7所示。

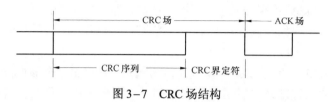

图3-7　CRC场结构

CRC序列由循环冗余码求得的帧检查序列组成，最适用于位数小于127（BCH码）的帧。为实现CRC计算，被除的多项式系数由包括帧起始、仲裁场、控制场、数据场（若存在的话）在内的无填充的位流给出，其15个最低位的系数为0，此多项式被发生器产生的下列多项式除（系数为模2运算）

$$X^{15} + X^{14} + X^{10} + X^8 + X^7 + X^4 + X^3 + 1$$

发送/接收数据场的最后一位后，CRC-RG包含有CRC序列。CRC序列后面是CRC界定符，它只包括一个隐性位。

（6）应答场（ACK）。为两位，包括应答间隙和应答界定符，如图3-8所示。

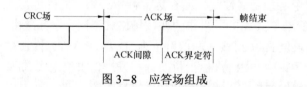

图3-8　应答场组成

在应答场中，发送器送出两个隐性位。一个正确地接收到有效报文的接收器，在应答间隙，将此信息通过发送一个显性位报告给发送器。所有接收到匹配CRC序列的站，通过在应答间隙内把显性位写入发送器的隐性位来报告。

应答界定符是应答场的第二位，并且必须是隐性位。因此，应答间隙被两个隐性位（CRC界定符和应答界定符）包围。

（7）帧结束。每个数据帧和远程帧均由7个隐性位组成的标志序列界定。

2. 远程帧

激活为数据接收器的站可以借助于传送一个远程帧初始化各自源节点数据的发送。远程帧由帧起始、仲裁场、控制场、CRC场、应答场和帧结束6个不同分位场组成。

同数据帧相反，远程帧的RTR位是隐性位。远程帧不存在数据场。DLC的数据值是没有意义的，它可以是0~8中的任何数值。远程帧的组成如图3-9所示。

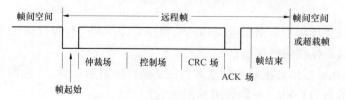

图3-9　远程帧的组成

3. 出错帧

出错帧由两个不同场组成，第一个场由来自各帧的错误标志叠加得到，后随的第二个场是错误界定符。出错帧的组成如图 3–10 所示。

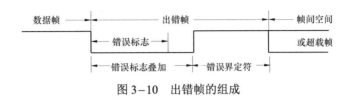

图 3–10　出错帧的组成

为了正确地终止出错帧，一种"错误认可"节点可以使总线处于空闲状态至少三位时间（如果错误认可接收器存在本地错误），因而总线不允许被加载至 100%。

错误标志具有两种形式：① 活动错误标志（Active Error Flag）；② 认可错误标志（Passive Error Flag）。活动错误标志由 6 个连续的显性位组成，而认可错误标志由 6 个连续的隐性位组成，除非被来自其他节点的显性位冲掉重写。

4. 超载帧

超载帧包括超载标志和超载界定符两个位场，如图 3–11 所示。

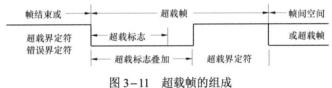

图 3–11　超载帧的组成

存在两种导致发送超载标志的超载条件：① 要求延迟下一个数据帧或远程帧的接收器的内部条件；② 在间歇场检测到显性位。由前一个超载条件引起的超载帧起点，仅允许在期望间歇场的第一位时间开始，而由后一个超载条件引起的超载帧在检测到显性位的后一位开始。在大多数情况下，为延迟下一个数据帧或远程帧，两种超载帧均可产生。

超载标志由 6 个显性位组成。全部形式对应于活动错误标志形式。超载标志形式破坏了间歇场的固定格式，因而，所有其他站都将检测到一个超载条件，并且由它们开始发送超载标志（在间歇场第三位期间检测到显性位的情况下，节点将不能正确理解超载标志，而将 6 个显性位的第一位理解为帧起始）。第 6 个显性位违背了引起出错条件的位填充规则。

超载界定符由 8 个隐性位组成。超载界定符与错误界定符具有相同的形式。发送超载标志后，站监视总线直到检测到由显性位到隐性位的发送。在此站点上，总线上的每一个站均完成送出其超载标志，并且所有站一致地开始发送剩余的 7 个隐性位。

5. 帧间空间

数据帧和远程帧同前面的帧相同，不管是何种帧（数据帧、远程帧、出错帧或超载帧）均以称为帧间空间的位场分开。相反，在超载帧和出错帧前面没有帧间空间，并且多个超载帧前面也不被帧间空间分隔。

帧间空间包括间歇场和总线空闲场，对于前面已经发送报文的"错误认可"站还有暂停发送场。对于非"错误认可"或已经完成前面报文的接收器，其帧间空间如图 3–12 所示；

对于已经完成前面报文发送的"错误认可"站，其帧间空间如图 3-13 所示。

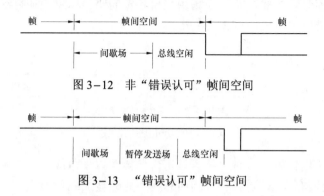

图 3-12 非"错误认可"帧间空间

图 3-13 "错误认可"帧间空间

间歇场由 3 个隐性位组成。间歇期间，不允许启动发送数据帧或远程帧，它仅起标注超载条件的作用。

总线空闲周期可为任意长度。此时，总线是开放的，因此任何需要发送的站均可访问总线。在其他报文发送期间，暂时被挂起的待发报文紧随间歇场从第一位开始发送。此时总线上的显性位被理解为帧起始。

暂停发送场是指错误认可站发完一个报文后，在开始下一次报文发送或认可总线空闲之前，它紧随间歇场后送出 8 个隐性位。如果其间开始一次发送（由其他站引起），本站将变为报文接收器。

3.1.4 错误类型和界定

1. 错误类型

CAN 总线有五种错误类型。

（1）位错误。向总线送出一位的某个单元同时也在监视总线，当监视到总线位数值与送出的位数值不同时，则在该位时刻检测到一个位错误。例外情况是，在仲裁场的填充位流期间或应答间隙送出隐性位而检测到显性位时，不视为位错误。送出认可错误标注的发送器在检测到显性位时，也不视为位错误。

（2）填充错误。在使用位填充方法进行编码的报文中，出现了第 6 个连续相同的位电平时，将检出一个位填充错误。

（3）CRC 错误。CRC 序列是由发送器 CRC 计算的结果组成的。接收器以与发送器相同的方法计算 CRC。由计算结果与接收到的 CRC 序列不同，则检出一个 CRC 错误。

（4）形式错误。当固定形式的位场中出现一个或多个非法位时，则检出一个形式错误。

（5）应答错误。在应答间隙，发送器未检测到显性位时，则由它检出一个应答错误。

检测到出错条件的站通过发送错误标志进行标定。当任何站检出位错误、填充错误、形式错误或应答错误时，由该站在下一位开始发送出错标志。

当检测到 CRC 错误时，出错标志在应答界定符后面那一位开始发送，除非其他出错条件的错误标志已经开始发送。

在 CAN 总线中，任何一个单元可能处于下列三种故障状态之一：错误激活（Error Active）、错误认可（Error Passive）和总线关闭。

检测到出错条件的站通过发送出错标志进行标定。对于错误激活节点，其为活动错误标志；而对于错误认可节点，其为认可错误标志。

错误激活单元可以照常参与总线通信，并且当检测到错误时，送出一个活动错误标志。不允许错误认可节点送出活动错误标志，它可参与总线通信，但当检测到错误时，只能送出认可错误标志，并且发送后仍被错误认可，直到下一次发送初始化。总线关闭状态不允许单元对总线有任何影响（如输出驱动器关闭）。

2. 错误界定

为了界定故障，在每个总线单元中都设有发送出错计数和接收出错计数两种计数。这些计数按照下列规则进行。

（1）接收器检出错误时，接收器出错计数加 1，除非所检测错误是发送活动错误标志或超载标志期间的位错误。

（2）接收器在送出错误标志后的第一位检出一个显性位时，接收器错误计数加 8。

（3）发送器送出一个错误标志时，发送错误计数加 8。其中有两个例外情况：① 如果发送器为错误认可，由于未检测到显性位应答或检测到一个应答错误，并且在送出其认可错误标志时，未检测到显性位。② 如果由于仲裁期间发生的填充错误，发送器送出一个隐性位错误标志，但发送器送出隐性位而检测到显性位。

在以上两种例外情况下，发送器错误计数不改变。

（4）发送器送出一个活动错误标志或超载标志时，它检测到位错误，则发送器错误计数加 8。

（5）接收器送出一个活动错误标志或超载标志时，它检测到位错误，则接收器错误计数加 8。

（6）在送出活动错误标志，认可错误标志或超载标志后，任何节点都允许多至 7 个连续的显性位。在检测的第 11 个连续的显性位后（在活动错误标志或超载标志情况下），或紧随认可错误标志检测到第 8 个连续的显性位后，以及附加的 8 个连续的显性位的每个序列后，每个发送器的发送错误计数都加 8，并且每个接收器的接收错误计数也加 8。

（7）报文成功发送后（得到应答，并且直到帧结束未出现错误），则发送错误计数减 1，除非它已经为 0。

（8）报文成功接收后（直到应答间隙无错误接收，并且成功地送出应答位），则接收错误计数减 1，如果它处于 1 和 127 之间。若接收错误计数为 0，则仍保持为 0，而若大于 127，则将其值计为 119 和 127 之间的某个数值。

（9）当发送错误计数器等于或大于 128 或接收错误计数器等于或大于 128 时，节点为错误认可。导致节点变为错误认可的错误条件使节点送出一个活动错误标志。

（10）当发送错误计数大于或等于 256 时，节点为总线关闭状态。

（11）当发送错误计数和接收错误计数两者均小于或等于 127 时，错误认可节点再次变为错误激活节点。

（12）在检测到总线上 11 个连续的隐性位发生 128 次后，总线关闭节点将变为两个错误计数器均值为 0 的错误激活节点。

当错误计数数值大于 96 时，说明总线被严重干扰。它提供测试此状态的一种手段。

若系统启动期间仅有一个节点在线，此节点发出报文后，将得不到应答，检出错误并重复该报文。它可以变为错误认可，但不会因此关闭总线。

3.1.5　位定时与同步的基本概念

1. 正常位速率

正常位速率是在非重同步情况下，借助理想发送器每秒发出的位数。

2. 正常位时间

正常位时间即正常位速率的倒数。

正常位时间可分为几个互不重叠的时间段。这些时间段包括同步段（SYNC-SEG）、传播段（PROP-SEG）、相位缓冲段 1（PHASE-SEG1）和相位缓冲段 2（PHASE-SEG2），如图 3-14 所示。

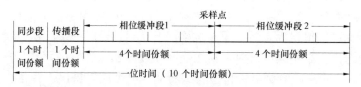

图 3-14　位时间的各组成部分

3. 同步段

同步段用于同步总线上的各个节点，为了处于此段内需要有一个跳变沿。

4. 传播段

传播段用于补偿网络内的传输延迟时间，它是信号在总线上传播时间、输入比较器延迟和驱动器延迟之和的两倍。

5. 相位缓冲段 1 和相位缓冲段 2

它们用于补偿沿的相位误差，通过重同步，这两个时间段可被延长或缩短。

6. 采样点

它是这样一个时点，在此点上，仲裁电平被读，并被理解为各位的数值，位于相位缓冲段 1 的终点。

7. 信息处理时间

由采样点开始，保留用于计算子序列位电平的时间。

8. 时间份额

时间份额是由振荡器周期派生出的一个固定时间单元。存在一个可编程的分度值，其整体数值范围为 1～32，以最小时间份额为起点，时间份额计算式为

$$时间份额 = m \times 最小时间份额$$

其中，m 为分度值。

正常位时间中各时间段长度数值：SYNC-SEG 为 1 个时间份额；PROP-SEG 长度可编程为 1～8 个时间份额；PHASE-SEG1 可编程为 1～8 个时间份额；PHASE-SEG2 长度为 PHASE-SEG1 和信息处理时间的最大值；信息处理时间长度小于或等于 2 个时间份额。在位时间中，时间份额的总数必须被编程为至少 8～25。

9. 硬同步

硬同步后，内部位时间从 SYNC-SEG 重新开始，因而，硬同步强迫由于硬同步引起的沿处于重新开始的位时间同步段之内。

10. 重同步跳转宽度

由于重同步的结果，PHASE-SEG1 可被延长或 PHASE-SEG2 可被缩短。这两个相位缓冲段的延长或缩短的总和上限由重同步跳转宽度给定。重同步跳转宽度可编程为 1 和 4（PHASE-SEG1）之间。

时钟信息可由一位数值到另一位数值的跳转获得。由于总线上出现连续相同位的位数的最大值是确定的，这提供了在帧期间重新将总线单元同步于位流的可能性。可被用于重同步的两次跳变之间的最大长度为 29 个位时间。

11. 沿相位误差

沿相位误差由沿相对于 SYNC-SEG 的位置给定，以时间份额度量。相位误差的符号定义如下：

若沿处于 SYNC-SEG 之内，则 $e=0$；

若沿处于采样点之前，则 $e>0$；

若沿处于前一位的采样点之后，则 $e<0$。

12. 重同步

当引起重同步沿的相位误差小于或等于重同步跳转宽度编程值时，重同步的作用与硬同步相同。当相位误差大于重同步跳转宽度且相位误差为正时，则 PHASE-SEG1 延长总数为重同步跳转宽度。当相位误差大于重同步跳转宽度且相位误差为负时，则 PHASE-SEG2 缩短总数为重同步跳转宽度。

13. 同步规则

硬同步和重同步是同步的两种形式。它们遵从下列规则：

（1）在一个位时间内仅允许一种同步。

（2）只要在先前采样点上检测到的数值与总线数值不同，沿过后立即有一个沿用于同步。

（3）在总线空闲期间，当存在一个隐性位至显性位的跳变沿时，则执行一次硬同步。

（4）所以履行以上规则（1）和（2）的其他隐性位至显性位的跳变沿都将被用于重同步。例外情况是，对于具有正相位误差的隐性位至显性位的跳变沿，只要隐性位至显性位的跳变沿被用于重同步，发送显性位的节点将不执行重同步。

3.1.6 CAN 总线的位数值表示与通信距离

CAN 总线上用"显性"（Dominant）和"隐性"（Recessive）两个互补的逻辑值表示"0"和"1"。当在总线上出现同时发送显性和隐性位时，其结果是总线数值为显性（即"0"与"1"的结果为"0"）。如图 3-15 所示，V_{CAN-H} 和 V_{CAN-L} 为 CAN 总线收发器与总线之间的两接口引脚，信号是以两线之间的"差分"电压形式出现。在隐性状态，V_{CAN-H} 和 V_{CAN-L} 被固定在平均电压电平附近，V_{diff} 近似于 0。在总线空闲或隐性位期间，发送隐性位。显性位以大于最小阈值的差分电压表示。

CAN 总线上任意两个节点之间的最大传输距离与其位速率有关，表 3-1 列举了相关的数据。

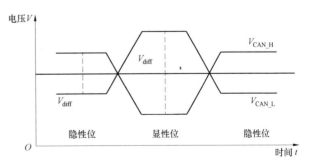

图 3-15　总线位的数值表示

表 3−1 CAN 总线系统任意两节点之间的最大传输距离

位速率（kbit/s）	1000	500	250	125	100	50	20	10	5
最大传输距离（m）	40	130	270	530	620	1300	3300	6700	10 000

这里的最大传输距离是指在同一条总线上两个节点之间的距离。

3.2 CAN 独立通信控制器 SJA1000

SJA1000 是一种独立控制器，用于汽车和一般工业环境中的局域网络控制。它是 PHILIPS 公司的 PCA82C200 CAN 控制器（BasicCAN）的替代产品。而且，它增加了一种新的工作模式（PeliCAN），这种模式支持具有很多新特点的 CAN 2.0B 协议，SJA1000 具有如下特点：

（1）与 PCA82C200 独立 CAN 控制器引脚和电气兼容。

（2）PCA82C200 模式（即默认的 BasicCAN 模式）。

（3）扩展的接收缓冲器（64B、先进先出 FIFO）。

（4）与 CAN 2.0B 协议兼容（PCA82C200 兼容模式中的无源扩展结构）。

（5）同时支持 11 位和 29 位标识符。

（6）位速率可达 1Mbit/s。

（7）PeliCAN 模式扩展功能：

1）可读/写访问的错误计数器。

2）可编程的错误报警限制。

3）最近一次错误代码寄存器。

4）对每一个 CAN 总线错误的中断。

5）具有详细位号（Bit Position）的仲裁丢失中断。

6）单次发送（无重发）。

7）只听模式（无确认、无激活的出错标志）。

8）支持热插拔（软件位速率检测）。

9）接收过滤器扩展（4B 代码，4B 屏蔽）。

10）自身信息接收（自接收请求）。

11）24MHz 时钟频率。

12）可以与微处理器接口兼容。

13）可编程的 CAN 输出驱动器配置。

14）增强的温度范围（−40～＋125℃）。

3.2.1 SJA1000 内部结构

SJA1000 CAN 控制器主要由以下几部分构成：

（1）接口管理逻辑（IML）。接口管理逻辑解释来自 CPU 的命令，控制 CAN 寄存器的寻址，向主控制器提供中断信息和状态信息。

（2）发送缓冲器（TXB）。发送缓冲器是 CPU 和 BSP（位流处理器）之间的接口，能够存储发送到 CAN 网络上的完整报文。发送缓冲器长 13B，由 CPU 写入，BSP 读出。

（3）接收缓冲器（RXB，RXFIFO）。接收缓冲器是接收过滤器和 CPU 之间的接口，用来接收 CAN 总线上的报文，并储存接收到的报文。接收缓冲器（RXB，13B）作为接收 FIFO（RXFIFO，64B）的一个窗口，可被 CPU 访问。

CPU 在此 FIFO 的支持下，可以在处理报文的时候接收其他报文。

（4）接收过滤器（ACF）。接收过滤器把它其中的数据和接收的标识符相比较，以决定是否接收报文。在纯粹的接收测试中，所有的报文都保存在 RXFIFO 中。

（5）位流处理器（BSP）。位流处理器是一个在发送缓冲器、RXFIFO 和 CAN 总线之间控制数据流的序列发生器。它还执行错误检测、仲裁、总线填充和错误处理。

（6）位时序逻辑（BTL）。位时序逻辑监视串行 CAN 总线，并处理与总线有关的位定时。在报文开始，由隐性到显性的变换同步 CAN 总线上的位流（硬同步），接收报文时再次同步下一次传送（软同步）。BTL 还提供了可编程的时间段来补偿传播延迟时间、相位转换（例如，由于振荡漂移）和定义采样点和每一位的采样次数。

（7）错误管理逻辑（EML）。EML 负责传送层中调制器的错误界定。它接收 BSP 的出错报告，并将错误统计数字通知 BSP 和 IML。

3.2.2　SJA1000 引脚功能

SJA1000 为 28 引脚 DIP 和 SO 封装，引脚如图 3-16 所示。

引脚功能介绍如下：

AD7～AD0：地址/数据复用总线。

ALE/AS：ALE 输入信号（Intel 模式），AS 输入信号（Motorola 模式）。

$\overline{\text{CS}}$：片选输入，低电平允许访问 SJA1000。

$\overline{\text{RD}}$：微控制器的 $\overline{\text{RD}}$ 信号（Intel 模式）或 E 使能信号（Motorola 模式）。

$\overline{\text{WR}}$：微控制器的 $\overline{\text{WR}}$ 信号（Intel 模式）或 R/$\overline{\text{W}}$ 信号（Motorola 模式）。

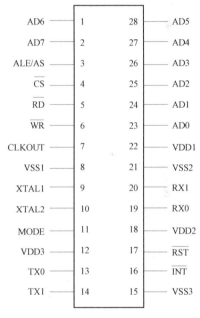

图 3-16　SJA1000 引脚图

CLKOUT：SJA1000 产生的提供给微控制器的时钟输出信号；此时钟信号通过可编程分频器由内部晶振产生；时钟分频寄存器的时钟关闭位可禁止该引脚。

VSS1：接地端。

XTAL1：振荡器放大电路输入，外部振荡信号由此输入。

XTAL2：振荡器放大电路输出，使用外部振荡信号时，此引脚必须保持开路。

MODE：模式选择输入。1 为 Intel 模式，0 为 Motorola 模式。

VDD3：输出驱动的 5V 电压源。

TX0：由输出驱动器 0 到物理线路的输出端。

TX1：由输出驱动器 1 到物理线路的输出端。

VSS3：输出驱动器接地端。

$\overline{\text{INT}}$：中断输出，用于中断微控制器；$\overline{\text{INT}}$ 在内部中断寄存器各位都被置位时被激活；$\overline{\text{INT}}$

是开漏输出，且与系统中的其他 $\overline{\text{INT}}$ 是线或的；此引脚上的低电平可以把 IC 从睡眠模式中激活。

$\overline{\text{RST}}$：复位输入，用于复位 CAN 接口（低电平有效）；把 $\overline{\text{RST}}$ 引脚通过电容连到 VSS，通过电阻连到 VDD 可自动上电复位（例如，$C=1\mu\text{F}$；$R=50\text{k}\Omega$）。

VDD2：输入比较器的 5V 电压源。

RX0、RX1：由物理总线到 SJA1000 输入比较器的输入端；显性电平将会唤醒 SJA1000 的睡眠模式；如果 RX1 比 RX0 的电平高，读出为显性电平，反之读出为隐性电平；如果时钟分频寄存器的 CBP 位被置位，就忽略 CAN 输入比较器以减少内部延时（此时连有外部收发电路）；这种情况下只有 RX0 是激活的；隐性电平被认为是高的，而显性电平被认为是低的。

VSS2：输入比较器的接地端。

VDD1：逻辑电路的 5V 电压源。

3.2.3　SJA1000 的工作模式

SJA1000 在软件和引脚上都是与它的前一款——PCA82C200 独立控制器兼容的。在此基础上增加了很多新的功能。为了实现软件兼容，SJA1000 增加修改了两种模式：

（1）BasicCAN 模式：PCA82C200 兼容模式。

（2）PeliCAN 模式：扩展特性。

工作模式通过时钟分频寄存器中的 CAN 模式位来选择。复位默认模式是 BasicCAN 模式。

在 PeliCAN 模式下，SJA1000 有一个含很多新功能的重组寄存器。SJA1000 包含了设计在 PCA82C200 中的所有位及一些新功能位，PeliCAN 模式支持 CAN 2.0B 协议规定的所有功能（29 位标识符）。

SJA1000 的主要新功能：

（1）接收、发送标准帧和扩展帧格式信息。

（2）接收 FIFO（64B）。

（3）用于标准帧和扩展帧的单/双接收过滤器（含屏蔽和代码寄存器）。

（4）读/写访问的错误计数器。

（5）可编程的错误限制报警。

（6）最近一次的误码寄存器。

（7）对每一个 CAN 总线错误的错误中断。

（8）具有详细位号的仲裁丢失中断。

（9）一次性发送（当错误或仲裁丢失时不重发）。

（10）只听模式（CAN 总线监听、无应答、无错误标志）。

（11）支持热插拔（无干扰软件驱动的位速率检测）。

（12）硬件禁止 CLKOUT 输出。

3.2.4　BasicCAN 功能介绍

1. BasicCAN 地址分配

SJA1000 对微控制器而言是内存管理的 I/O 器件。两器件的独立操作是通过像 RAM 那样的片内寄存器修正来实现的。

SJA1000 的地址区包括控制段和报文缓冲器。控制段在初始化加载时，是可被编程来配置通信参数的（如位定时等）。微控制器也是通过这个段来控制 CAN 总线上的通信的。在初始化时，CLKOUT 信号可以被微控制器编程指定一个值。

应发送的报文写入发送缓冲器。成功接收报文后，微控制器从接收缓冲器中读出接收的报文，然后释放空间以便下一次使用。

微控制器和 SJA1000 之间状态、控制和命令信号的交换都是在控制段中完成的。初始化加载后，寄存器的接收代码、接收屏蔽、总线定时寄存器 0 和 1 以及输出控制就不能改变了。只有控制寄存器的复位位被置高时，才可以访问这些寄存器。

在复位模式和工作模式两种不同的模式中访问寄存器是不同的。

当硬件复位或控制器掉电时会自动进入复位模式。工作模式是通过置位控制寄存器的复位请求位激活的。

BasicCAN 地址分配见表 3-2。

表 3-2　BasicCAN 地址分配表

段	CAN 地址	工作模式		复位模式	
		读	写	读	写
控制	0	控制	控制	控制	控制
	1	（FFH）	命令	（FFH）	命令
	2	状态		状态	
	3	中断		中断	
	4	（FFH）		接收代码	接收代码
	5	（FFH）		接收屏蔽	接收屏蔽
	6	（FFH）		总线定时 0	总线定时 0
	7	（FFH）		总线定时 1	总线定时 1
	8	（FFH）		输出控制	输出控制
	9	测试	测试	测试	测试
发送缓冲器	10	标识符（10~3）	标识符（10~3）	（FFH）	
	11	标识符（2~0）RTR 和 DLC	标识符（2~0）RTR 和 DLC	（FFH）	
	12	数据字节 1	数据字节 1	（FFH）	
	13	数据字节 2	数据字节 2	（FFH）	
	14	数据字节 3	数据字节 3	（FFH）	
	15	数据字节 4	数据字节 4	（FFH）	
	16	数据字节 5	数据字节 5	（FFH）	
	17	数据字节 6	数据字节 6	（FFH）	
	18	数据字节 7	数据字节 7	（FFH）	
	19	数据字节 8	数据字节 8	（FFH）	
接收缓冲器	20	标识符（10~3）	标识符（10~3）	标识符（10~3）	标识符（10~3）
	21	标识符（2~0）RTR 和 DLC	标识符（2~0）RTR 和 DLC	标识符（2~0）RTR 和 DLC	标识符（2~0）RTR 和 DLC

续表

段	CAN 地址	工作模式		复位模式	
		读	写	读	写
接收缓冲器	22	数据字节 1	数据字节 1	数据字节 1	数据字节 1
	23	数据字节 2	数据字节 2	数据字节 2	数据字节 2
	24	数据字节 3	数据字节 3	数据字节 3	数据字节 3
	25	数据字节 4	数据字节 4	数据字节 4	数据字节 4
	26	数据字节 5	数据字节 5	数据字节 5	数据字节 5
	27	数据字节 6	数据字节 6	数据字节 6	数据字节 6
	28	数据字节 7	数据字节 7	数据字节 7	数据字节 7
	29	数据字节 8	数据字节 8	数据字节 8	数据字节 8
	30	（FFH）		（FFH）	
	31	时钟分频器	时钟分频器	时钟分频器	时钟分频器

2. 控制段

（1）控制寄存器（CR）。控制寄存器的内容是用于改变 CAN 控制器的状态。这些位可以被微控制器置位或复位，微控制器可以对控制寄存器进行读/写操作。控制寄存器各位的功能见表 3-3。

表 3-3 控制寄存器（地址 0）

位	符号	名称	值	功 能
CR.7				保留
CR.6				保留
CR.5				保留
CR.4	OIE	超载中断使能	1	使能：如果数据超载位置位，微控制器接收一个超载中断信号（见状态寄存器）
			0	禁止：微控制器不从 SJA1000 接收超载中断信号
CR.3	EIE	错误中断使能	1	使能：如果出错或总线状态改变，微控制器接收一个错误中断信号（见状态寄存器）
			0	禁止：微控制器不从 SJA1000 接收错误中断信号
CR.2	TIE	发送中断使能	1	使能：当报文被成功发送或发送缓冲器可再次被访问时（例如，一个夭折发送命令后），SJA1000 向微控制器发出一次发送中断信号
			0	禁止：SJA1000 不向微控制器发送中断信号
CR.1	RIE	接收中断使能	1	使能：报文被无错误接收时，SJA1000 向微控制器发出一次中断信号
			0	禁止：SJA1000 不向微控制器发送中断信号
CR.0	RR	复位请求	1	常态：SJA1000 检测到复位请求后，忽略当前发送/接收的报文，进入复位模式
			0	非常态：复位请求位接收到一个下降沿后，SJA1000 回到工作模式

（2）命令寄存器（CMR）。命令位初始化 SJA1000 传输层上的动作。命令寄存器对微控制器来说是只写存储器。如果去读这个地址，返回值是 1111 1111。两条命令之间至少有一个

内部时钟周期，内部时钟的频率是外部振荡频率的 1/2。命令寄存器各位的功能见表 3-4。

表 3-4　　　　　　　　　　　　　　命令寄存器（地址 1）

位	符号	名称	值	功　　能
CMR.7				保留
CMR.6				保留
CMR.5				保留
CMR.4	GTS	睡眠	1	睡眠：如果没有 CAN 中断等待和总线活动，SJA1000 进入睡眠模式
			0	唤醒：SJA1000 正常工作模式
CMR.3	CDO	清除超载状态	1	清除：清除数据超载状态位
			0	无作用
CMR.2	RRB	释放接收缓冲器	1	释放：接收缓冲器中存放报文的内存空间将被释放
			0	无作用
CMR.1	AT	夭折发送	1	常态：如果不是在处理过程中，等待处理的发送请求将忽略
			0	非常态：无作用
CMR.0	TR	发送请求	1	常态：报文被发送
			0	非常态：无作用

（3）状态寄存器（SR）。状态寄存器的内容反映了 SJA1000 的状态。状态寄存器对微控制器来说是只读存储器，各位的功能见表 3-5。

表 3-5　　　　　　　　　　　　　　状态寄存器（地址 2）

位	符号	名称	值	功　　能
SR.7	BS	总线状态	1	总线关闭：SJA1000 退出总线活动
			0	总线开启：SJA1000 进入总线活动
SR.6	ES	出错状态	1	出错：至少出现一个错误计数器满或超过 CPU 报警限制
			0	正常：两个错误计数器都在报警限制以下
SR.5	TS	发送状态	1	发送：SJA1000 正在传送报文
			0	空闲：没有要发送的报文
SR.4	RS	接收状态	1	接收：SJA1000 正在接收报文
			0	空闲：没有正在接收的报文
SR.3	TCS	发送完毕状态	1	完成：最近一次发送请求被成功处理
			0	未完成：当前发送请求未处理完毕
SR.2	TBS	发送缓冲器状态	1	释放：CPU 可以向发送缓冲器写报文
			0	锁定：CPU 不能访问发送缓冲器；有报文正在等待发送或正在发送
SR.1	DOS	数据超载状态	1	超载：报文丢失，因为 RXFIFO 中没有足够的空间来存储它
			0	未超载：自从最后一次清除数据超载命令执行，无数据超载发生
SR.0	RBS	接收缓冲状态	1	满：RXFIFO 中有可用报文
			0	空：无可用报文

（4）中断寄存器（IR）。中断寄存器允许识别中断源。当寄存器的一位或多位被置位时，$\overline{\text{INT}}$（低电位有效）引脚被激活。该寄存器被微控制器读过之后，所有位被复位，这将导致 INT 引脚上的电平漂移。中断寄存器对微控制器来说是只读存储器，各位的功能见表 3-6。

表 3-6　　　　　　　　　　　中断寄存器（地址 3）

位	符号	名称	值	功　能
IR.7				保留
IR.6				保留
IR.5				保留
IR.4	WUI	唤醒中断	1	置位：退出睡眠模式时此位被置位
			0	复位：微控制器的任何读访问将清除此位
IR.3	DOI	数据超载中断	1	置位：当数据超载中断使能位被置为 1 时，数据超载状态位由低到高的跳变，将其置位
			0	复位：微控制器的任何读访问将清除此位
IR.2	EI	错误中断	1	置位：错误中断使能时，错误状态位或总线状态位的变化会置位此位
			0	复位：微控制器的任何读访问将清除此位
IR.1	TI	发送中断	1	置位：发送缓冲器状态从低到高的跳变（释放）和发送中断使能时，此位被置位
			0	复位：微控制器的任何读访问将清除此位
IR.0	RI	接收中断	1	置位：当接收 FIFO 不空和接收中断使能时置位此位
			0	复位：微控制器的任何读访问将清除此位

（5）验收代码寄存器（ACR）。复位请求位被置高（当前）时，这个寄存器是可以访问（读/写）的。如果一条报文通过了接收过滤器的测试而且接收缓冲器有空间，那么描述符和数据将被分别顺次写入 RXFIFO。当报文被正确地接收完毕，则有：

1）接收状态位置高（满）。

2）接收中断使能位置高（使能），接收中断置高（产生中断）。

验收代码位（AC.7～AC.0）和报文标识符的高 8 位（ID.10～ID.3）必须相等，或者验收屏蔽位（AM.7～AM.0）的所有位为 1。即如果满足以下方程的描述，则予以接收。

$$[(ID.10\text{\textasciitilde}ID.3)\equiv(AC.7\text{\textasciitilde}AC.0)]\vee(AM.7\text{\textasciitilde}AM.0)\equiv 11111111$$

验收代码寄存器各位功能见表 3-7。

表 3-7　　　　　　　　　　验收代码寄存器（地址 4）

BIT 7	BIT 6	BIT 5	BIT 4	BIT 3	BIT 2	BIT1	BIT0
AC.7	AC.6	AC.5	AC.4	AC.3	AC.2	AC.1	AC.0

（6）验收屏蔽寄存器（AMR）。如果复位请求位置高（当前），这个寄存器可以被访问（读/写）。验收屏蔽寄存器定义验收代码寄存器的哪些位对接收过滤器是"相关的"或"无关的"（即可为任意值）。

当 AM.i=0 时，是"相关的"；

当 AM.i=1 时，是"无关的"（i=0, 1, …, 7)。

验收屏蔽寄存器各位的功能见表 3-8。

表 3-8　　　　　　　　　　　　　　验收屏蔽寄存器（地址 5）

BIT 7	BIT 6	BIT 5	BIT 4	BIT 3	BIT 2	BIT1	BIT0
AM.7	AM.6	AM.5	AM.4	AM.3	AM.2	AM.1	AM.0

3. 发送缓冲区

发送缓冲区的全部内容见表 3-9。缓冲器是用来存储微控制器要 SJA1000 发送的报文的。它被分为描述符区和数据区。发送缓冲器的读/写只能由微控制器在工作模式下完成。在复位模式下读出的值总是 FFH。

表 3-9　　　　　　　　　　　　　　　发 送 缓 冲 区

区	CAN 地址	名称	位							
			7	6	5	4	3	2	1	0
描述符	10	标识符字节 1	ID10	ID9	ID8	ID7	ID6	ID5	ID4	ID3
	11	标识符字节 2	ID2	ID1	ID0	RTR	DLC.3	DLC.2	DLC.1	DLC.0
数据	12	TX 数据 1	发送数据字节 1							
	13	TX 数据 2	发送数据字节 2							
	14	TX 数据 3	发送数据字节 3							
	15	TX 数据 4	发送数据字节 4							
	16	TX 数据 5	发送数据字节 5							
	17	TX 数据 6	发送数据字节 6							
	18	TX 数据 7	发送数据字节 7							
	19	TX 数据 8	发送数据字节 8							

（1）标识符（ID）。标识符有 11 位（ID0～ID10）。ID10 是最高位，在仲裁过程中是最先被发送到总线上的。标识符就像报文的名字。它在接收器的接收过滤器中被用到，也在仲裁过程中决定总线访问的优先级。标识符的值越低，其优先级越高。这是因为在仲裁时有许多前导显性位所致。

（2）远程发送请求（RTR）。如果此位置 1，总线将以远程帧发送数据。这意味着此帧中没有数据字节。然而，必须给出正确的数据长度码，数据长度码由具有相同标识符的数据帧报文决定。

如果 RTR 位没有被置位，数据将以数据长度码规定的长度来传送数据帧。

（3）数据长度码（DLC）。报文数据区的字节数根据数据长度码编制。在远程帧传送中，因为 RTR 被置位，数据长度码是不被考虑的。这就迫使发送/接收数据字节数为 0。然而，数据长度码必须正确设置以避免两个 CAN 控制器用同样的识别机制启动远程帧传送而发生总线错误。数据字节数是 0～8，其计算式为

数据字节数 = 8×DLC.3+4×DLC.2+2×DLC.1+DLC.0

为了保持兼容性，数据长度码不超过 8。如果选择的值超过 8，则按照 DLC 规定认为是 8。

（4）数据区。传送的数据字节数由数据长度码决定。发送的第一位是地址 12 单元的数据字节 1 的最高位。

4. 接收缓冲区

接收缓冲区的全部列表和发送缓冲区类似。接收缓冲区是 RXFIFO 中可访问的部分，位于 CAN 地址的 20～29。

标识符、远程发送请求位和数据长度码同发送缓冲器的相同，只不过是在地址 20～29。RXFIFO 共有 64B 的报文空间。在任何情况下，FIFO 中可以存储的报文数取决于各条报文的长度。如果 RXFIFO 中没有足够的空间来存储新的报文，CAN 控制器会产生数据溢出。数据溢出发生时，已部分写入 RXFIFO 的当前报文将被删除。这种情况将通过状态位或数据溢出中断（中断允许时，即使除了最后一位整个数据块被无误接收也使接收报文无效）反映到微控制器。

5. 寄存器的复位值

检测到有复位请求后将中止当前接收/发送的报文而进入复位模式。当复位请求位出现了 1 到 0 的变化时，CAN 控制器将返回操作模式。

3.2.5 PeliCAN 功能介绍

CAN 控制器的内部寄存器对 CPU 来说是片上存储器。因为 CAN 控制器可以工作于不同模式（操作/复位），所以必须要区分两种不同内部地址的定义。从 CAN 地址 32 起所有的内部 RAM（80B）被映像为 CPU 的接口。

必须特别指出的是：在 CAN 的高端地址区的寄存器是重复的，CPU 8 位地址的最高位不参与解码。CAN 地址 128 和地址 0 是连续的。PeliCAN 的详细功能说明请参考 SJA1000 数据手册。

3.2.6 BasicCAN 和 PeliCAN 的公用寄存器

1. 总线时序寄存器 0

总线时序寄存器 0（BTR0）见表 3-10，定义了波特率预置器（Baud Rate Prescaler-BRP）和同步跳转宽度（SJW）的值。复位模式有效时，这个寄存器是可以被访问（读/写）的。

如果选择的是 PeliCAN 模式，此寄存器在操作模式中是只读的。在 BasicCAN 模式中总是 FFH。

表 3-10　　　　　　　　　　　总线时序寄存器 0（地址 6）

BIT 7	BIT 6	BIT 5	BIT 4	BIT 3	BIT 2	BIT 1	BIT 0
SJW.1	SJW.0	BRP.5	BRP.4	BRP.3	BRP.2	BRP.1	BRP.0

（1）波特率预置器位域。位域 BRP 使得 CAN 系统时钟的周期 t_{SCL} 是可编程的，而 t_{SCL} 决定了各自的位定时。CAN 系统时钟计算公式为

$$t_{SCL}=2t_{CLK}×(32×BRP.5+16×BRP.4+8×BRP.3+4×BRP.2+2×BRP.1+BRP.0+1)$$

式中：t_{CLK} 为 XTAL 的振荡周期，$t_{CLK}=1/f_{XTAL}$。

（2）同步跳转宽度位域。为了补偿在不同总线控制器的时钟振荡器之间的相位漂移，任

何总线控制器必须在当前传送的任一相关信号边沿重新同步。同步跳转宽度 t_{SJW} 定义了一个位周期可以被一次重新同步缩短或延长的时钟周期的最大数目，它与位域 SJW 的关系

$$t_{SJW} = t_{SCL} \times (2 \times SJW.1 + SJW.0 + 1)$$

2. 总线时序寄存器 1

总线时序寄存器 1（BTR1）见表 3–11，定义了一个位周期的长度、采样点的位置和在每个采样点的采样数目。在复位模式中，这个寄存器可以被读/写访问。在 PeliCAN 模式的操作模式中，这个寄存器是只读的。在 BasicCAN 模式中总是 FFH。

表 3–11　　　　　　　　　　总线时序寄存器 1（地址 7）

BIT 7	BIT 6	BIT 5	BIT 4	BIT 3	BIT 2	BIT 1	BIT 0
SAM	TSEG2.2	TSEG2.1	TSEG2.0	TSEG1.3	TSEG1.2	TSEG1.1	TSEG1.0

（1）采样位。采样位（SAM）的功能说明见表 3–12。

表 3–12　　　　　　　　　　采 样 位 的 功 能 说 明

位	值	功　　　能
SAM	1	3 次：总线采样 3 次；建议在低/中速总线（A 和 B 级）上使用，这对过滤总线上的毛刺波是有效的
	0	单次：总线采样 1 次；建议使用在高速总线上（SAE C 级）

（2）时间段 1 和时间段 2 位域。时间段 1（TSEG1）和时间段 2（TSEG2）决定了每一位的时钟周期数目和采样点的位置，如图 3–17 所示，这里

$$t_{SYNCSEG} = 1 \times t_{SCL}$$
$$t_{TSEG1} = t_{SCL} \times (8 \times TSEG1.3 + 4 \times TSEG1.2 + 2 \times TSEG1.0 + 1)$$
$$t_{TSEG2} = t_{SCL} \times (4 \times TSEG2.2 + 2 \times TSEG2.1 + TSEG2.1 + 1)$$

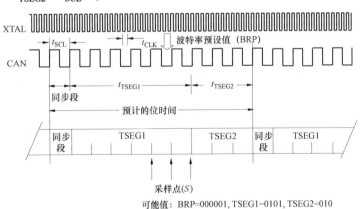

图 3–17　位周期的总体结构

3. 输出控制寄存器

输出控制寄存器（OCR）见表 3–13，允许由软件控制建立不同输出驱动的配置。在复位模式中此寄存器可被读/写访问。在 PeliCAN 模式的操作模式中，这个寄存器是只读的。在 BasicCAN 模式中总是 FFH。

表 3–13　　　　　　　　　　　　　　输出控制寄存器（地址 8）

BIT 7	BIT 6	BIT 5	BIT 4	BIT 3	BIT 2	BIT 1	BIT 0
OCTP1	OCTN1	OCPOL1	OCTP0	OCTN0	OCPOL0	OCMODE1	OCMODE0

当 SJA1000 在睡眠模式中时，TX0 和 TX1 引脚根据输出控制寄存器的内容输出隐性的电平。在复位状态（复位请求为 1）或外部复位引脚 $\overline{RST}$ 被拉低时，输出 TX0 和 TX1 悬空。发送的输出阶段可以有不同的模式。

（1）正常输出模式。正常模式中位序列（TXD）通过 TX0 和 TX1 送出。输出驱动引脚 TX0 和 TX1 的电平取决于被 OCTPx、OCTNx（悬空、上拉、下拉、推挽）编程的驱动器的特性和被 OCPOLx 编程的输出端极性。

（2）时钟输出模式。TX0 引脚在这个模式中和正常模式中是相同的。然而，TX1 上的数据流被发送时钟（TXCLK）取代。发送时钟（非翻转）的上升沿标志着一个位周期的开始。时钟脉冲宽度是 $1 \times t_{SCL}$。

（3）双相输出模式。与正常输出模式相反，这里位的表现形式是时间的变量而且会反复。如果总线控制器被发送器从总线上电流退耦，则位流不允许含有直流成分。这一点由下面的方案实现：在隐性位期间所有输出呈现"无效"（悬空），而显性位交替在 TX0 和 TX1 上发送，即第一个显性位在 TX0 上发送，第二个在 TX1 上发送，第三个在 TX0 上发送等，依次类推。

（4）测试输出模式。在测试输出模式中，在下一次系统时钟的上升沿 RX 上的电平反映到 TXx 上，系统时钟（$f_{osc}/2$）与输出控制寄存器中编程定义的极性相对应。

4. 时钟分频寄存器

时钟分频寄存器（CDR）控制输出给微控制器的 CLKOUT 频率，它可以使 CLKOUT 引脚失效。另外，它还控制着 TX1 上的专用接收中断脉冲、接收比较器旁路和 BasicCAN 模式与 PeliCAN 模式的选择。硬件复位后寄存器的默认状态是 Motorola 模式（0000 0101，12 分频）和 Intel 模式（0000 0000，2 分频）。

软件复位（复位请求/复位模式）或总线关闭时，此寄存器不受影响。

保留位（CDR.4）总是 0。应用软件应向此位写 0，目的是与将来可能使用此位的特性兼容。

3.3　CAN 总线收发器

CAN 作为一种技术先进、可靠性高、功能完善、成本低的远程网络通信控制方式，已广泛应用于汽车电子、自动控制、电力系统、楼宇自控、安防监控、机电一体化、医疗仪器等自动化领域。目前，世界众多著名半导体生产商推出了独立的 CAN 通信控制器，而有些半导体生产商（如 INTEL、NXP、Mirochip、Samsung、NEC、ST、TI 等公司），还推出了内嵌 CAN 通信控制器的 MCU、DSP 和 ARM 微控制器。为了组成 CAN 总线通信网络，NXP 和安森美（ON 半导体）等公司推出了 CAN 总线驱动器。

3.3.1　PCA82C250/251 CAN 总线收发器

PCA82C250/251 收发器是协议控制器和物理传输线路之间的接口。此器件对总线提供差动发送能力，对 CAN 控制器提供差动接收能力，可以在汽车和一般的工业应用上使用。

PCA82C250/251 收发器的主要特点如下：

（1）完全符合 ISO 11898 标准。

（2）高速率（最高达 1Mbit/s）。

（3）具有抗汽车环境中的瞬间干扰，保护总线能力。

（4）斜率控制，降低射频干扰（RFI）。

（5）差分收发器，抗宽范围的共模干扰，抗电磁干扰（EMI）。

（6）热保护。

（7）防止电源和地之间发生短路。

（8）低电流待机模式。

（9）未上电的节点对总线无影响。

（10）可连接 110 个节点。

（11）工作温度范围：–40～+125℃。

1. 功能说明

PCA82C250/251 驱动电路内部具有限流电路，可防止发送输出级对电源、地或负载短路。虽然短路出现时功耗增加，但不致使输出级损坏。若结温超过大约 160℃，则两个发送器输出端极限电流将减小，由于发送器是功耗的主要部分，因而限制了芯片的温升。器件的所有其他部分将继续工作。PCA82C250 采用双线差分驱动，有助于抑制汽车等恶劣电气环境下的瞬变干扰。

引脚 Rs 用于选定 PCA82C250/251 的工作模式。有 3 种不同的工作模式可供选择：高速、斜率控制和待机。

2. 引脚介绍

PCA82C250/251 为 8 引脚 DIP 和 SO 两种封装，引脚如图 3–18 所示。

引脚介绍如下：

TXD：发送数据输入。

GND：地。

VCC：电源电压 4.5～5.5V。

RXD：接收数据输出。

VREF：参考电压输出。

CANL：低电平 CAN 电压输入/输出。

CANH：高电平 CAN 电压输入/输出。

RS：斜率电阻输入。

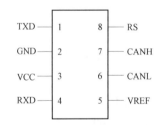

图 3–18　PCA82C250/251 引脚图

PCA82C250/251 收发器是协议控制器和物理传输线路之间的接口。如在 ISO 11898 标准中描述的，它们可以用高达 1Mbit/s 的位速率在两条有差动电压的总线电缆上传输数据。

这两个器件都可以在额定电源电压分别是 12V（PCA82C250）和 24V（PCA82C251）的 CAN 总线系统中使用。它们的功能相同，根据相关的标准，可以在汽车和普通的工业应用上使用。PCA82C250 和 PCA82C251 还可以在同一网络中互相通信。而且，它们的引脚和功能兼容。

3. 应用电路

PCA82C250/251 收发器的典型应用如图 3–19 所示。协议控制器 SJA1000 的串行数据输出线（TX）和串行数据输入线（RX）分别通过光电隔离电路连接到收发器 PCA82C250。收发器 PCA82C250 通过有差动发送和接收功能的两个总线终端 CANH 和 CANL 连接到总线电缆。输入 Rs 用于模式控制。参考电压输出 V_{REF} 的输出电压是额定 V_{CC} 的一半。其中，收发器 PCA82C250 的额定电源电压是 5V。

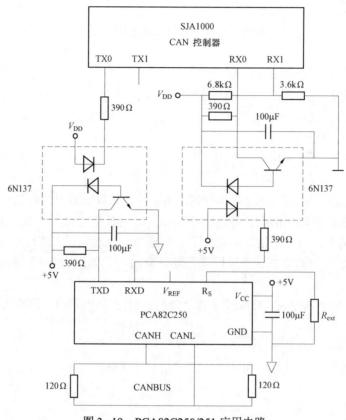

图 3-19　PCA82C250/251 应用电路

3.3.2　TJA1051 系列 CAN 总线收发器

1. 功能说明

TJA1051 是一款高速 CAN 收发器，是 CAN 控制器和物理总线之间的接口，为 CAN 控制器提供差动发送和接收功能。该收发器专为汽车行业的高速 CAN 应用设计，传输速率高达 1Mbit/s。

TJA1051 是高速 CAN 收发器 TJA1050 的升级版本，改进了电磁兼容性（EMC）和静电放电（ESD）性能，具有如下特性：

（1）完全符合 ISO 11898-2 标准。

（2）收发器在断电或处于低功耗模式时，在总线上不可见。

（3）TJA1051T/3 和 TJA1051TK/3 的 I/O 口可直接与 3～5V 的微控制器接口连接。

TJA1051 是高速 CAN 网络节点的最佳选择，TJA1051 不支持可总线唤醒的待机模式。

2. 引脚介绍

TJA1051 有 SO8 和 HVSON8 两种封装，TJA1051 引脚如图 3-20 所示。

TJA1051 的引脚介绍如下：

TXD：发送数据输入；

GND：接地；

VCC：电源电压；

RXD：接收数据输出，从总线读出数据；

n.c.：空引脚（仅 TJA1051T）；

VIO：I/O 电平适配（仅 TJA1051T/3 和 TJA1051TK/3）；

CANL：低电平 CAN 总线；

CANH：高电平 CAN 总线；

S：待机模式控制输入。

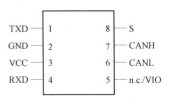

图 3-20　TJA1051 引脚图

3.4　CAN 总线节点设计实例

3.4.1　CAN 总线硬件设计

采用 AT89S52 单片微控制器、独立 CAN 通信控制器 SJA1000、CAN 总线驱动器 PCA82C250 及复位电路 IMP708 的 CAN 应用节点电路如图 3-21 所示。

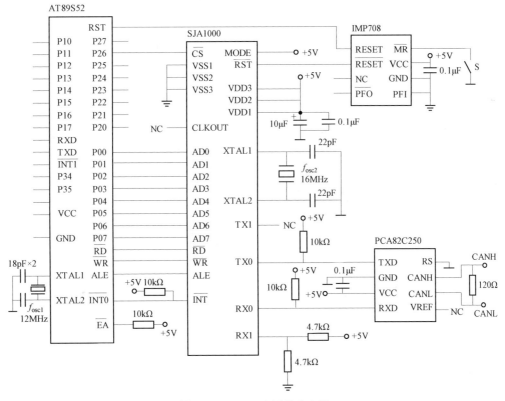

图 3-21　CAN 应用节点电路

在图 3-21 中，IMP708 具有两个复位输出 RESET 和 $\overline{\text{RESET}}$，分别接至 AT89S52 单片微控制器和 SJA1000 CAN 通信控制器。当按下按键 S 时，为手动复位。

3.4.2　CAN 总线软件设计

CAN 应用节点的程序设计主要分为初始化子程序、接收子程序、发送子程序三部分。

（1）CAN 初始化程序。CAN 初始化子程序流程如图 3-22 所示。

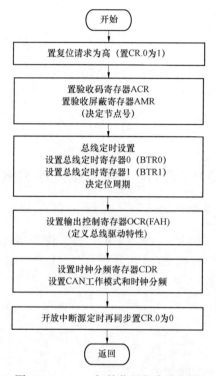

图 3-22　CAN 初始化子程序流程图

　　CAN 任意两个节点之间的传输距离与其通信波特率有关，当采用 PHILIPS 公司的 SJA1000 CAN 通信控制器时，并假设晶振频率为 16MHz，通信距离与通信波特率关系见表 3-14。

表 3-14　　　　　　　　　　　　　　通信距离与通信波特率关系表

位速率	最大总线长度	总线定时	
		BTR0	BTR1
1Mbit/s	40m	00H	14H
500kbit/s	130m	00H	1CH
250kbit/s	270m	01H	1CH
125kbit/s	530m	03H	1CH
100kbit/s	620m	43H	2FH
50kbit/s	1.3km	47H	2FH
20kbit/s	3.3km	53H	2FH
10kbit/s	6.7km	67H	2FH
5kbit/s	10km	7FH	7FH

　　（2）CAN 接收子程序。CAN 接收子程序流程图如图 3-23 所示。

（3）CAN 发送子程序。CAN 发送子程序流程图如图 3−24 所示。

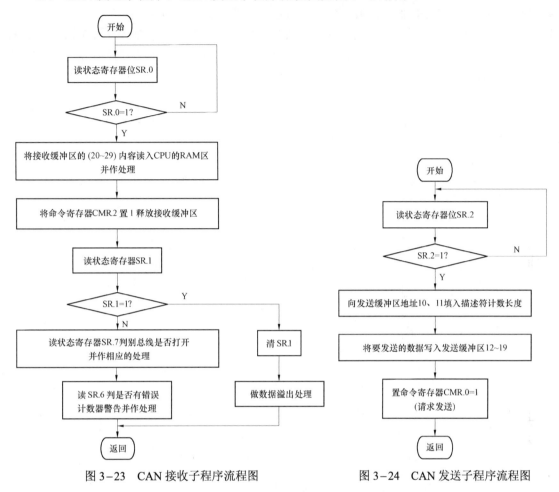

图 3−23　CAN 接收子程序流程图　　　　　　　图 3−24　CAN 发送子程序流程图

3.5　CAN 总线智能测控节点的设计

3.5.1　CAN 智能测控节点的结构

在基于 CAN 现场总线的 SCADA 系统中，需要设计对工业现场实现测控的智能节点。CAN 智能测控节点的结构如图 3−25 所示。

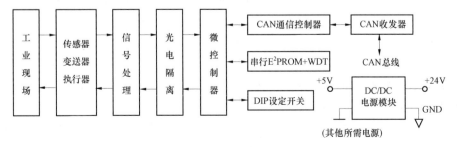

图 3−25　CAN 智能测控节点结构图

在图 3-26 中，以微控制器为核心，通过光电耦合器与工业现场相连。信号处理部分主要包括 AD、DA 电路，低通滤波电路，信号放大电路，电流/电压转换电路，实现过程输入通道和过程输出通道的功能。串行 E²PROM 和 WDT 电路用于存放设定参数及监视微控制器的正常工作，DIP 设定开关用于通信波特率和通信地址的设定。CAN 通信控制器和 CAN 收发器实现 CAN 网络功能。另外，还有 DC/DC 电源模块，将输入的 24V 电源转换成 +5V 和其他所需电源。

下面以 FBCAN-8DI 八路数字量输入模块为例介绍智能测控节点的设计。

3.5.2　FBCAN-8DI 八路数字量输入智能节点的设计

1. 硬件结构

FBCAN-8DI 八路数字量输入智能节点的硬件结构框图如图 3-26 所示。

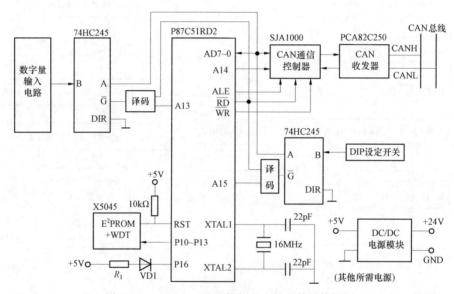

图 3-26　FBCAN-8DI 智能节点的硬件结构框图

在图 3-26 中，微控制器选用 Philips 公司的 PCA87C51RD2，采用 74HC245 三态缓冲器读取数字量的状态，CAN 通信控制器和收发器采用 Philips 公司的 SJA1000 和 P82C250，通过 74HC245 读取设定开关的状态，X5045 为 Xicor 公司的串行 E²PROM 和 WDT 一体化的电路，DC/DC 电路可选用功率为 2W 的电源模块，VD1 为状态指示灯。在该智能节点的设计中，设定开关的口地址为 7FFFH，SJA1000 的地址为 BF00H，读取数字量的口地址为 DFFFH。

2. 数字量输入电路

数字量输入电路如图 3-27 所示。

当跳线器 JP1 的 1-2 短路，跳线器 JP2 的 1-2 断开、2-3 短路时，输入端 DI+ 和 DI- 可以接一干接点信号。

当跳线器 JP1 的 1-2 断开，跳线器 JP2 的 1-2 短路、2-3 断开时，输入端 DI+ 和 DI- 可以接有源接点。

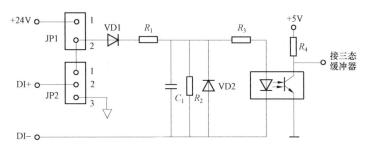

图 3-27　数字量输入电路

在图 3-28 中，开关量输入端所用电源为 +24V，也可以是 +15V 或 +5V 电源，只需改变电阻 R_1 的阻值即可。

3. DC/DC 电源电路

在智能节点的设计中，供电电源一般为 +24V，而智能节点内部通常需要 +5V 或其他电源（如放大器、A/D、D/A 等器件所需电源），因此需要将 +24V 电源进行 DC/DC 变换，产生所需电源，图 3-28 为将 +24V 变成 +5V 的 DC/DC 变换电路。

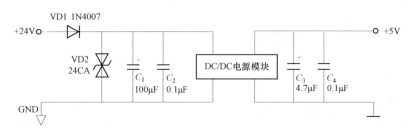

图 3-28　DC/DC 电路

在图 3-28 中，VD1 为防止电源反接二极管，VD2 为 TVS 抗浪涌二极管，C_1、C_2 为滤波电容。

4. 软件设计

在 FBCAN-8DI 智能节点的设计中，主要包括主程序、读取数字量状态子程序、定时器 0 中断服务程序、CAN 数据包接收中断服务程序、CAN 数据包发送子程序。另外，还有参数配置程序、网络检查程序、WDT 及串行 E²PROM 数据读写等程序。

程序清单从略。

3.6　PMM2000 电力网络仪表及其应用

3.6.1　PMM2000 电力网络仪表概述

PMM2000 系列数字式多功能电力网络仪表由有莱恩达公司生产，本系列仪表共分为标准型、经济型、单功能型、户表专用型四大类别。

PMM2000 系列电力网络仪表采用先进的交流采样技术及模糊控制功率补偿技术与量程自校正技术，它以 32 位嵌入式微控制器为核心，采用双 CPU 结构，是一种集传感器、变送器、数据采集、显示、遥信、遥控、远距离传输数据于一体的全电子式多功能电力参数监测网络仪表。

该系列仪表能测量三相三线、三相四线（低压、中压、高压）系统的电流（I_a、I_b、I_c、I_n）、电压（U_a、U_b、U_c、U_{ab}、U_{bc}、U_{ca}）、有功电能（kWh）、无功电能（kvarh）、有功功率（kW）、无功功率（kvar）、频率（Hz）、功率因数（PF%）、视在功率 S（kVA）、电流电压谐波总含量（THD）、电流电压基波和 2～31 次谐波含量、开口三角形电压、最大开口三角形电压、电流和电压三相不平衡度、电压波峰系数 CF、电话波形因数 $THFF$、电流 K 系数等电力参数，同时具有遥信、遥控功能及电流越限报警、电压越限报警、DI 状态变位等 SOE 事件记录信息功能。

该系列仪表既可以在本地使用，又可以通过 DC4～20mA 模拟信号（取代传统变送器）、RS-485（MODBUS-RTU）、PROFIBUS-DP 现场总线、CANBUS 现场总线、M-BUS 仪表总线或 TCP/IP 工业以太网组成高性能的遥测遥控网络。

PMM2000 数字式电力网络仪表的外形如图 3-29 所示。

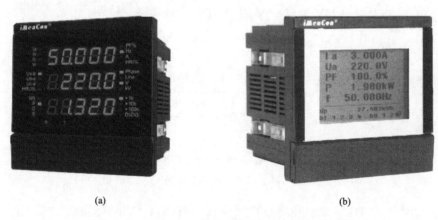

(a)   (b)

图 3-29 PMM2000 数字式电力网络仪表的外形图

(a) LED 显示；(b) LCD 显示

PMM2000 数字式电力网络仪表具有以下特点：

（1）采用领先技术。采用交流采样技术、模糊控制功率补偿技术、量程自校正技术、精密测量技术、现代电力电子技术、先进的存储记忆技术等，因此精度高，抗干扰能力强，抗冲击、抗浪涌、记录信息不易丢失。对于含有高次谐波的电力系统，仍能达到高精度测量。

（2）安全性高。在仪表内部，电流和电压的测量采用互感器（同类仪表一般不采用电压互感器），保证了仪表的安全性。

（3）产品种类齐全。从单相电流/电压表到全电量综合测量，集遥测、遥信、遥控功能于一体的多功能电力网络仪表。

（4）强大的网络通信接口。用户可以选择 TCP/IP 工业以太网、M-BUS、RS-485（MODBUS-RTU）、CANBUS PROFIBUS-DP 通信接口。

（5）双 CPU 结构。仪表采用双 CPU 结构，保证了仪表的高测量精度和网络通信数据传输的快速性、可靠性，防止网络通信出现系统中断现象。

（6）兼容性强。采用通信接口组成通信网络系统时，可以和第三方的产品互联。

（7）可与主流工控软件轻松相连。如 iMeaCon、WinCC、Intouch、iFix 等组态软件。

3.6.2　PMM2000 电力网络仪表在数字化变电站中的应用

1. 应用领域

PMM2000 系列数字式多功能电力网络仪表主要应用领域如下：

（1）变电站综合自动化系统。

（2）低压智能配电系统。

（3）智能小区配电监控系统。

（4）智能型箱式变电站监控系统。

（5）电信动力电源监控系统。

（6）无人值班变电站系统。

（7）市政工程泵站监控系统。

（8）智能楼宇配电监控系统。

（9）远程抄表系统。

（10）工矿企业综合电力监控系统。

（11）铁路信号电源监控系统。

（12）发电机组/电动机远程监控系统。

2. iMeaCon 数字化变电站后台计算机监控网络系统

现场的变电站根据分布情况分成不同的组，组内的现场 I/O 设备通过数据采集器连接到变电站后台计算机监控系统。

若有多个变电站后台计算机监控网络系统，总控室需要采集现场 I/O 设备的数据，现场的变电站后台计算机监控网络系统定义为服务器，总控室后台计算机监控网络系统需要采集现场 I/O 设备的数据，通过访问服务器即可。

iMeaCon 计算机监控网络系统软件基本组成如下：

（1）系统图。能显示配电回路的位置及电气连接。

（2）实时信息。根据系统图可查看具体回路的测量参数。

（3）报表。配出回路有功电能报表（日报表、月报表和配出回路万能报表）。

（4）趋势图形。显示配出回路的电流和电压。

（5）通信设备诊断。现场设备故障在系统图上提示。

（6）报警信息查询。报警信息可查询，报警发生时间、报警恢复时间、报警确认时间、报警信息打印、报警信息删除等。

（7）打印。能够打印所有的报表。

（8）数据库。有实时数据库、历史数据库。

（9）自动运行。计算机开机后自动运行软件。

（10）系统管理和远程接口。有密码登录、注销、退出系统等管理权限，防止非法操作。通过局域网 TCP/IP，以 OPCServer 的方式访问。

iMeaCon 计算机监控网络系统的网络拓扑结构如图 3–30 所示。

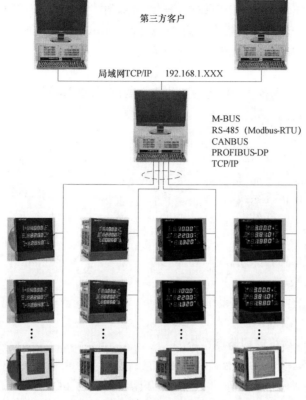

图 3-30   iMeaCon 计算机监控网络系统的网络拓扑结构

   习　题

1. CAN 现场总线有什么主要特点？

2. 什么是位填充技术？

3. BasicCAN 与 PeliCAN 有什么不同？

4. 采用你熟悉的一种单片机或单片微控制器设计一 CANBUS 硬件节点电路，使用 SJA1000 独立 CAN 控制器，假设节点号为 26，通信波特率为 250kbit/s。要求：

（1）画出硬件电路图。

（2）画出 CAN 初始化程序流程图。

（3）编写 CAN 初始化程序。

（4）编写发送 06H、04H、03H、84H、42H、45H、76H、29H 一组数据的程序。

5. CAN 总线收发器的作用是什么？

6. 常用的 CAN 总线收发器有哪些？

7. PMM2000 系列电力网络仪表的功能是什么？

8. PMM2000 数字式电力网络仪表有什么特点？

9. PMM2000 系列数字式多功能电力网络仪表主要应用领域有哪些？

第 4 章　PROFIBUS 现场总线

4.1　PROFIBUS 概　述

PROFIBUS（Process Fieldbus）是一种国际化的、开放的、不依赖于设备生产商的现场总线标准。它广泛应用于制造业自动化、流程工业自动化和楼宇、交通、电力等其他自动化领域。PROFIBUS 技术的发展经历了如下过程：

1987 年由德国 SIEMENS 公司等 13 家企业和 5 家研究机构联合开发；

1989 年成为德国工业标准 DIN19245；

1996 年成为欧洲标准 EN50170 V.2（PROFIBUS-FMS-DP）；

1998 年 PROFIBUS-PA 被纳入 EN50170V.2；

1999 年 PROFIBUS 成为国际标准 IEC 61158 的组成部分（TYPE Ⅲ）；

2001 年成为中国的机械行业标准 JB/T 10308.3—2001。

PROFIBUS 由三个兼容部分组成。

（1）PROFIBUS-DP：用于传感器和执行器级的高速数据传输，它以 DIN19245 的第一部分为基础，根据其所需要达到的目标对通信功能加以扩充，DP 的传输速率可达 12Mbit/s，一般构成单主站系统，主站、从站间采用循环数据传输方式工作。

它的设计旨在用于设备一级的高速数据传输。在这一级，中央控制器（如 PLC/PC）通过高速串行线同分散的现场设备（如 I/O、驱动器、阀门等）进行通信，同这些分散的设备进行数据交换多数是周期性的。

（2）PROFIBUS-PA：对于安全性要求较高的场合，制定了 PROFIBUS-PA 协议，这由 DIN19245 的第四部分描述。PA 具有本质安全特性，它实现了 IEC 1158-2 规定的通信规程。

PROFIBUS-PA 是 PROFIBUS 的过程自动化解决方案，PA 将自动化系统和过程控制系统与现场设备，如压力、温度和液位变送器等连接起来，代替了 4～20mA 模拟信号传输技术，在现场设备的规划、敷设电缆、调试、投入运行和维修等方面可节约成本 40% 之多，并大大提高了系统功能和安全可靠性，因此 PA 尤其适用于石油、化工、冶金等行业的过程自动化控制系统。

（3）PROFIBUS-FMS：它的设计是旨在解决车间一级通用性通信任务，FMS 提供大量的通信服务，用以完成以中等传输速率进行的循环和非循环的通信任务。由于它是完成控制器和智能现场设备之间的通信以及控制器之间的信息交换，因此它考虑的主要是系统的功能而不是系统响应时间，应用过程通常要求的是随机的信息交换（如改变设定参数等）。强有力的 FMS 服务向人们提供了广泛的应用范围和更大的灵活性，可用于大范围和复杂的通信系统。

为了满足苛刻的实时要求，PROFIBUS 协议具有如下特点：

（1）不支持长信息段大于 235B（实际最大长度为 255B，数据最大长度 244B，典型长度 120B）。

（2）不支持短信息组块功能。由许多短信息组成的长信息包不符合短信息的要求，因此，PROFIBUS 不提供这一功能（实际使用中可通过应用层或用户层的制定或扩展来克服这一约束）。

（3）本规范不提供由网络层支持运行的功能。

（4）除规定的最小组态外，根据应用需求可以建立任意的服务子集。这对小系统（如传感器等）尤其重要。

（5）其他功能是可选的，如口令保护方法等。

（6）网络拓扑是总线形，两端带终端器或不带终端器。

（7）介质、距离、站点数取决于信号特性，如对屏蔽双绞线，单段长度小于或等于 1.2km，不带中继器，每段 32 个站点。（网络规模：双绞线，最大长度 9.6km；光纤，最大长度 90km；最大站数，127 个）

（8）传输速率取决于网络拓扑和总线长度，从 9.6kbit/s 到 12Mbit/s 不等。

（9）可选第二种介质（冗余）。

（10）在传输时，使用半双工，异步，滑差（Slipe）保护同步（无位填充）。

（11）报文数据的完整性，用海明距离 HD=4，同步滑差检查和特殊序列，以避免数据的丢失和增加。

（12）地址定义范围：0～127（对广播和群播而言，127 是全局地址），对区域地址、段地址的服务存取地址（服务存取点 LSAP）的地址扩展，每个 6bit。

（13）使用两类站：主站（主动站，具有总线存取控制权）和从站（被动站，没有总线存取控制权）。如果对实时性要求不苛刻，最多可用 32 个主站，总站数可达 127 个。

（14）总线存取基于混合、分散、集中三种方式：主站间用令牌传输，主站与从站之间用主—从方式。令牌在由主站组成的逻辑令牌环中循环。如果系统中仅有一主站，则不需要令牌传输。这是一个单主站—多从站的系统。最小的系统配置由一个主站和一个从站或两个主站组成。

（15）数据传输服务有两类：

1）非循环的：有/无应答要求的发送数据；

有应答要求的发送和请求数据。

2）循环的（轮询）：有应答要求的发送和请求数据。

PROFIBUS 广泛应用于制造业自动化、流程工业自动化和楼宇、交通、电力等其他自动化领域，PROFIBUS 的典型应用如图 4-1 所示。

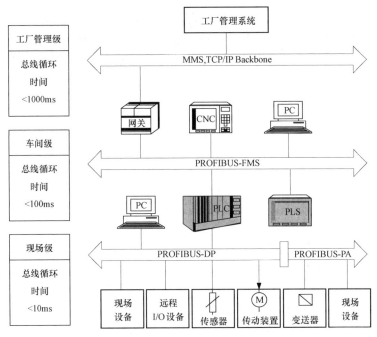

图 4-1　PROFIBUS 的典型应用

4.2　PROFIBUS 的协议结构

PROFIBUS 的协议结构如图 4-2 所示。

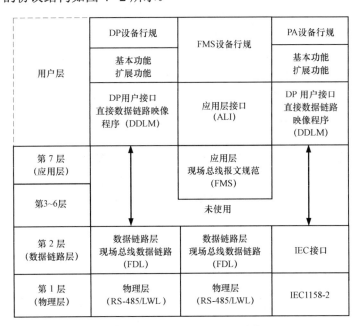

图 4-2　PROFIBUS 的协议结构

从图 4-2 可以看出，PROFIBUS 协议采用了 ISO/OSI 模型中的第 1 层、第 2 层以及必要时还采用第 7 层。第 1 层和第 2 层的导线和传输协议依据美国标准 EIA RS-485、国际标准 IEC 870-5-1 和欧洲标准 EN 60870-5-1、总线存取程序、数据传输和管理服务基于 DIN 19241 标准的第 1~3 部分和 IEC 955 标准。管理功能（FMA7）采用 ISO DIS 7498-4（管理框架）的概念。

4.2.1　PROFIBUS-DP 的协议结构

PROFIBUS-DP 使用第 1 层、第 2 层和用户接口层，第 3~7 层未用，这种精简的结构确保高速数据传输。物理层采用 RS-485 标准，规定了传输介质、物理连接和电气等特性。PROFIBUS-DP 的数据链路层称为现场总线数据链路层（Fieldbus Data Link layer，FDL），包括与 PROFIBUS-FMS、PROFIBUS-PA 兼容的总线介质访问控制 MAC 以及现场总线链路控制（Fieldbus Link Control，FLC），FLC 向上层提供服务存取点的管理和数据的缓存。第 1 层和第 2 层的现场总线管理（FMA1/2，FieldBus Management layer 1 and 2）完成第 2 层待定总线参数的设定和第 1 层参数的设定，它还完成这两层出错信息的上传。PROFIBUS-DP 的用户层包括直接数据链路映射（Direct Data Link Mapper，DDLM）、DP 的基本功能、扩展功能以及设备行规。DDLM 提供了方便访问 FDL 的接口，DP 设备行规是对用户数据含义的具体说明，规定了各种应用系统和设备的行为特性。

这种为高速传输用户数据而优化的 PROFIBUS 协议特别适用于可编程控制器与现场级分散 I/O 设备之间的通信。

4.2.2　PROFIBUS-FMS 的协议结构

PROFIBUS-FMS 使用了第 1 层、第 2 层和第 7 层。应用层（第 7 层）包括 FMS（现场总线报文规范）和 LLI（低层接口）。FMS 包含应用协议和提供的通信服务。LLI 建立各种类型的通信关系，并给 FMS 提供不依赖于设备的对第 2 层的访问。

FMS 处理单元级（PLC 和 PC）的数据通信。功能强大的 FMS 服务可在广泛的应用领域内使用，并为解决复杂通信任务提供了很大的灵活性。

PROFIBUS-DP 和 PROFIBUS-FMS 使用相同的传输技术和总线存取协议。因此，它们可以在同一根电缆上同时运行。

4.2.3　PROFIBUS-PA 的协议结构

PROFIBUS-PA 使用扩展的 PROFIBUS-DP 协议进行数据传输。此外，它执行规定现场设备特性的 PA 设备行规。传输技术依据 IEC 1158-2 标准，确保本质安全和通过总线对现场设备供电。使用段耦合器可将 PROFIBUS-PA 设备很容易地集成到 PROFIBUS-DP 网络之中。

PROFIBUS-PA 是为过程自动化工程中的高速、可靠的通信要求而特别设计的。用 PROFIBUS-PA 可以把传感器和执行器连接到通常的现场总线（段）上，即使在防爆区域的传感器和执行器也可如此。

4.3　PROFIBUS-DP 现场总线系统

由于 SIEMENS 公司在离散自动化领域具有较深的影响，并且 PROFIBUS-DP 在国内具有广大的用户，本节以 PROFIBUS-DP 为例介绍 PROFIBUS 现场总线系统。

4.3.1　PROFIBUS-DP 的三个版本

PROFIBUS-DP 经过功能扩展，一共有 DP-V0、DP-V1 和 DP-V2 三个版本，有时将

DP-V1 简写为 DPV1。

1. 基本功能（DP-V0）

（1）总线存取方法。各主站间为令牌传送，主站与从站间为主－从循环传送，支持单主站或多主站系统，总线上最多 126 个站。可以采用点对点用户数据通信、广播（控制指令）方式和循环主－从用户数据通信。

（2）循环数据交换。DP-V0 可以实现中央控制器（PLC，PC 或过程控制系统）与分布式现场设备（从站，例如 I/O、阀门、变送器和分析仪等）之间的快速循环数据交换，主站发出请求报文，从站收到后返回响应报文。这种循环数据交换是在称为 MS0 的连接上进行的。

总线循环时间应小于中央控制器的循环时间（约 10ms），DP 的传送时间与网络中站的数量和传输速率有关。每个从站可以传送 224B 的输入或输出。

（3）诊断功能。经过扩展的 PROFIBUS-DP 诊断，能对站级、模块级、通道级这 3 级故障进行诊断和快速定位，诊断信息在总线上传输并由主站采集。

本站诊断操作：对本站设备的一般操作状态的诊断，例如温度过高，压力过低；

模块诊断操作：对站点内部某个具体的 I/O 模块的故障定位；

通道诊断操作：对某个输入/输出通道的故障定位。

（4）保护功能。所有信息的传输按海明距离 HD=4 进行。对 DP 从站的输出进行存取保护，DP 主站用监控定时器监视与从站的通信，对每个从站都有独立的监控定时器。在规定的监视时间间隔内，如果没有执行用户数据传送，将会使监控定时器超时，通知用户程序进行处理。如果参数 Auto_Clear 为 1，DPM1 将退出运行模式，并将所有有关的从站的输出置于故障安全状态，然后进入清除（Clear）状态。

DP 从站用看门狗（Watchdog Timer，监控定时器）检测与主站的数据传输，如果在设置的时间内没有完成数据通信，从站自动地将输出切换到故障安全状态。

在多主站系统中，从站输出操作的访问保护是必要的。这样可以保证只有授权的主站才能直接访问。其他从站可以读它们输入的映像，但是不能直接访问。

（5）通过网络的组态功能与控制功能。通过网络可以实现下列功能：动态激活或关闭 DP 从站，对 DP 主站（DPM1）进行配置，可以设置站点的数目、DP 从站的地址、输入/输出数据的格式、诊断报文的格式等，以及检查 DP 从站的组态。控制命令可以同时发送给所有的从站或部分从站。

（6）同步与锁定功能。主站可以发送命令给一个从站或同时发给一组从站。接收到主站的同步命令后，从站进入同步模式。这些从站的输出被锁定在当前状态。在这之后的用户数据传输中，输出数据存储在从站，但是它的输出状态保持不变。同步模式用 UNSYNC 命令来解除。

锁定（FREEZE）命令使指定的从站组进入锁定模式，即将各从站的输入数据锁定在当前状态，直到主站发送下一个锁定命令时才可以刷新。用 UNFREEZE 命令来解除锁定模式。

（7）DPM1 和 DP 从站之间的循环数据传输。DPM1 与有关 DP 从站之间的用户数据传输是由 DPM1 按照确定的递归顺序自动进行的。在对总线系统进行组态时，用户定义 DP 从站与 DPM1 的关系，确定哪些 DP 从站被纳入信息交换的循环。

DMP1 和 DP 从站之间的数据传送分为参数化、组态和数据交换 3 个阶段。在前两个阶段进行检查，每个从站将自己的实际组态数据与从 DPM1 接收到的组态数据进行比较。设备类型、格式、信息长度与输入/输出的个数都应一致，以防止由于组态过程中的错误造成系统的检查错误。

只有系统检查通过后，DP从站才进入用户数据传输阶段。在自动进行用户数据传输的同时，也可以根据用户的需要向DP从站发送用户定义的参数。

（8）DPM1和系统组态设备间的循环数据传输。

PROFIBUS-DP允许主站之间的数据交换，即DPM1和DPM2之间的数据交换。该功能使组态和诊断设备通过总线对系统进行组态，改变DPM1的操作方式，动态地允许或禁止DPM1与某些从站之间交换数据。

2. DP-V1的扩展功能

（1）非循环数据交换。除了DP-V0的功能外，DP-V1最主要的特征是具有主站与从站之间的非循环数据交换功能，可以用它来进行参数设置、诊断和报警处理。非循环数据交换与循环数据交换是并行执行的，但是优先级较低。

1类主站DPM1可以通过非循环数据通信读写从站的数据块，数据传输在DPM1建立的MS1连接上进行，可以用主站来组态从站和设置从站的参数。

在起动非循环数据通信之前，DPM2用初始化服务建立MS2连接。MS2用于读、写和数据传输服务。一个从站可以同时保持几个激活的MS2连接，但是连接的数量受到从站的资源的限制。DPM2与从站建立或中止非循环数据通信连接，读写从站的数据块。数据传输功能向从站非循环地写指定的数据，如果需要，可以在同一周期读数据。

对数据寻址时，PROFIBUS假设从站的物理结构是模块化的，即从站由称为"模块"的逻辑功能单元构成。在基本DP功能中这种模型也用于数据的循环传送。每一模块的输入/输出字节数为常数，在用户数据报文中按固定的位置来传送。寻址过程基于标识符，用它来表示模块的类型，包括输入、输出或二者的结合，所有标识符的集合产生了从站的配置。在系统起动时由DPM1对标识符进行检查。

循环数据通信也是建立在这一模型的基础上的。所有能被读写访问的数据块都被认为属于这些模块，它们可以用槽号和索引来寻址。槽号用来确定模块的地址，索引号用来确定指定给模块的数据块的地址，每个数据块最多244B。读写服务寻址如图4-3所示。

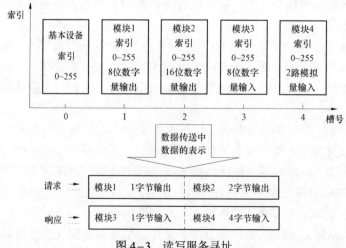

图4-3 读写服务寻址

对于模块化的设备，模块被指定槽号，从 1 号槽开始，槽号按顺序递增，0 号留给设备本身。紧凑型设备被视为虚拟模块的一个单元，也可以用槽号和索引来寻址。

在读/写请求中通过长度信息可以对数据块的一部分进行读写。如果读/写数据块成功，DP 从站发送正常的读写响应。反之将发送否定的响应，并对问题进行分类。

（2）工程内部集成的 EDD 与 FDT。在工业自动化中，由于历史的原因，GSD（电子设备数据）文件使用得较多，它适用于较简单的应用；电子设备描述（Electronic Device Description，EDD）适用于中等复杂程序的应用；现场设备工具/设备类型管理（Field Device Tool/Device Type manager，FDT/DTM）是独立于现场总线的"万能"接口，适用于复杂的应用场合。

（3）基于 IEC 61131-3 的软件功能块。为了实现与制造商无关的系统行规，应为现存的通信平台提供应用程序接口（API），即标准功能块。PNO（PROFIBUS 用户组织）推出了"基于 IEC 61131-3 的通信与代理（Proxy）功能块"。

（4）故障安全通信（PROFIsafe）。PROFIsafe 定义了与故障安全有关的自动化任务，以及故障-安全设备怎样用故障-安全控制器在 PROFIBUS 上通信。PROFIsafe 考虑了在串行总线通信中可能发生的故障，例如数据的延迟、丢失、重复，不正确的时序、地址和数据的损坏。

PROFIsafe 采取了下列的补救措施：输入报文帧的超时及其确认；发送者与接收者之间的标识符（口令）；附加的数据安全措施（CRC 校验）。

（5）扩展的诊断功能。DP 从站通过诊断报文将突发事件（报警信息）传送给主站，主站收到后发送确认报文给从站。从站收到后只能发送新的报警信息，这样可以防止多次重复发送同一报警报文。状态报文由从站发送给主站，不需要主站确认。

3. DP-V2 的扩展功能

（1）从站与从站间的通信。在 2001 年发布的 PROFIBUS 协议功能扩充版本 DP-V2 中，广播式数据交换实现了从站之间的通信，从站作为出版者（Publisher），不经过主站直接将信息发送给作为订户（Subscribers）的从站。这样从站可以直接读入别的从站的数据。这种方式最多可以减少 90% 的总线响应时间。从站与从站的数据交换如图 4-4 所示。

（2）同步（Isochronous）模式功能。同步功能激活主站与从站之间的同步，误差小于 1ms。通过"全局控制"广播报文，所有有关的设备被周期性地同步到总线主站的循环。

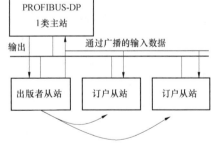

图 4-4　从站与从站的数据交换

（3）时钟控制与时间标记（Time Stamps）。通过用于时钟同步的新的连接 MS3，实时时间（Real Time）主站将时间标记发送给所有的从站，将从站的时钟同步到系统时间，误差小于 1ms。利用这一功能可以实现高精度的事件追踪。在有大量主站的网络中，对于获取定时功能特别有用。主站与从站之间的时钟控制通过 MS3 服务来进行。

（4）HARTonDP。HART 是一种应用较广的现场总线。HART 规范将 HART 的客户—主机—服务器模型映射到 PROFIBUS，HART 规范位于 DP 主站和从站的第 7 层之上。HART-client（客户）功能集成在 PROFIBUS 的主站中，HART 的主站集成在 PROFIBUS 的从站中。为了传送 HART 报文，定义了独立于 MS1 和 MS2 的通信通道。

（5）上传与下载（区域装载）。这一功能允许用少量的命令装载任意现场设备中任意大小的数据区。例如：不需要人工装载就可以更新程序或更换设备。

（6）功能请求（Function Invocation）。功能请求服务用于 DP 从站的程序控制（起动、停止、返回或重新起动）和功能调用。

（7）从站冗余。在很多应用场合，要求现场设备的通信有冗余功能。冗余的从站有两个 PROFIBUS 接口，一个是主接口，一个是备用接口。它们可能是单独的设备，也可能分散在两个设备中。这些设备有两个带有特殊的冗余扩展的独立的协议堆栈，冗余通信在两个协议堆栈之间进行，可能是在一个设备内部，也可能是在两个设备之间。

在正常情况下，通信只发送给被组态的主要从站，它也发送给后备从站。在主要从站出现故障时，后备从站接管它的功能。可能是后备从站自己检查到故障，或主站请求它这样做。主站监视所有的从站，出现故障时立即发送诊断报文给后备从站。

冗余从站设备可以在一条 PROFIBUS 总线或两条冗余的 PROFIBUS 总线上运行。

4.3.2　PROFIBUS-DP 系统组成和总线访问控制

1. 系统的组成

PROFIBUS-DP 总线系统设备包括主站（主动站，有总线访问控制权，包括 1 类主站和 2 类主站）和从站（被动站，无总线访问控制权）。当主站获得总线访问控制权（令牌）时，它能占用总线，可以传输报文，从站仅能应答所接收的报文或在收到请求后传输数据。

（1）1 类主站。1 类 DP 主站能够对从站设置参数，检查从站的通信接口配置，读取从站诊断报文，并根据已经定义好的算法与从站进行用户数据交换。1 类主站还能用一组功能与 2 类主站进行通信。所以 1 类主站在 DP 通信系统中既可作为数据的请求方（与从站的通信），也可作为数据的响应方（与 2 类主站的通信）。

（2）2 类主站。在 PROFIBUS-DP 系统中，2 类主站是一个编程器或一个管理设备，可以执行一组 DP 系统的管理与诊断功能。

（3）从站。从站是 PROFIBUS-DP 系统通信中的响应方，它不能主动发出数据请求。DP 从站可以与 2 类主站或（对其设置参数并完成对其通信接口配置的）1 类主站进行数据交换，并向主站报告本地诊断信息。

2. 系统的结构

一个 DP 系统既可以是一个单主站结构，也可以是一个多主站结构。主站和从站采用统一编址方式，可选用 0～127 共 128 个地址，其中 127 为广播地址。一个 PROFIBUS-DP 网络最多可以有 127 个主站，在应用实时性要求较高时，主站个数一般不超过 32 个。

单主站结构是指网络中只有一个主站，且该主站为 1 类主站，网络中的从站都隶属于这个主站，从站与主站进行主从数据交换。

多主站结构是指在一条总线上连接几个主站，主站之间采用令牌传递方式获得总线控制权，获得令牌的主站和其控制的从站之间进行主从数据交换。总线上的主站和各自控制的从站构成多个独立的主从结构子系统。

典型 DP 系统的组成结构如图 4-5 所示。

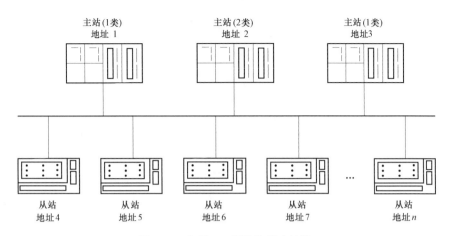

图 4-5　典型 DP 系统的组成结构

3. 总线访问控制

PROFIBUS-DP 系统的总线访问控制要保证两方面的需求：① 总线主站节点必须在确定的时间范围内获得足够的机会来处理它自己的通信任务；② 主站与从站之间的数据交换必须是快速且具有很少的协议开销。

DP 系统支持使用混合的总线访问控制机制，主站之间采取令牌控制方式，令牌在主站之间传递，拥有令牌的主站拥有总线访问控制权；主站与从站之间采取主从控制方式，主站具有总线访问控制权，从站仅在主站要求它发送时才可以使用总线。

当一个主站获得了令牌，它就可以执行主站功能，与其他主站节点或所控制的从站节点进行通信。总线上的报文用节点地址来组织，每个 PROFIBUS 主站节点和从站节点都有一个地址，而且此地址在整个总线上必须是唯一的。

在 PROFIBUS-DP 系统中，这种混合总线访问控制方式允许有的系统配置如下：

1）纯主-主系统（执行令牌传递过程）。

2）纯主—从系统（执行主—从数据通信过程）。

3）混合系统（执行令牌传递和主—从数据通信过程）。

（1）令牌传递过程。连接到 DP 网络的主站按节点地址的升序组成一个逻辑令牌环。控制令牌按顺序从一个主站传递到下一个主站。令牌提供访问总线的权利，并通过特殊的令牌帧在主站间传递。具有最高站地址（Highest Address Station，HAS）的主站将令牌传递给具有最低总线地址的主站，以使逻辑令牌环闭合。

令牌经过所有主站节点轮转一次所需的时间称为令牌循环时间（Token Rotation Time）。现场总线系统中令牌轮转一次所允许的最大时间称为目标令牌时间（Target Rotation Time，T_{TR}），其值是可调整的。

在系统的启动总线初始化阶段，总线访问控制通过辨认主站地址来建立令牌环，并将主站地址都记录在活动主站表记录系统中所有主站地址（List of Active Master Stations，LAS）中。对于令牌管理而言，有两个地址概念特别重要：前驱站（Previous Station，PS）地址，即传递令牌给自己的站的地址；后继站（Next Station，NS）地址，即将要传递令牌的目的站地址。在系统运行期间，为了从令牌环中去掉有故障的主站或在令牌环中添加新的主站而不影响总线上的数据通信，需要修改 LAS。纯主-主系统中的令牌传递过程如图 4-6 所示。

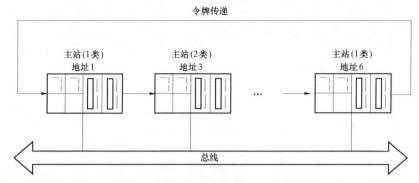

图4-6　纯主-主系统中的令牌传递过程

（2）主—从数据通信过程。一个主站在得到令牌后，可以主动发起与从站的数据交换。主—从访问过程允许主站访问主站所控制的从站设备，主站可以发送信息给从站或从从站获取信息。其数据传递如图4-7所示。

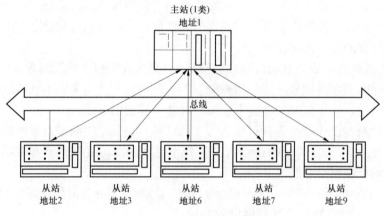

图4-7　主—从数据通信过程

如果一个 DP 总线系统中有若干个从站，而它的逻辑令牌环只含有一个主站，这样的系统称为纯主—从系统。

4.3.3　PROFIBUS-DP 系统工作过程

下面以图4-8所示的 PROFIBUS-DP 系统为例，介绍 PROFIBUS 系统的工作过程。这是一个由多个主站和多个从站组成的 PROFIBUS-DP 系统，包括：2 个 1 类主站、1 个 2 类主站和 4 个从站。2 号从站和 4 号从站受控于 1 号主站，5 号从站和 9 号从站受控于 6 号主站，主站在得到令牌后对其控制的从站进行数据交换。通过用户设置，2 类主站可以对 1 类主站或从站进行管理监控。上述系统搭建过程可以通过特定的组态软件（如 STEP7）组态而成，由于篇幅所限这里只讨论 1 类主站和从站的通信过程，而不讨论有关 2 类主站的通信过程。

系统从上电到进入正常数据交换工作状态的整个过程可以概括为四个工作阶段。

1. 主站和从站的初始化

上电后，主站和从站进入 Offline 状态，执行自检。当所需要的参数都被初始化后（主站需要加载总线参数集，从站需要加载相应的诊断响应信息等），主站开始监听总线令牌，而从站开始等待主站对其设置参数。

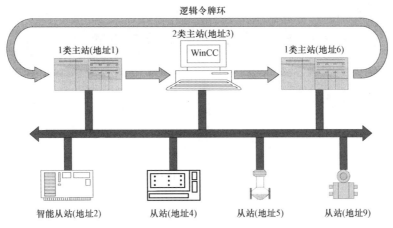

图 4-8　PROFIBUS-DP 系统实例

2. 总线上令牌环的建立

主站准备好进入总线令牌环，处于听令牌状态。在一定时间（Time-out）内主站如果没有听到总线上有信号传递，就开始自己生成令牌并初始化令牌环。然后该主站做一次对全体可能主站地址的状态询问，根据收到应答的结果确定活动主站表和本主站所辖站地址范围 GAP，GAP 是指从本站地址（This Station，TS）到令牌环中的后继站地址 NS 之间的地址范围。LAS 的形成即标志着逻辑令牌环初始化的完成。

3. 主站与从站通信的初始化

DP 系统的工作过程如图 4-9 所示，在主站可以与 DP 从站设备交换用户数据之前，主站必须设置DP从站的参数并配置此从站的通信接口，因此主站首先检查DP从站是否在总线上。如果从站在总线上，则主站通过请求从站的诊断数据来检查 DP 从站的准备情况。如果 DP 从站报告它已准备好接收参数，则主站给 DP 从站设置参数数据并检查通信接口配置，在正常情况下 DP 从站将分别给予确认。收到从站的确认回答后，主站再请求从站的诊断数据以查明从站是否准备好进行用户数据交换。只有在这些工作正确完成后，主站才能开始循环地与 DP 从站交换用户数据。在上述过程中，交换了下述三种数据。

（1）参数数据。参数数据包括预先给 DP 从站的一些本地和全局参数以及一些特征和功能。参数报文的结构除包括标准规定的部分外，必要时还包括 DP 从站和制造商特有的部分。参数报文的长度不超过 244B，重要的参数包括从站状态参数、看门狗定时器参数、从站制造商标识符、从站分组及用户自定义的从站应用参数等。

（2）通信接口配置数据。DP 从站的输入/输出数据的格式通过标识符来描述。标识符指定了在用户数据交换时输入/输出字节或字的长度及数据的一致刷新要求。在检查通信接口配置时，主站发送标识符给 DP 从站，以检查在从站中实际存在的输入/输出区域是否与标识符所设定的一致。如果一致，则可以进入主从用户数据交换阶段。

（3）诊断数据。在启动阶段，主站使用诊断请求报文来检查是否存在 DP 从站和从站是否准备接收参数报文。由 DP 从站提交的诊断数据包括符合标准的诊断部分以及此 DP 从站专用的外部诊断信息。DP 从站发送诊断报文告知 DP 主站它的运行状态、出错时间及原因等。

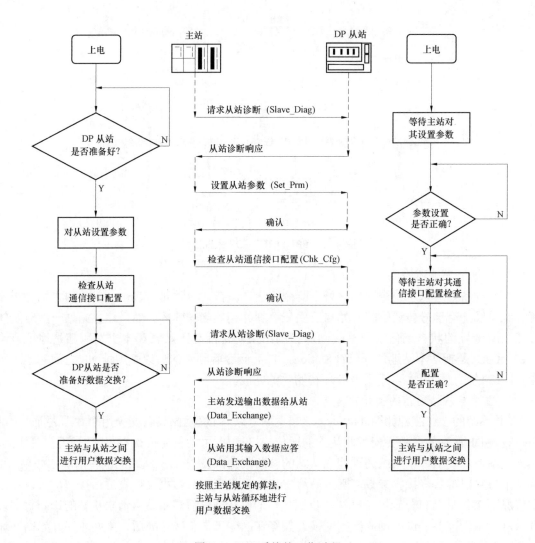

图 4-9　DP 系统的工作过程

4. 用户的交换数据通信

如果前面所述的过程没有错误而且 DP 从站的通信接口配置与主站的请求相符，则 DP 从站发送诊断报文报告它已为循环地交换用户数据做好准备。从此时起，主站与 DP 从站交换用户数据。在交换用户数据期间，DP 从站只响应对其设置参数和通信接口配置检查正确的主站发来的 Data_Exchange 请求帧报文，如循环地向从站输出数据或者循环地读取从站数据。其他主站的用户数据报文均被此 DP 从站拒绝。在此阶段，当从站出现故障或其他诊断信息时，将会中断正常的用户数据交换。DP 从站可以使用将应答时的报文服务级别从低优先级改变为高优先级来告知主站当前有诊断报文中断或其他状态信息。然后，主站发出诊断请求，请求 DP 从站的实际诊断报文或状态信息。处理后，DP 从站和主站返回到交换用户数据状态，主站和 DP 从站可以双向交换最多 244B 的用户数据。DP 从站报告出现诊断报文的流程如图 4-10 所示。

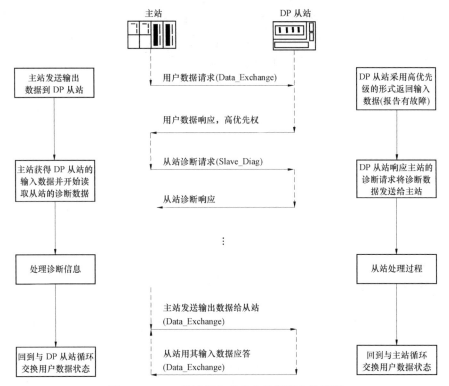

图 4-10　DP 从站报告当前有诊断报文的流程

4.4　PROFIBUS-DP 的通信模型

4.4.1　PROFIBUS-DP 的物理层

PROFIBUS-DP 的物理层支持屏蔽双绞线和光缆两种传输介质。

1. DP（RS-485）的物理层

对于屏蔽双绞电缆的基本类型来说，PROFIBUS 的物理层（第 1 层）实现对称的数据传输，符合 EIA RS-485 标准（也称为 H2）。一个总线段内的导线是屏蔽双绞电缆，段的两端各有一个终端器，如图 4-11 所示。传输速率从 9.6kbit/s 到 12Mbit/s 可选，所选用的波特率适用于连接到总线（段）上的所有设备。

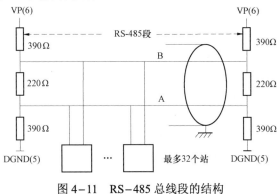

图 4-11　RS-485 总线段的结构

（1）传输程序。用于 PROFIBUS RS-485 的传输程序是以半双工、异步、无间隙同步为基础的。数据的发送用 NRZ（不归零）编码，即 1 个字符帧为 11 位（bit），如图 4-12 所示。当发送位（bit）时，由二进制"0"到"1"转换期间的信号形状不改变。

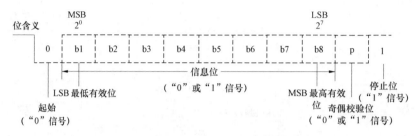

图 4-12　PROFIBUS UART 数据帧

在传输期间，二进制"1"对应于 RXD/TXD-P（Receive/Transmit-Data-P）线上的正电位，而在 RXD/TXD-N 线上则相反。各报文间的空闲（idle）状态对应于二进制"1"信号，如图 4-13 所示。

2 根 PROFIBUS 数据线也常称为 A 线和 B 线。A 线对应于 RXD/TXD-N 信号，而 B 线则对应于 RXD/TXD-P 信号。

（2）总线连接。国际性的 PROFIBUS 标准 EN 50170 推荐使用 9 针 D 型连接器用于总线站与总线的相互连接。D 型连接器的插座与总线站相连接，而 D 型连接器的插头与总线电缆相连接，9 针 D 型连接器如图 4-14 所示。

图 4-13　用 NRZ 传输时的信号形状　　　　图 4-14　9 针 D 型连接器

9 针 D 型连接器的针脚分配见表 4-1。

表 4-1　　　　　　　　　　　9 针 D 型连接器的针脚分配

针脚号	信号名称	设计含义
1	SHIELD	屏蔽或功能地
2	M24	24V 输出电压的地（辅助电源）
3	RXD/TXD-P①	接收/发送数据-正，B 线
4	CNTR-P	方向控制信号 P
5	DGND①	数据基准电位（地）
6	VP①	供电电压-正
7	P24	正 24V 输出电压（辅助电源）
8	RXD/TXD-N①	接收/发送数据-负，A 线
9	CMTR-N	方向控制信号 N

① 该类信号是强制性的，它们必须使用。

（3）总线终端器。根据 EIA RS-485 标准，在数据线 A 和 B 的两端均加接总线终端器。PROFIBUS 的总线终端器包含一个下拉电阻（与数据基准电位 DGND 相连接）和一个上拉电阻（与供电正电压 VP 相连接）（见图 4-11）。当在总线上没有站发送数据时，也就是说在两个报文之间总线处于空闲状态时，这两个电阻确保在总线上有一个确定的空闲电位。几乎在所有标准的 PROFIBUS 总线连接器上都组合了所需的总线终端器，而且可以由跳接器或开关来启动。

当总线系统运行的传输速率大于 1.5Mbit/s 时，由于所连接站的电容性负载而引起导线反射，因此必须使用附加有轴向电感的总线连接插头，如图 4-15 所示。

RS-485 总线驱动器可采用 SN75176，当通信速率超过 1.5Mbit/s 时，应当选用高速型总线驱动器，如 SN75ALS1176 等。

2. DP（光缆）的物理层

PROFIBUS 第 1 层的另一种类型是以 PNO（PROFIBUS 用户组织）的导则"用于 PROFIBUS 的光纤传输技术，版本 1.1，1993 年 7 月版"为基础的，它通过光纤导体中光的传输来传送数据。光缆允许

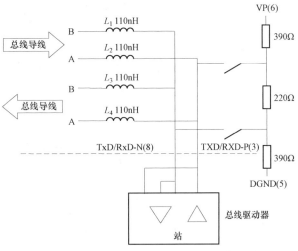

图 4-15　传输速率大于 1.5Mbit/s 的连接结构

PROFIBUS 系统站之间的距离最远到 15km。光缆对电磁干扰不敏感并能确保总线站之间的电气隔离。近年来，由于光纤的连接技术已大大简化，因此这种传输技术已经普遍地用于现场设备的数据通信，特别是用于塑料光纤的简单单工连接器的使用成为这一发展的重要组成部分。

用玻璃或塑料纤维制成的光缆可用作传输介质。根据所用导线的类型，目前玻璃光纤能处理的连接距离达到 15km，而塑料光纤只能达到 80m。

为了把总线站连接到光纤导体，有几种连接技术可以使用。

（1）OLM 技术（Optical Link Module）。类似于 RS-485 的中继器，OLM（光链路模块）有两个功能隔离的电气通道，并根据不同的模型占有一个或两个光通道。OLM 通过一根 RS-485 导线与各个总线站或总线段相连接。

（2）OLP 技术（Optical Link Plug）。OLP（光链路插头）可将很简单的被动站（从站）用一个光缆环连接。OLP 直接插入总线站的 9 针 D 型连接器。OLP 由总线站供电而不需要它们自备电源。但总线站的 RS-485 接口的 +5V 电源必须保证能提供至少 80mA 的电流。

主动站（主站）与 OLP 环连接需要一个光链路模块（OLM）。

（3）集成的光缆连接。使用集成在设备中的光纤接口将 PROFIBUS 节点与光缆直接连接。

4.4.2　PROFIBUS-DP 的数据链路层（FDL）

根据 OSI 参考模型，数据链路层规定总线存取控制、数据安全性以及传输协议和报文的处理。在 PROFIBUS-DP 中，数据链路层（第 2 层）称为 FDL 层（现场总线数据链路层）。

PROFIBUS-DP 的报文格式如图 4-16 所示。

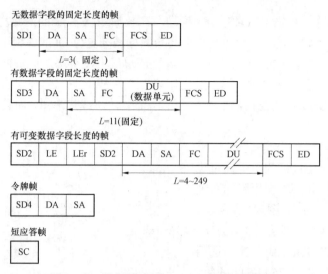

图 4-16 数据链路层（FDL）的报文帧格式

1. 帧字符和帧格式

（1）帧字符。每个帧由若干个帧字符（UART 字符）组成，它把一个 8 位字符扩展成 11 位：首先是一个开始位 0，接着是 8 位数据，之后是奇偶校验位（规定为偶校验），最后是停止位 1。

（2）帧格式。第 2 层的报文格式（帧格式）如图 4-16 所示。

其中：

L	信息字段长度；
SC	单一字符（E5H），用在短应答帧中；
SD1~SD4	开始符，区别不同类型的帧格式：
	SD1=0x10，SD2=0x68，SD3=0xA2，SD4=0xDC；
LE/LEr	长度字节，指示数据字段的长度，LEr=LE；
DA	目的地址，指示接收该帧的站；
SA	源地址，指示发送该帧的站；
FC	帧控制字节，包含用于该帧服务和优先权等的详细说明；
DU	数据字段，包含有效的数据信息；
FCS	帧校验字节，不进位加所有帧字符的和；
ED	帧结束界定符（16H）。

这些帧既包括主动帧，也包括应答/回答帧，帧中字符间不存在空闲位（二进制 1）。主动帧和应答/回答帧的帧前的间隙有一些不同。每个主动帧帧头都有至少 33 个同步位，也就是说每个通信建立握手报文前必须保持至少 33 位长的空闲状态（二进制 1 对应电平信号），这 33 个同步位长作为帧同步时间间隔，称为同步位 SYN。而应答和回答帧前没有这个规定，响应时间取决于系统设置。应答帧与回答帧也有一定的区别：应答帧是指在从站向主站的响应帧中无数据字段（DU）的帧，而回答帧是指响应帧中存在数据字段（DU）的帧。另外，短应答帧只作应答使用，它是无数据字段固定长度的帧的一种简单形式。

（3）帧控制字节。FC 的位置在帧中 SA 之后，用来定义报文类型，表明该帧是主动请求帧还是应答/回答帧，FC 还包括了防止信息丢失或重复的控制信息。

（4）扩展帧。在有数据字段（DU）的帧（开始符是 SD2 和 SD3）中，DA 和 SA 的最高位（第 7 位）指示是否存在地址扩展位（EXT），0 表示无地址扩展，1 表示有地址扩展。PROFIBUS-DP 协议使用 FDL 的服务存取点（SAP）作为基本功能代码，地址扩展的作用在于指定通信的目的服务存取点（DSAP）、源服务存取点（SSAP）或者区域/段地址，其位置在 FC 字节后，DU 的最开始的一个或两个字节。在相应的应答帧中也要有地址扩展位，而且在 DA 和 SA 中可能同时存在地址扩展位，也可能只有源地址扩展或目的地址扩展。注意：数据交换功能（data_exch）采用默认的服务存取点，在数据帧中没有 DSAP 和 SSAP，即不采用地址扩展帧。

（5）报文循环。在 DP 总线上一次报文循环过程包括主动帧和应答/回答帧的传输。除令牌帧外，其余三种帧：无数据字段的固定长度的帧、有数据字段的固定长度的帧和有数据字段无固定长度的帧，既可以是主动请求帧，也可以是应答/回答帧（令牌帧是主动帧，它不需要应答/回答）。

2. FDL 的四种服务

FDL 可以为其用户，也就是为 FDL 的上一层提供四种服务：发送数据须应答 SDA，发送数据无须应答 SDN，发送且请求数据须应答 SRD 及循环的发送且请求数据须应答 CSRD。用户想要 FDL 提供服务，必须向 FDL 申请，而 FDL 执行之后会向用户提交服务结果。用户和 FDL 之间的交互过程是通过一种接口来实现的，在 PROFIBUS 规范中称为服务原语。

（1）发送数据需应答 SDA。SDA 服务的执行过程中原语的使用如图 4-17 所示。

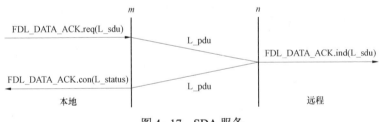

图 4-17　SDA 服务

在图 4-17 中，两条竖线表示 FDL 层的界限，两线之间部分就是整个网络的数据链路层。左边竖线的外侧为本地 FDL 用户，假设本地 FDL 地址为 m；右边竖线外侧为远程 FDL 用户，假设远程 FDL 地址为 n。

服务的执行过程：本地的用户首先使用服务原语 FDL_DATA_ACK.request 向本地 FDL 设备提出 SDA 服务申请。本地 FDL 设备收到该原语后，按照链路层协议组帧，并发送到远程 FDL 设备，远程 FDL 设备正确收到后利用原语 FDL_DATA_ACK.indication 通知远程用户并把数据上传。与此同时又将一个应答帧发回本地 FDL 设备。本地 FDL 设备则通过原语 FDL_DATA_ACK.confirm 通知发起这项 SDA 服务的本地用户。

本地 FDL 设备发送出数据后，它会在一个时间内等待应答，这个时间称为时隙时间 T_{SL}（Slot Time，可设定的 FDL 参数）。如果在这个时间内没有收到应答，本地 FDL 设备将重新发送，最多重复 k=max_retry_limit（最大重试次数，是可设定的 FDL 参数）次。若重试 k 次仍无应答，则将无应答结果通知本地用户。

（2）发送数据无需应答 SDN。SDN 服务的执行过程中原语的使用如图 4-18 所示。

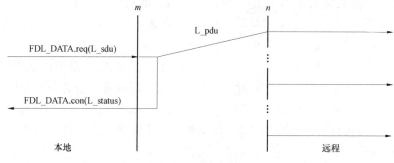

图 4-18　SDN 服务

由图 4-18 中可以看出服务 SDN 与服务 SDA 的区别：① SDN 服务允许本地用户同时向多个甚至所有远程用户发送数据。② 所有接收到数据的远程站不做应答。当本地用户使用原语 FDL_DATA.request 申请 SDN 服务后，本地 FDL 设备向所要求的远程站发送数据的同时立刻传递原语 FDL_DATA.confirm 给本地用户，原语中的参数 L_status 此时仅可以表示发送成功，或者本地的 FDL 设备错误，不能显示远程站是否正确接收。

（3）发送且请求数据需应答 SRD。SRD 服务的执行过程中原语的使用如图 4-19 所示。

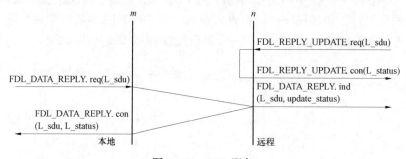

图 4-19　SRD 服务

SRD 服务除了可以像 SDA 服务那样向远程用户发送数据外，自身还是一个请求，请求远程站的数据回传，远程站把应答和被请求的数据组帧，回传给本地站。

执行顺序：远程用户将要被请求的数据准备好，通过原语 FDL_REPLY_UPDATE.request 把要被请求的数据交给远程 FDL 设备，并收到远程 FDL 设备回传的 FDL_REPLY_UPDATE.confirm。参数 Transmit 用来确定远程更新数据回传一次还是多次，如果回传多次，则在后续 SRD 服务到来时，更新数据都会被回传。L_status 参数显示数据是否成功装入，无误后等待被请求。本地用户使用原语 FDL_DATA_REPLY.request 发起这项服务，远程站 FDL 设备收到发送数据后，立刻把准备好的被请求数据回传，同时向远程用户发送 FDL_DATA_REPLY.indication，其中参数 updata_status 显示被请求数据是否被成功地发送出去。最后，本地用户就会通过原语 FDL_DATA_REPLY.confirm 接收到被请求数据 L_sdu 和传输状态结果 L_status。

（4）循环发送且请求数据需应答 CSRD。CSRD 是 FDL 四种服务中最复杂的一种。CSRD 服务在理解上可以认为是对多个远程站自动循环地执行 SRD 服务。

以上就是 FDL 层提供的四种服务。特别强调的是服务 SDN 和 SRD,因为 PROFIBUS-DP 总线的数据传输依靠的是这两种 FDL 服务,而 FMS 总线使用了 FDL 的全部四种服务。

此外还有一点,四种服务显然都可以发送数据,但是前两种 SDA、SDN 发送的数据不能为空,后两种 SRD、CSRD 则可以,这种情况其实就是单纯请求数据了。

3. 以令牌传输为核心的总线访问控制体系

在 PROFIBUS-DP 的总线访问控制中已经介绍过关于令牌环的基本内容,为了更好地理解 DP 系统中的令牌传输过程,下面将对此进行较详细的说明。

(1) GAP 表及 GAP 表的维护。GAP 是指令牌环中从本站地址到后继站地址之间的地址范围,GAPL 为 GAP 范围内所有站的状态表。

每一个主站中都有一个 GAP 维护定时器,定时器溢出即向主站提出 GAP 维护申请。主站收到申请后,使用询问 FDL 状态的 Request FDL Status 主动帧询问自己 GAP 范围内的所有地址。通过是否有返回和返回的状态,主站就可以知道自己的 GAP 范围内是否有从站从总线脱落,是否有新站添加,并且及时修改自己的 GAPL。具体如下:

1) 如果在 GAP 表维护中发现有新从站,则把它们记入 GAPL。

2) 如果在 GAP 维护中发现原先在 GAP 表中的从站在多次重复请求的情况下没有应答,则把该站从 GAPL 中除去,并登记该地址为未使用地址。

3) 如果在 GAP 维护中发现有一个新主站且处于准备进入逻辑令牌环的状态,该主站将自己的 GAP 范围改变到新发现的这个主站,并且修改活动主站表,在传出令牌时把令牌交给此新主站。

4) 如果在 GAP 维护中发现在自己的 GAP 范围中有一个处于已在逻辑令牌环中状态的主站,则认为该站为非法站,接下来询问 GAP 表中的其他站点。传递令牌时仍然传给自己的 NS,从而跳过该主站。该主站发现自己被跳过后,会从总线上自动撤下,即从 Active_Idle 状态进入 Listen_Token 状态,重新等待进入逻辑令牌环。

(2) 令牌传递。某主站要交出令牌时,按照活动主站表传递令牌帧给后继站。传出后,该主站开始监听总线上的信号,如果在一定时间(时隙时间)内听到总线上有帧开始传输,不管该帧是否有效,都认为令牌传递成功,该主站就进入 Active_Idle 状态。

如果时隙时间内总线没有活动,就再次发出令牌帧。如此重复至最大重试次数,如果仍然不成功,则传递令牌给活动主站表中后继主站的后继主站。依此类推,直到最大地址范围内仍然找不到后继,则认为自己是系统内唯一的主站,将保留令牌,直到 GAP 维护时找到新的主站。

(3) 令牌接收。如果一个主站从活动主站表中自己的前驱站收到令牌,则保留令牌并使用总线。如果主站收到的令牌帧不是前驱站发出的,将认为是一个错误而不接收令牌。如果此令牌帧被再次收到,该主站将认为令牌环已经修改,将接收令牌并修改自己的活动主站表。

(4) 令牌持有站的传输。一个主站持有令牌后,工作过程如下:首先计算上次令牌获得时刻到本次令牌获得时刻经过的时间,该时间为实际轮转时间 T_{RR},表示的是令牌实际在整个系统中轮转一周耗费的时间,每一次令牌交换都会计算产生一个新 T_{RR};主站内有参数目标轮转时间 T_{TR},其值由用户设定,它是预设的令牌轮转时间。一个主站在获得令牌后,就是通过计算 T_{TR}—T_{RR} 来确定自己可以持有令牌的时间。

(5) 从站 FDL 状态及工作过程。为了方便理解 PROFIBUS-DP 站点 FDL 的工作过程,将其划分为几个 FDL 状态，其工作过程就是在这几个状态之间不停地转换的过程。

PROFIBUS-DP 从站有 Offline 和 Passive_Idle 两个 FDL 状态。当从站上电、复位或发生某些错误时进入 Offline 状态。在这种状态下从站会自检，完成初始化及运行参数设定，此状态下不做任何传输。从站运行参数设定完成后自动进入 Passive_Idle 状态。此状态下监听总线并对询问自己的数据帧做出相应反应。

（6）主站 FDL 状态及工作过程。主站的 FDL 状态转换图如图 4-20 所示。

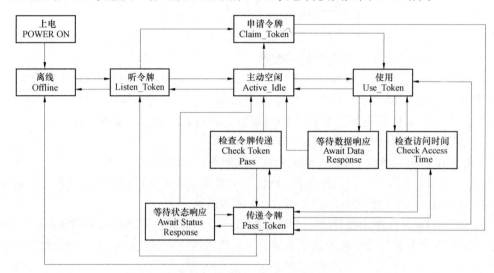

图 4-20　FDL 状态转换图

主站的工作过程及状态转换比较复杂，这里以三种典型情况进行说明。

1）令牌环的形成。假定一个 PROFIBUS-DP 系统开始上电，该系统有几个主站，令牌环的形成工作过程如下：

每个主站初始化完成后从 Offline 状态进入 Listen_Token 状态，监听总线。主站在一定时间 $T_{\text{time-out}}$（T_{TO}，超时时间）内没有听到总线上有信号传递，就进入 Claim_Token 状态，自己生成令牌并初始化令牌环。由于 T_{TO} 是一个关于地址 n 的单调递增函数，同样条件下整个系统中地址最低的主站最先进入 Claim_Token 状态。

最先进入 Claim_Token 状态的主站，获得自己生成的令牌后，马上向自己传递令牌帧两次，通知系统内的其他还处于 Listen_Token 状态的主站令牌传递开始，其他主站把该主站记入自己的活动主站表。然后该主站做一次对全体可能地址的询问 Request FDL Status，根据收到应答的结果确定自己的 LAS 和 GAP。LAS 的形成即标志着逻辑令牌环初始化的完成。

2）主站加入已运行的 PROFIBUS-DP 系统的过程。假定一个 PROFIBUS-DP 系统已经运行，一个主站加入令牌环的过程：主站上电后在 Offline 状态下完成自身初始化。之后进入 Listen_Token 状态，在此状态下，主站听总线上的令牌帧，分析其地址，从而知道该系统上已有哪些主站。主站会听两个完整的令牌循环，即每个主站都被它作为令牌帧源地址记录两次。这样主站就获得了可靠的活动主站表。

如果在听令牌的过程中发现两次令牌帧的源地址与自己地址一样，则认为系统内已有自己地址的主站，于是进入 Offline 状态并向本地用户报告此情况。

在听两个令牌循环的时间里,如果主站的前驱站进入 GAP 维护,询问 Request FDL Status,则回复未准备好。而在主站表已经生成之后,主站再询问 Request FDL Status,主站回复准备进入逻辑令牌环,并从 Listen_Token 状态进入 Active_Idle 状态。这样,主站的前驱站会修改自己的 GAP 和 LAS,并把该主站作为自己的后继站。

主站在 Active_Idle 状态,监听总线,能够对寻址自己的主动帧作应答,但没有发起总线活动的权力。直到前驱站传送令牌帧给它,它保留令牌并进入 Use_Token 状态。如果在监听总线的状态下,主站连续听到两个 SA=TS(源地址 =本站地址)的令牌帧,则认为整个系统出错,令牌环开始重新初始化,主站转入 Listen_Token 状态。

主站在 Use_Token 状态下,按照前面所说的令牌持有站的传输过程进行工作。令牌持有时间到达后,进入 Pass_Token 状态。

特别说明,主站的 GAP 维护是在 Pass_Token 状态下进行的。如不需要 GAP 维护或令牌持有时间用尽,主站将把令牌传递给后继站。

主站在令牌传递成功后,进入 Active_Idle 状态。直到再次获得令牌。

3)令牌丢失。假设一个已经开始工作的 PROFIBUS-DP 系统出现令牌丢失,这样也会出现总线空闲的情况。每一个主站此时都处于 Active_Idle 状态,FDL 发现在超时时间 T_{TO} 内无总线活动,则认为令牌丢失并重新初始化逻辑令牌环,进入 Claim_Token 状态,此时重复第一种情况的处理过程。

4. 现场总线第 1/2 层管理(FMA 1/2)

前面介绍了 PROFIBUS-DP 规范中 FDL 为上层提供的服务。而事实上,FDL 的用户除了可以申请 FDL 的服务之外,还可以对 FDL 以及物理层 PHY 进行一些必要的管理,例如强制复位 FDL 和 PHY、设定参数值、读状态、读事件及进行配置等。在 PROFIBUS-DP 规范中,这一部分称为 FMA 1/2(第 1、2 层现场总线管理)。

FMA 1/2 用户和 FMA 1/2 之间的接口服务功能主要有:

1)复位物理层、数据链路层(Reset FMA 1/2),此服务是本地服务。

2)请求和修改数据链路层、物理层以及计数器的实际参数值(Set Value/Read ValueFMA 1/2),此服务是本地服务。

3)通知意外的事件、错误和状态改变(Event FMA 1/2),此服务可以是本地服务,也可以是远程服务。

4)请求站的标识和链路服务存取点(LSAP)配置(Ident FMA 1/2、LSAP Status FMA1/2),此服务可以是本地服务,也可以是远程服务。

5)请求实际的主站表(Live List FMA 1/2),此服务是本地服务。

6)SAP 激活及解除激活[(R)SAP Activate/SAP Deactivate FMA 1/2],此服务是本地服务。

4.4.3　PROFIBUS-DP 的用户层

1. 概述

用户层包括 DDLM 和用户接口/用户等,它们在通信中实现各种应用功能[在 PROFIBUS-DP 协议中没有定义第 7 层(应用层),而是在用户接口中描述其应用]。DDLM 是预先定义的直接数据链路映射程序,将所有的在用户接口中传送的功能都映射到第 2 层 FDL 和 FMA 1/2 服务。它向第 2 层发送功能调用中 SSAP、DSAP 和 Serv_class 等必须的参数,接收来自第 2 层的确认和指示并将它们传送给用户接口/用户。

PROFIBUS-DP 系统的通信模型如图 4-21 所示。

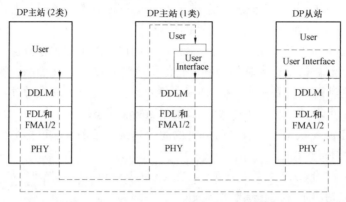

图 4-21　PROFIBUS-DP 系统的通信模型

在图 4-21 中，2 类主站中不存在用户接口，DDLM 直接为用户提供服务。在 1 类主站上除 DDLM 外，还存在用户、用户接口以及用户与用户接口之间的接口。用户接口与用户之间的接口被定义为数据接口与服务接口，在该接口上处理与 DP 从站之间的通信。在 DP 从站中，存在着用户与用户接口，而用户和用户接口之间的接口被创建为数据接口。主站-主站之间的数据通信由 2 类主站发起，在 1 类主站中数据流直接通过 DDLM 到达用户，不经过用户接口及其接口之间的接口，而 1 类主站与 DP 从站两者的用户经由用户接口，利用预先定义的 DP 通信接口进行通信。

在不同的应用中，具体需要的功能范围必须与具体应用相适应，这些适应性定义称为行规。行规提供了设备的可互换性，保证不同厂商生产的设备具有相同的通信功能。

2. PROFIBUS-DP 行规

PROFIBUS-DP 只使用了第 1 层和第 2 层。而用户接口定义了 PROFIBUS-DP 设备可使用的应用功能以及各种类型的系统和设备的行为特性。

PROFIBUS-DP 协议的任务只是定义用户数据怎样通过总线从一个站传送到另一个站。在这里，传输协议并没有对所传输的用户数据进行评价，这是 DP 行规的任务。由于精确规定了相关应用的参数和行规的使用，从而使不同制造商生产的 DP 部件能容易地交换使用。目前，已制定的 DP 行规如下：

1）NC/RC 行规（3.052）。该行规介绍了人们怎样通过 PROFIBUS-DP 对操作机床和装配机器人进行控制。根据详细的顺序图解，从高一级自动化设备的角度，介绍了机器人的动作和程序控制情况。

2）编码器行规（3.062）。本行规介绍了回转式、转角式和线性编码器与 PROFIBUS-DP 的连接，这些编码器带有单转或多转分辨率。有两类设备定义了它们的基本和附加功能，如标定、中断处理和扩展诊断。

3）变速传动行规（3.071）。传动技术设备的主要生产厂商共同制定了 PROFIDRIVE 行规。行规具体规定了传动设备怎样参数化，以及设定值和实际值怎样进行传递，这样不同厂商生产的传动设备就可互换，此行规也包括速度控制和定位必需的规格参数。传动设备的基本功能在行规中有具体规定，但根据具体应用留有进一步扩展和发展的余地。行规描述了 DP 或 FMS 应用功能的映像。

4）操作员控制和过程监视行规（HMI）。HMI 行规具体说明了通过 PROFIBUS–DP 把这些设备与更高一级自动化部件的连接，此行规使用了扩展的 PROFIBUS–DP 的功能来进行通信。

4.4.4　PROFIBUS–DP 用户接口

1. 1 类主站的用户接口

1 类主站用户接口与用户之间的接口包括数据接口和服务接口。在该接口上处理与 DP 从站通信的所有信息交互，1 类主站的用户接口如图 4–22 所示。

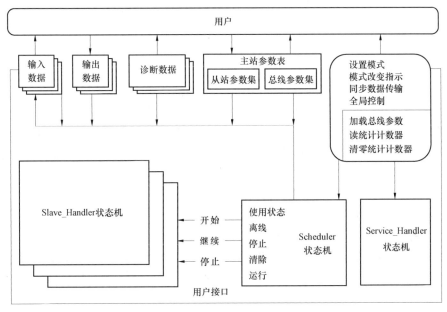

图 4–22　1 类主站的用户接口

（1）数据接口。数据接口包括主站参数集、诊断数据和输入/输出数据。其中，主站参数集包含总线参数集和 DP 从站参数集，是总线参数和从站参数在主站上的映射。

1）总线参数集。总线参数集的内容包括总线参数长度、FDL 地址、波特率、时隙时间、最小和最大响应从站延时、静止和建立时间、令牌目标轮转时间、GAL 更新因子、最高站地址、最大重试次数、用户接口标志、最小从站轮询时间间隔、请求方得到响应的最长时间、主站用户数据长度、主站（2 类）的名字和主站用户数据。

2）DP 从站参数集。DP 从站参数集的内容包括从站参数长度、从站标志、从站类型、参数数据长度、参数数据、通信接口配置数据长度、通信接口配置数据、从站地址分配表长度、从站地址分配表、从站用户数据长度和从站用户数据。

3）诊断数据。诊断数据 Diagnostic_Data 是指由用户接口存储的 DP 从站诊断信息、系统诊断信息、数据传输状态表（Data_Transfer_List）和主站状态（Master_Status）的诊断信息。

4）输入/输出数据。输入（Input Data）/输出数据（Output Data）包括 DP 从站的输入数据和 1 类主站用户的输出数据。该区域的长度由 DP 从站制造商指定，输入和输出数据的格式由用户根据其 DP 系统来设计，格式信息保存在 DP 从站参数集的 Add_Tab 参数中。

（2）服务接口。通过服务接口，用户可以在用户接口的循环操作中异步调用非循环功能。非循环功能分为本地和远程功能。本地功能由 Scheduler 或 Service_Handler 处理，远程功能由 Scheduler 处理。用户接口不提供附加出错处理。在这个接口上，服务调用顺序执行，只有在接口上传送了 Mark.req 并产生 Global_Control.req 的情况下才允许并行处理。服务接口包括的服务如下：

1）设定用户接口操作模式（Set_Mode）。用户可以利用该功能设定用户接口的操作模式（USIF_State），并可以利用功能 DDLM_Get_Master_Diag 读取用户接口的操作模式。2 类主站也可以利用功能 DDLM_ Download 来改变操作模式。

2）指示操作模式改变（Mode_Change）。用户接口用该功能指示其操作模式的改变。如果用户通过功能 Set_Mode 改变操作模式，该指示将不会出现。如果在本地接口上发生了一个严重的错误，则用户接口将操作模式改为 Offline，此时与 Error_Action_Flag 无关。

3）加载总线参数集（Load_Bus_Par）。用户用该功能加载新的总线参数集。用户接口将新装载的总线参数集传送给当前的总线参数集并将改变的 FDL 服务参数传送给 FDL 控制。在用户接口的操作模式 Clear 和 Operate 下不允许改变 FDL 服务参数 Baud_Rate 或 FDL_Add。

4）同步数据传输（Mark）。利用该功能，用户可与用户接口同步操作，用户将该功能传送给用户接口后，当所有被激活的 DP 从站至少被询问一次后，用户将收到一个来自用户接口的应答。

5）对从站的全局控制命令（Global_Control）。利用该功能可以向一个（单一）或数个（广播）DP 从站传送控制命令 Sync 和 Freeze，从而实现 DP 从站的同步数据输出和同步数据输入功能。

6）读统计计数器（Read_Value）。利用该功能读取统计计数器中的参数变量值。

7）清零统计计数器（Delete_SC）。利用该功能清零统计计数器，各个计数器的寻址索引与其 FDL 地址一致。

2. 从站的用户接口

在 DP 从站中，用户接口通过从站的主–从 DDLM 功能和从站的本地 DDLM 功能与 DDLM 通信，用户接口被创建为数据接口，从站用户接口状态机实现对数据交换的监视。用户接口分析本地发生的 FDL 和 DDLM 错误并将结果放入 DDLM_Fault.ind 中。用户接口保持与实际应用过程之间的同步，并且该同步的实现依赖于一些功能的执行过程。在本地，同步由新的输入数据、诊断信息（Diag_Data）改变和通信接口配置改变三个事件来触发。主站参数集中 Min_Slave_Interval 参数的值应根据 DP 系统中从站的性能来确定。

4.5　PROFIBUS–DP 的总线设备类型和数据通信

4.5.1　概述

PROFIBUS-DP 协议是为自动化制造工厂中分散的 I/O 设备和现场设备所需要的高速数据通信而设计的。典型的 DP 配置是单主站结构，如图 4–23 所示。DP 主站与 DP 从站间的通信基于主–从原理。也就是说，只有当主站请求时总线上的 DP 从站才可能活动。DP 从站被 DP 主站按轮询表依次访问。DP 主站与 DP 从站间的用户数据连续地交换，而并不考虑用户数据的内容。

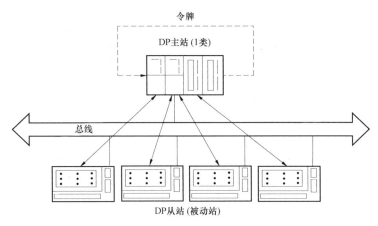

图 4-23 DP 单主站结构

在 DP 主站上处理轮询表的情况如图 4-24 所示。

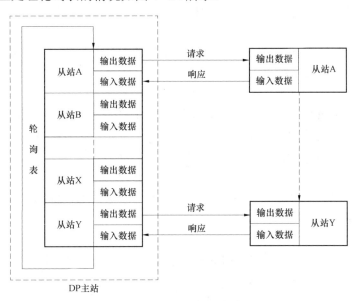

图 4-24 在 DP 主站上处理轮询表的示意图

DP 主站与 DP 从站间的一个报文循环由 DP 主站发出的请求帧（轮询报文）和由 DP 从站返回的有关应答或响应帧组成。

由于按 EN 50170 标准规定的 PROFIBUS 节点在第 1 层和第 2 层的特性，一个 DP 系统也可能是多主结构。实际上，这就意味着一条总线上连接几个主站节点，在一个总线上 DP 主站/从站、FMS 主站/从站和其他的主动节点或被动节点也可以共存，如图 4-25 所示。

4.5.2 DP 设备类型

1. DP 主站（1 类）

1 类 DP 主站循环地与 DP 从站交换用户数据。它使用如下的协议功能执行通信任务。

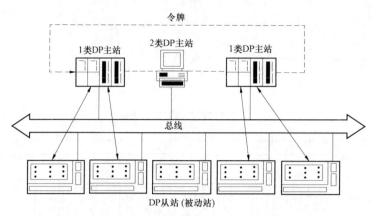

图 4-25　PROFIBUS-DP 多主站结构

（1）Set_Prm 和 Chk_Cfg。在启动、重启动和数据传输阶段，DP 主站使用这些功能发送参数集给 DP 从站。它发送所有参数，而不管它们是不是对整个总线普遍适用或是不是对某些特别重要。对个别 DP 从站而言，其输入和输出数据的字节数在组态期间进行定义。

（2）Data_Exchange。此功能循环地与指定给它的 DP 从站进行输入/输出数据交换。

（3）Slave_Diag。在启动期间或循环的用户数据交换期间，用此功能读取 DP 从站的诊断信息。

（4）Global_Control。DP 主站使用此控制命令将它的运行状态告知给各 DP 从站。此外，还可以将控制命令发送给个别从站或规定的 DP 从站组，以实现输出数据和输入数据的同步（Sync 和 Freeze 命令）。

2. DP 从站

DP 从站只与装载此从站的参数并组态它的 DP 主站交换用户数据。DP 从站可以向此主站报告本地诊断中断和过程中断。

3. DP 主站（2 类）

2 类 DP 主站是编程装置、诊断和管理设备。除了已经描述的 1 类主站的功能外，2 类 DP 主站通常还支持下列特殊功能：

（1）RD_Inp 和 RD_Outp。在与 1 类 DP 主站进行数据通信的同时，用这些功能可读取 DP 从站的输入和输出数据。

（2）Get_Cfg。用此功能读取 DP 从站的当前组态数据。

（3）Set_Slave_Add。此功能允许 DP 主站（2 类）分配一个新的总线地址给一个 DP 从站。当然，此从站是支持这种地址定义方法的。

此外，2 类 DP 主站还提供一些功能用于与 1 类 DP 主站的通信。

4. DP 组合设备

可以将 1 类 DP 主站、2 类 DP 主站和 DP 从站组合在一个硬件模块中形成一个 DP 组合设备。实际上，这样的设备是很常见的。一些典型的设备组合如下：

（1）1 类 DP 主站与 2 类 DP 主站的组合。

（2）DP 从站与 1 类 DP 主站的组合。

4.5.3　DP 设备之间的数据通信

1. DP 通信关系和 DP 数据交换

按 PROFIBUS-DP 协议，通信作业的发起者称为请求方，而相应的通信伙伴称为响应方。所有 1 类 DP 主站的请求报文以第 2 层中的"高优先权"报文服务级别处理。与此相反，由 DP 从站发出的响应报文使用第 2 层中的"低优先权"报文服务级别。DP 从站可将当前出现的诊断中断或状态事件通知给 DP 主站，仅在此刻，可通过将 Data_Exchange 的响应报文服务级别从"低优先权"改变为"高优先权"来实现。数据的传输是非连接的 1 对 1 或 1 对多连接（仅控制命令和交叉通信）。表 4-2 列出了 DP 主站和 DP 从站的通信能力，按请求方和响应方分别列出。

表 4-2　　　　　　　　　　　　　　各类 DP 设备间的通信关系

功能/服务 依据 EN 50170	DP-从站		DP 主站（1 类）		DP 主站（2 类）		使用的 SAP 号	使用的 第 2 层服务
	Requ	Resp	Requ	Resp	Requ	Resp		
Data-Exchange		M	M		O		缺省 SAP	SRD
RD-Inp		M			O		56	SRD
RD_Outp		M			O		57	SRD
Slave_Diag		M	M		O		60	SRD
Set_Prm		M	M		O		61	SRD
Chk_Cfg		M	M		O		62	SRD
Get_Cfg		M			O		59	SRD
Global_Control		M	M		O		58	SDN
Set_Slave_Add		O			O		55	SRD
M_M_Communication			O	O	O	O	54	SRD/SDN
DPV1 Services		O	O		O		51/50	SRD

注　Requ=请求方，Resp=响应方，M=强制性功能，O=可选功能。

2. 初始化阶段，重启动和用户数据通信

在 DP 主站可以与从站设备交换用户数据之前，DP 主站必须定义 DP 从站的参数并组态此从站。为此，DP 主站首先检查 DP 从站是否在总线上。如果是，则 DP 主站通过请求从站的诊断数据来检查 DP 从站的准备情况。当 DP 从站报告它已准备好参数定义时，则 DP 主站装载参数集和组态数据。DP 主站再请求从站的诊断数据以查明从站是否准备就绪。只有在这些工作完成后，DP 主站才开始循环地与 DP 从站交换用户数据。

DP 从站初始化阶段的主要顺序如图 4-26 所示。

（1）参数数据（Set_Prm）。参数集包括预定给 DP 从站的重要的本地和全局参数、特征和功能。为了规定和组态从站参数，通常使用装有组态工具的 DP 主站来进行。使用直接组态方法，则需填写由组态软件的图形用户接口提供的对话框。使用间接组态方法，则要用组态工具存取当前的参数和有关 DP 从站的 GSD 数据。参数报文的结构包括 EN 50170 标准规定的部分，必要时还包括 DP 从站和制造商特指的部分。参数报文的长度不能超过 244B。以下列出了最重要的参数报文的内容。

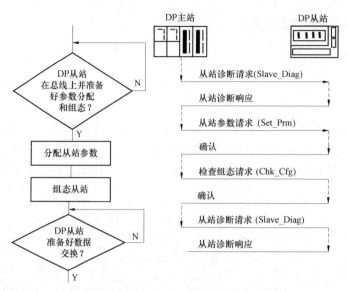

图4-26 DP从站初始化阶段的主要顺序

1）Station Status。Station Status包括与从站有关的功能和设定。例如，它规定定时监视器（Watchdog）是否要被激活。它还规定了是否启用由其他DP主站存取此DP从站，如果在组态时规定有，那么Sync或Freeze控制命令是否与此从站一道被使用。

2）Watchdog。Watchdog（定时监视器，"看门狗"）检查DP主站的故障。如果定时监视器被启用，且DP从站检查出DP主站有故障，则本地输出数据被删除或进入规定的安全状态（替代值被传送给输出）。在总线上运行的一个DP从站，可以带定时监视器，也可以不带。根据总线配置和所选用的传输速率，组态工具建议此总线配置可以使用的定时监视器的时间，请参阅"总线参数"。

3）Ident_Number。DP从站的标识号（Ident_Number）是由PNO在认证时规定的。DP从站的标识号放在此设备的主要文件中。只有当参数报文中的标识号与此DP从站本身的标识号一致时，此DP从站才接收此参数报文。这样就防止了偶尔出现的从站设备的错误参数定义。

4）Group_Ident。Group_Ident可将DP从站分组组合，以便使用Sync和Freeze控制命令。最多可允许组成8组。

5）User_Prm_Data。DP从站参数数据（User_Prm_Data）为DP从站规定了有关应用数据。例如，这可能包括默认设定或控制器参数。

（2）组态数据（Chk_Cfg）。在组态数据报文中，DP主站发送标识符格式给DP从站，这些标识符格式告知DP从站要被交换的输入/输出区域的范围和结构。这些区域（也称"模块"）是按DP主站和DP从站约定的字节或字结构（标识符格式）形式定义的。标识符格式允许指定输入或输出区域，或各模块的输入和输出区域。这些数据区域的大小最多可以有16B/字。当定义组态报文时，必须依据DP从站设备类型考虑下列特性：

1）DP从站有固定的输入和输出区域。

2）依据配置，DP从站有动态的输入/输出区域。

3）DP从站的输入/输出区域由此DP从站及其制造商特指的标识符格式来规定。

那些包括连续的信息而又不能按字节或字结构安排的输入和（或）输出数据区域称为连续的数据。例如，它们包含用于闭环控制器的参数区域或用于驱动控制的参数集。使用特殊的标识符格式（与 DP 从站和制造商有关的）可以规定最多 64B 或字的输入和输出数据区域（模块）。DP 从站可使用的输入、输出域（模块）存放在设备数据库文件（GSD 文件）中。在组态此 DP 从站时它们将由组态工具推荐给用户。

（3）诊断数据（Slave_Diag）。在启动阶段，DP 主站使用请求诊断数据来检查 DP 从站是否存在和是否准备就绪接收参数信息。由 DP 从站提交的诊断数据包括符合 EN 50170 标准的诊断部分。如果有，还包括此 DP 从站专用的诊断信息。DP 从站发送诊断信息告知 DP 主站它的运行状态以及发生出错事件时出错的原因。DP 从站可以使用第 2 层中 high_Priority（高优先权）的 Data_Exchange 响应报文发送一个本地诊断中断给 DP 主站的第 2 层，在响应时 DP 主站请求评估此诊断数据。如果不存在当前的诊断中断，则 Data_Exchange 响应报文具有 Low_Priority（低优先权）标识符。然而，即使没有诊断中断的特殊报告存在，DP 主站也随时可以请求 DP 从站的诊断数据。

（4）用户数据（Data_Exchange）。DP 从站检查从 DP 主站接收到的参数和组态信息。如果没有错误而且允许由 DP 主站请求的设定，则 DP 从站发送诊断数据报告它已为循环地交换用户数据准备就绪。从此时起，DP 主站与 DP 从站交换所组态的用户数据。在交换用户数据期间，DP 从站只对由定义它的参数并组态它的 1 类 DP 主站发来的 Data_Exchange 请求帧报文做出反应。其他的用户数据报文均被此 DP 从站拒绝。这也就是说，只传输有用的数据。

DP 主站与 DP 从站循环交换用户数据如图 4-27 所示。DP 从站报告当前的诊断中断如图 4-28 所示。

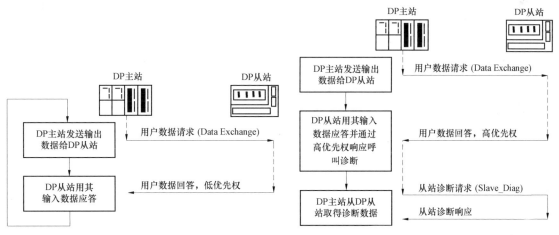

图 4-27　DP 主站与 DP 从站循环地交换用户数据　　　图 4-28　DP 从站报告当前的诊断中断

在图 4-28 中，DP 从站可以使用将应答时的报文服务级别从 Low_Priority（低优先权）改变为 High_priority（高优先权）来告知 DP 主站它当前的诊断中断或现有的状态信息。然后，DP 主站在诊断报文中作出一个由 DP 从站发来的实际诊断或状态信息请求。在获取诊断数据之后，DP 从站和 DP 主站返回到交换用户数据状态。使用请求/响应报文，DP 主站与 DP 从站可以双向交换最多 244B 的用户数据。

4.5.4　PROFIBUS-DP 循环

1. PROFIBUS-DP 循环的结构

单主总线系统中 DP 循环的结构如图 4-29 所示。

一个 DP 循环包括固定部分和可变部分。固定部分由循环报文构成，它包括总线存取控制（令牌管理和站状态）和与 DP 从站的 I/O 数据通信（Data_Exchange）。DP 循环的可变部分由被控事件的非循环报文构成。报文的非循环部分包括下列内容：

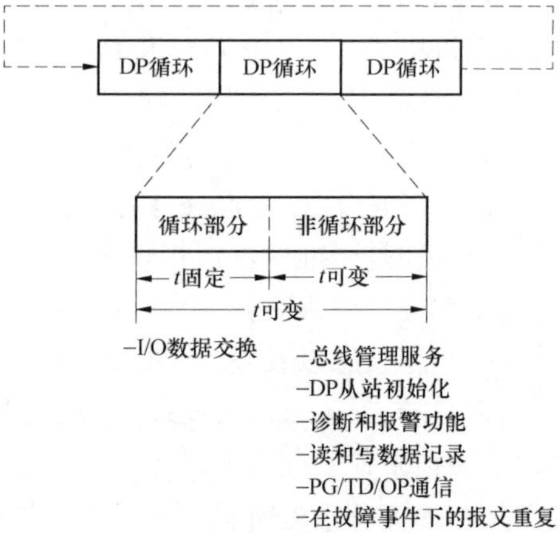

1）DP 从站初始化阶段的数据通信。

2）DP 从站诊断功能。

3）2 类 DP 主站通信。

4）DP 主站和主站通信。

5）非正常情况下（Retry），第 2 层控制的报文重复。

6）与 DPV1 对应的非循环数据通信。

7）PG 在线功能。

8）HMI 功能。

根据当前 DP 循环中出现的非循环报文的多少，相应地增大 DP 循环。这样，一个 DP 循环中总是有固定的循环时间。如果存在，还有被控事件的可变的数个非循环报文。

2. 固定的 PROFIBUS-DP 循环的结构

对于自动化领域的某些应用来说，固定的 DP 循环时间和固定的 I/O 数据交换是有好处的。这特别适用于现场驱动控制。例如，若干个驱动的同步就需要固定的总线循环时间。固定的总线循环常常也称为"等距"总线循环。

与正常的 DP 循环相比较，在 DP 主站的一个固定的 DP 循环期间，保留了一定的时间用于非循环通信。如图 4-30 所示，DP 主站确保这个保留的时间不超时。这只允许一定数量的非循环报文事件。如果此保留的时间未用完，则通过多次给自己发报文的办法直到达到所选定的固定总线循环时间为止，这样就产生了一个暂停时间。这确保所保留的固定总线循环时间精确到微秒。

图 4-29　PROFIBUS-DP 循环的结构

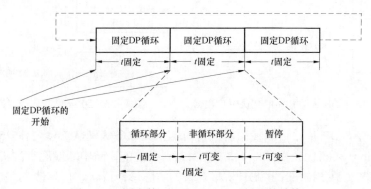

图 4-30　固定的 PROFIBUS-DP 循环的结构

固定的 DP 总线循环的时间用 STEP7 组态软件来指定。STEP7 根据所组态的系统并考虑某些典型的非循环服务部分推荐一个缺省时间值。当然，用户可以修改 STEP7 推荐的固定的总线循环时间值。

固定的 DP 循环时间只能在单主系统中设定。

4.5.5　采用交叉通信的数据交换

交叉通信，也称为"直接通信"，是在 SIMATIC S7 应用中使用 PROFIBUS-DP 的另一种数据通信方法。在交叉通信期间，DP 从站不用 1 对 1 的报文（从→主）响应 DP 主站，而用特殊的 1 对多的报文（从→nnn）。这也就是说，包含在响应报文中的 DP 从站的输入数据不仅对相关的主站可使用，而且也对总线上支持这种功能的所有 DP 节点都可使用。

4.5.6　设备数据库文件（GSD）

PROFIBUS 设备具有不同的性能特征，特性的不同在于现有功能（即 I/O 信号的数量和诊断信息）的不同或可能的总线参数，如波特率和时间的监控不同。这些参数对每种设备类型和每家生产厂商来说均各有差别，为达到 PROFIBUS 简单的即插即用配置，这些特性均在电子数据单中具体说明，有时称为设备数据库文件或 GSD 文件。标准化的 GSD 数据将通信扩大到操作员控制一级，使用基于 GSD 的组态工具可将不同厂商生产的设备集成在一个总线系统中，简单，用户界面友好。

对一种设备类型的特性 GSD 以一种准确定义的格式给出其全面而明确的描述。GSD 文件由生产厂商分别针对每一种设备类型准备并以设备数据库清单的形式提供给用户，这种明确定义的文件格式便于读出任何一种 PROFIBUS-DP 设备的设备数据库文件，并且在组态总线系统时自动使用这些信息。在组态阶段，系统自动地对输入与整个系统有关的数据的输入误差和前后一致性进行检查核对。GSD 分为三部分。

（1）总体说明。其包括厂商和设备名称、软硬件版本情况、支持的波特率、可能的监控时间间隔及总线插头的信号分配。

（2）DP 主设备相关规范。其包括所有只适用于 DP 主设备的参数（如可连接的从设备的最多台数或加载和卸载能力）。从设备没有这些规定。

（3）从设备的相关规范。其包括与从设备有关的所有规定（如 I/O 通道的数量和类型、诊断测试的规格及 I/O 数据的一致性信息）。

每种类型的 DP 从设备和每种类型的 1 类 DP 主设备都有一个标识号。主设备用此标识号识别哪种类型设备连接后不产生协议的额外开销。主设备将所连接的 DP 设备的标识号与在组态数据中用组态工具指定的标识号进行比较，直到具有正确站址的正确的设备类型连接到总线上后，用户数据才开始传输。这可避免组态错误，从而大大提高安全级别。

4.6　PROFIBUS 传输技术

4.6.1　DP/FMS 的 RS-485 传输技术和安装要点

1. 传输技术

由于 DP 与 FMS 系统使用了同样的传输技术和统一的总线访问协议，因而，这两套系统可在同一根电缆上同时操作。RS-485 传输是 PROFIBUS 最常用的一种传输技术，这种技术通常称为 H2，采用的电缆是屏蔽双绞线。RS-485 传输技术的基本特征有：

1）网络拓扑。线性总线，两端有有源的总线终端电阻。

2）传输速率。9.6kbit/s～12Mbit/s。

3）介质。屏蔽双绞电缆，也可取消屏蔽，取决于环境条件（EMC）。

4）站点数。每段 32 个站（不带中继），可多到 127 个站（带中继）。

5）插头连接。最好使用 9 针 D 型插头。

2. 安装要点

全部设备均与总线连接，每个分段上最多可接 32 个站（主站或分段站），每段的头和尾各有一个总线终端电阻，确保操作运行不发生误差。两个总线终端电阻必须永远有电源，当分段站超过 32 个时，必须使用中继器用以连接各总线段，串联的中继器一般不超过 3 个。注意：中继器没有站地址，但被计算机设置在每段的最多站数中。

利用 RS-485 传输技术的 PROFIBUS 网络最好使用 9 针 D 型插头。

当连接各站时，应确保数据线非拧绞，系统在高电磁发射环境（如汽车制造业）下运行时应使用带屏蔽的电缆，这样可提高电磁兼容性（EMC）。

如果使用屏蔽双绞线和屏蔽箔，应在两端与保护接地连接，并通过尽可能的大面积屏蔽接线来覆盖，以保持良好的传导性。另外，建议数据线必须与高压线隔离。

超过 500kbit/s 的数据传输速率时应避免使用短截线，应使用市场上现有的插头可使数据输入和输出电缆直接与插头连接，而且总线插头连接可在任何时候接通或断开而并不中断其他站的数据通信。

4.6.2　PA 的 IEC 1158-2 传输技术和安装要点

1. 传输技术

数据 IEC 1158-2 的传输技术用于 PROFIBUS-PA，能满足石油、化工、冶金等行业的要求。它可保持其本征安全性，并通过总线对现场设备供电。

IEC 1158-2 是一种位同步协议，可进行无电流的连续传输，通常称为 H1。

IEC 1158-2 技术用于 PROFIBUS-PA，其传输以下列原理为依据：每段只有一个电源作为供电装置；当站收发信息时，不向总线供电；每站现场设备所消耗的为常量稳态基本电流；现场设备的作用如同电源的电流吸收装置；主总线两端起无源终端线作用；允许使用总线形、树形和星形网络；为提高可靠性，设计时可用冗余的总线段；为了调制的目的，假设每个站至少需用 10mA 基本电流才能使设备启动。通信信号的发生是通过发送设备的调制，从±9mA 到基本电流之间。

IEC 1158-2 传输技术的特性：

1）数据传输：数字式、位同步、曼彻斯特编码。

2）传输速率：31.25kbit/s，电压式。

3）数据可靠性：前同步信号，采用起始和终止界定符避免误差。

4）电缆：双绞线、屏蔽式或非屏蔽式。

5）远程电源供电：可选附件，通过数据线。

6）防爆型：能进行本征及非本征安全操作。

7）拓扑：总线形或树形，或两者相组合。

8）站数：每段最多 32 个，总数最多为 126 个。

9）中继器：最多可扩展至 4 台。

2. 安装要点

1）分段耦合器将 IEC 1158-2 传输技术总线段与 RS-485 传输技术总线段连接。耦合器使 RS-485 信号与 IEC 1158-2 信号相适配。它们为现场设备的远程电源供电，供电装置可限制 IEC 1158-2 总线的电流和电压。

2）PROFIBUS-PA 的网络拓扑有树形和总线形结构，或是两种拓扑的混合。

3）现场配电箱仍继续用来连接现场设备并放置总线终端电阻器。采用树形结构时连在现场总线分段的全部现场设备都并联地接在现场配电箱上。

4）建议使用下列电缆，也可使用更粗截面导体的其他电缆。

a）电缆设计：双绞线屏蔽电缆。

b）导线面积（额定值）：0.8mm^2（AWG18）。

c）回路电阻（直流）：$44\Omega/\text{km}$。

d）阻抗（31.25kHz 时）：100Ω。

e）39kHz 时衰减：3dB/km。

f）电容不平衡度：2μF/km。

5）主总线电缆的两端各有一个无源终端器，内有串联的 RC 元件，$R = 100\,\Omega$，$C = 1\,\mu\text{F}$。当总线站极性反向连接时，它对总线的功能不会有任何影响。

6）连接到一个段上的站点数最多是 32 个。如果使用本征安全及总线供电，站点数将进一步受到限制，即使不需要本征安全，远程供电装置电源也要受到限制。

7）外接电源：如果外接电源设备，根据 EN500200 标准带有适当的隔离装置，将总线供电设备与外接电源设备连在本征安全总线上是允许的。

4.6.3　光纤传输技术

PROFIBUS 系统在电磁干扰很大的环境下应用时，可使用光纤导体以增加高速传输的距离；可使用两种光纤导体，一种是价格低廉的塑料纤维导体，供距离小于 50m 情况下使用，另一种是玻璃纤维导体，供距离大于 1km 情况下使用。

许多厂商提供专用总线插头可将 RS-485 信号转换成光纤信号或将光纤信号转换成 RS-485 信号。

4.7　PROFIBUS-DP 从站通信控制器 SPC3

4.7.1　ASICs 介绍

西门子为 PLC 之间简单高速的数字通信提供用户 ASICs。参照 PROFIBUS DIN 19245 第一部分和第三部分设计的这些 ASICs，支持并可以完全处理 PLC 站之间的数据通信。

下列的 ASICs 与微处理器结合可提供智能从站的解决方案。

SPC（Siemens PROFIBUS Controller）的设计基于 OSI 参考模型的第一层，需要附加一个微处理器用于实现第二层和第七层的功能。

SPC2 中已经集成了第二层的执行总线协议的部分，附加微处理器执行第二层的其余功能（即接口服务和管理）。

ASPC2 已经集成了第二层的大部分功能，但仍需要微处理器。可以支持 12Mbaud 总线。主要用于复杂的主站设计。

SPC3 由于集成了全部 PROFIBUS_DP 协议,有效地减轻了处理器的压力,因此可用于 12Mbaud 总线。

SPC4 支持 DP,FMS 和 PA 协议类型,且可以工作于 12Mbaud 总线。

然而,在自动化工程领域也有一些简单的设备,如:开关、热元件,不需要微处理器记录它们的状态。另一种称为 LSPM2(Lean Siemens PROFIBUS Multiplexer)/SPM2 的 ASICs 是适应这些设备的低成本改造。这两种 ASIC 都可以作为总线系统上的从站(根据 DIN E 19245 T3),工作在 12Mbaud 总线。主站在七层模型的第二层寻址这些 ASICs,两个 ASICs 收到正确的报文后,自动生成所要求的响应报文。

LSPM2 与 SPM2 有相同的功能,只是减少了 I/O 端口和诊断端口的数量。

4.7.2　SPC3 功能简介

SPC3 为 PROFIBUS 智能从站提供了廉价的配置方案,可支持多种处理器。与 SPC2 相比,SPC3 存储器内部管理和组织有所改进,并支持 PROFIBUS_DP。

SPC3 只集成了传输技术的部分功能,而没有集成模拟功能(RS-485 驱动器)、FDL(现场总线数据链路 Fieldbus Data Link)传输协议。它支持接口功能、FMA 功能和整个 DP 从站协议(USIF:用户接口让用户很容易访问第二层)。第二层的其余功能(软件功能和管理)需要通过软件来实现。

SPC3 内部集成了 1.5KB 的双口 RAM 作为 SPC3 与软件/程序的接口。整个 RAM 被分为 192 段,每段 8B。用户寻址由内部 MS(Microsequencer)通过基址指针(Base-Pointer)来实现。基址指针可位于存储器的任何段。所以,任何缓存都必须位于段首。

如果 SPC3 工作在 DP 方式下,SPC3 将自动完成所有的 DP-SAPs 的设置。在数据缓冲区生成各种报文(如参数数据和配置数据),为数据通信提供三个可变的缓存器:两个输出,一个输入。通信时经常用到变化的缓存器,因此不会发生任何资源问题。SPC3 为最佳诊断提供两个诊断缓存器,用户可存入刷新的诊断数据。在这一过程中,有一诊断缓存总是分配给 SPC3。

总线接口是一参数化的 8 位同步/异步接口,可使用各种 Intel 和 Motorola 处理器/微处理器。用户可通过 11 位地址总线直接访问 1.5KB 的双口 RAM 或参数存储器。

处理器上电后,程序参数(站地址、控制位等)必须传送到参数寄存器和方式寄存器。

任何时候状态寄存器都能监视 MAC 的状态。

各种事件(诊断、错误等)都能进入中断寄存器,通过屏蔽寄存器使能,然后通过响应寄存器响应。SPC3 有一个共同的中断输出。

看门狗定时器有 Baud_Search、Baud_Control、Dp_Control 三种状态。

微顺序控制器(MS)控制整个处理过程。

程序参数(缓存器指针、缓存器长度、站地址等)和数据缓存器包含在内部 1.5KB 双口 RAM 中。

在 UART 中,并行、串行数据相互转换,SPC3 能自动调整波特率。

空闲定时器(Idle Timer)直接控制串行总线的时序。

4.7.3　SPC3 引脚说明

SPC3 为 44 引脚 PQFP 封装,引脚说明见表 4-3。

表 4-3　　　　　　　　　　　　　　　SPC3 引 脚 说 明

引脚	引脚名称	描　　述			源/目的
1	XCS	片选	C32 方式：接 U_{DD}		CPU（80C165）
			C165 方式：片选信号		
2	XWR/E_Clock	写信号/EI_CLOCK　对 Motorola 总线时序			CPU
3	DIVIDER	设置 CLKOUT2/4 的分频系数 低电平表示 4 分频			
4	XRD/R_W	读信号/Read_Write　Motorola			CPU
5	CLK	时钟脉冲输入			系统
6	VSS	地			
7	CLKOUT2/4	2 或 4 分频时钟脉冲输出			系统，CPU
8	XINT/MOT	<log> 0＝Intel 接口 <log> 1＝Motorola 接口			系统
9	X/INT	中断			CPU，中断控制
10	AB10	地址总线	C32 方式：<log>0 C165 方式：地址总线		
11	DB0	数据总线	C32 方式：数据/地址复用 C165 方式：数据/地址分离		CPU，存储器
12	DB1				
13	XDATAEXCH	PROFIBUS－DP 的数据交换状态			LED
14	XREADY/XDTACK	外部 CPU 的准备好信号			系统，CPU
15	DB2	数据总线	C32 方式：数据/地址复用 C165 方式：数据/地址分离		CPU，存储器
16	DB3				
17	VSS	地			
18	VDD	电源			
19	DB4	数据总线	C32 方式：数据/地址复用 C165 方式：数据/地址分离		CPU，存储器
20	DB5				
21	DB6				
22	DB7				
23	MODE	<log> 0＝80c166 数据/地址总线分离；准备信号 <log> 1＝80c32 数据/地址总线复用；固定定时			系统
24	ALE/AS	地址锁存使能	C32 方式：ALE C165 方式：<LOG>0		CPU（80C32）
25	AB9	地址总线	C32 方式：<LOG>0 C165 方式：地址总线		CPU（C165），存储器
26	TXD	串行发送端口			RS－485 发送器
27	RTS	请求发送			RS－485 发送器
28	VSS	地			
29	AB8	地址总线	C32 方式：<LOG>0 C165 方式：地址总线		
30	RXD	串行接收端口			RS－485 接收器

引脚	引脚名称	描　述	源/目的
31	AB7	地址总线	系统，CPU
32	AB6	地址总线	系统，CPU
33	XCTS	清除发送<LOG>0=发送使能	FSK Modem
34	XTEST0	必须接 VDD	
35	XTEST1	必须接 VDD	
36	RESET	接 CPU RESET 输入	
37	AB4	地址总线	系统，CPU
38	VSS	地	
39	VDD	电源	
40	AB3	地址总线	系统，CPU
41	AB2	地址总线	系统，CPU
42	AB5	地址总线	系统，CPU
43	AB1	地址总线	系统，CPU
44	AB0	地址总线	系统，CPU

注　1. 所有以 X 开头的信号低电平有效；

　　2. VDD 接+5V，VSS 接 GND。

4.7.4　SPC3 存储器分配

SPC3 内部 1.5KB 双口 RAM 的分配见表 4-4。

表 4-4　　　　　　　　　　　　　　SPC3 内 存 分 配

地　址	功　能	
000H	处理器参数锁存器/寄存器（22B）	内部工作单元
016H	组织参数（42B）	
040H · · · · 5FFH	DP 缓存器　　Data In(3)* 　　　　　　　Data Out(3)** 　　　　　　　Diagnostics(2) 　　　　　　　Parameter Setting Data(1) 　　　　　　　Configuration Data(2) 　　　　　　　Auxiliary Buffer(2) 　　　　　　　SSA-Buffer(1)	

注　HW 禁止超出地址范围，也就是如果用户写入或读取超出存储器末端，用户将得到一新的地址，即原地址减去 400H。禁止覆盖处理器参数，在这种情况下，SPC3 产生一访问中断。如果由于 MS 缓冲器初始化有误导致地址超出范围，也会产生这种中断。

*　Date In 指数据由 PROFIBUS 从站到主站。

**　Date Out 指数据由 PROFIBUS 主站到从站。

内部锁存器/寄存器位于前 22B，用户可以读取或写入。一些单元只读或只写，用户不能访问的内部工作单元也位于该区域。

组织参数位于以 16H 开始的单元，这些参数影响整个缓存区（主要是 DP-SAPs）的使用。另外，一般参数（站地址、标识号等）和状态信息（全局控制命令等）都存储在这些单元中。

与组织参数的设定一致，用户缓存（User-Generated Buffer）位于 40H 开始的单元，所有的缓存器都开始于段地址。

SPC3 的整个 RAM 被划分为 192 段，每段包括 8B，物理地址是按 8 的倍数建立的。

1. 处理器参数（锁存器/寄存器）

这些单元只读或只写，在 Motorola 方式下 SPC3 访问 00H~07H 单元（字寄存器），将进行地址交换。也就是高低字节交换。内部参数锁存器分配见表 4-5 和表 4-6。

表 4-5　　　　　　　　　　　内部参数锁存器分配（读）

地址（Intel/Motorola）		名称	位号	说明（读访问）
00H	01H	Int_Req_Reg	7..0	中断控制寄存器
01H	00H	Int_Req_Reg	15..8	
02H	03H	Int_Reg	7..0	
03H	02H	Int_Reg	15..8	
04H	05H	Status_Reg	7..0	状态寄存器
05H	04H	Status_Reg	15..8	状态寄存器
06H	07H	Reserved		保留
07H	06H			
	08H	Din_Buffer_SM	7..0	Dp_Din_Buffer_State_Machine 缓存器设置
	09H	New_DIN_Buffer_Cmd	1..0	用户在 N 状态下得到可用的 DP Din 缓存器
	0AH	DOUT_Buffer_SM	7..0	DP_Dout_Buffer_State_Machine 缓存器设置
	0BH	Next_DOUT_Buffer_Cmd	1..0	用户在 N 状态下得到可用的 DP Dout 缓存器
	0CH	DIAG_Buffer_SM	3..0	DP_Diag_Buffer_State_Machine 缓存器设置
	0DH	New_DIAG_Buffer_Cmd	1..0	SPC3 中用户得到可用的 DP Diag 缓存器
	0EH	User_Prm_Data_OK	1..0	用户肯定响应 Set_Param 报文的参数设置数据
	0FH	User_Prm_Data_NOK	1..0	用户否定响应 Set_Param 报文的参数设置数据
	10H	User_Cfg_Data_OK	1..0	用户肯定响应 Check_Config 报文的配置数据
	11H	User_Cfg_Data_NOK	1..0	用户否定响应 Check_Config 报文的配置数据
	12H	Reserved		保留
	13H	Reserved		保留
	14H	SSA_Bufferfreecmd		用户从 SSA 缓存器中得到数据并重新使该缓存使能
	15H	Reserved		保留

表 4-6 内部参数锁存器分配（写）

地址（Intel/Motorola）		名称	位号	说明（写访问）
00H	01H	Int_Req_Reg	7..0	中断控制寄存器
01H	00H	Int_Req_Reg	15..8	
02H	03H	Int_Ack_Reg	7..0	
03H	02H	Int_Ack_Reg	15..8	
04H	05H	Int_Mask_Reg	7..0	
05H	04H	Int_Mask_Reg	15..8	
06H	07H	Mode_Reg0	7..0	对每位设置参数
07H	06H	Mode_Reg0_S	15..8	
08H		Mode_Reg1_S	7..0	
09H		Mode_Reg1_R	7..0	
0AH		WD Baud Ctrl Val	7..0	波特率监视基值（Root Value）
0BH		MinTsdr_Val	7..0	从站响应前应该等待的最短时间
0CH		保留		
0DH				
0EH				
0FH		保留		
10H				
11H				
12H				
13H				
14H				
15H				

2. 组织参数（RAM）

用户把组织参数存储在特定的内部 RAM 中，用户可读也可写。组织参数说明见表 4-7。

表 4-7 组 织 参 数 说 明

地址（Intel/Motorola）		名称	位号	说 明
16H		R_TS_Adr	7..0	设置 SPC3 相关从站地址
17H		保留		默认为 0FFH
18H	19H	R_User_WD_Value	7..0	16 位看门狗定时器的值，DP 方式下监视用户
19H	18H	R_User_WD_Value	15..8	
1AH		R_Len_Dout_Buf		3 个输出数据缓存器的长度
1BH		R_Dout_Buf_Ptr1		输出数据缓存器 1 的段基值
1CH		R_Dout_Buf_Ptr2		输出数据缓存器 2 的段基值
1DH		R_Dout_Buf_Ptr3		输出数据缓存器 3 的段基值
1EH		R_Len_Din_Buf		3 个输入数据缓存器的长度
1FH		R_Din_Buf_Ptr1		输入数据缓存器 1 的段基值
20H		R_Din_Buf_Ptr2		输入数据缓存器 2 的段基值

续表

地址（Intel/Motorola）	名称　　　　　　　　　　位号	说　　明
21H	R_Din_Buf_Ptr3	输入数据缓存器 3 的段基值
22H	保留	默认为 00H
23H	保留	默认为 00H
24H	R Len Diag Bufl	诊断缓存器 1 的长度
25H	R_Len Diag Buf2	诊断缓存器 2 的长度
26H	R_Diag_Buf_Ptr1	诊断缓存器 1 的段基值
27H	R_Diag_Buf_Ptr2	诊断缓存器 2 的段基值
28H	R_Len_Cntrl Bufl	辅助缓存器 1 的长度，包括控制缓存器，如 SSA_Buf、Prm_Buf、Cfg_Buf、Read_Cfg_Buf
29H	R_Len_Cntrl_Buf2	辅助缓存器 2 的长度，包括控制缓存器，如 SSA_Buf、Prm_Buf、Cfg_Buf、Read_Cfg_Buf
2AH	R_Aux_Buf_Sel	Aux_buffers1/2 可被定义为控制缓存器，如 SSA_Buf、Prm_Buf、Cfg_Buf
2BH	R_Aux_Buf_Ptr1	辅助缓存器 1 的段基值
2CH	R_Aux_Buf_Ptr2	辅助缓存器 2 的段基值
2DH	R_Len_SSA_Data	在 Set_Slave_Address_Buffer 中输入数据的长度
2EH	R_SSA_Buf_Ptr	Set_Slave_Address_Buffer 的段基值
2FH	R_Len_Prm_Data	在 Set_Param_Buffer 中输入数据的长度
30II	R_Prm_Buf_Ptr	Set_Param_Buffer 段基值
31H	R_Len_Cfg_Data	在 Check_Config_Buffer 中的输入数据的长度
32H	R Cfg Buf Ptr	Check_Config_Buffer 段基值
33H	R_Len_Read_Cfg_Data	在 Get_Config_Buffer 中的输入数据的长度
34H	R_Read_Cfg_Buf_Ptr	Get_Config_Buffer 段基值
35H	保留	默认 00H
36H	保留	默认 00H
37H	保留	默认 00H
38H	保留	默认 00H
39H	R_Real_No_Add_Change	这一参数规定了 DP 从站地址是否可改变
3AH	R_Ident_Low	标识号低位的值
3BH	R_Ident_High	标识号高位的值
3CH	R_GC_Command	最后接收的 Global_Control_Command
3DH	R_Len_Spec_Prm_Buf	如果设置了 Spec_Prm_Buffer_Mode（参见方式寄存器 0），这一单元定义为参数缓存器的长度

4.7.5 PROFIBUS–DP 接口

下面是 DP 缓存器结构。

DP_Mode=1 时，SPC3 DP 方式使能。在这种过程中，下列 SAPs 服务于 DP 方式。

Default SAP：数据交换（Write_Read_Data）

SAP53：保留

SAP55：改变站地址（Set_Slave_Address）

SAP56：读输入（Read_Inputs）

SAP57：读输出（Read_Outputs）

SAP58：DP 从站的控制命令（Global_Control）

SAP59：读配置数据（Get_Config）

SAP60：读诊断信息（Slave_Diagnosis）

SAP61：发送参数设置数据（Set_Param）

SAP62：检查配置数据（Check_Config）

DP 从站协议完全集成在 SPC3 中，并独立执行。用户必须相应地参数化 ASIC，处理和响应传送报文。除了 Default SAP、SAP56、SAP57 和 SAP58，其他的 SAPs 一直使能，这四个 SAPs 在 DP 从站状态机制进入数据交换状态才使能。用户也可以使 SAP55 无效，这时相应的缓存器指针 R_SSA_Buf_Ptr 设置为 00H。在 RAM 初始化时已描述过使 DDB 单元无效。

用户在离线状态下配置所有的缓存器（长度和指针），在操作中除了 Dout/Din 缓存器长度外，其他的缓存配置不可改变。

用户在配置报文以后（Check_Config），等待参数化时，仍可改变这些缓存器。在数据交换状态下只可接收相同的配置。

输出数据和输入数据都有三个长度相同的缓存器可用，这些缓存器的功能是可变的。一个缓存器分配给 D（数据传输），一个缓存器分配给 U（用户），第三个缓存器出现在 N（Next State）或 F（Free State）状态，然而其中一个状态不常出现。

两个诊断缓存器长度可变。一个缓存器分配给 D，用于 SPC3 发送数据；另一个缓存器分配给 U，用于准备新的诊断数据。

SPC3 首先将不同的参数设置报文（Set_Slave_Address 和 Set_Param）和配置报文（Check_Config），读取到辅助缓存 1 和辅助缓存 2 中。

与相应的目标缓存器交换数据（SSA 缓存器，PRM 缓存器，CFG 缓存器）时，每个缓存器必须有相同的长度，用户可在 R_Aux_Puf_Sel 参数单元定义使用哪一个辅助缓存。辅助缓存器 1 一直可用，辅助缓存器 2 可选。如果 DP 报文的数据不同，比如设置参数报文长度大于其他报文，则使用辅助缓存器 2（Aux_Sel_Set_Param=1），其他的报文则通过辅助缓存器 1 读取（Aux_Sel_Set_Param）。如果缓存器太小，SPC3 将响应"无资源"。

用户可用 Read_Cfg 缓存器读取 Get_Config 缓存中的配置数据，但二者必须有相同的长度。

在 D 状态下可从 Din 缓存器中进行 Read_Input_Data 操作。在 U 状态下可从 Dout 缓存中进行 Read_Output_Data 操作。

由于 SPC3 内部只有 8 位地址寄存器，因此所有的缓存器指针都是 8 位段地址。访问 RAM

时，SPC3 将段地址左移 3 位与 8 位偏移地址相加（得到 11 位物理地址）。关于缓存器的起始地址，这 8B 是明确规定的。

4.7.6　通用处理器总线接口

SPC3 有一个 11 位地址总线的并行 8 位接口。SPC3 支持基于 Intel 的 80C51/52（80C32）处理器和微处理器、Motorola 的 HC11 处理器和微处理器，Siemens 80C166、Intel X86、Motorola HC16 和 HC916 系列处理器和微处理器。由于 Motorola 和 Intel 的数据格式不兼容，SPC3 在访问以下 16 位寄存器（中断寄存器、状态寄存器、方式寄存器 0）和 16 位 RAM 单元（R_User_Wd_Value）时，自动进行字节交换。这就使 Motorola 处理器能够正确读取 16 位单元的值。通常对于读或写，要通过两次访问完成（8 位数据线）。

由于使用了 11 位地址总线，SPC3 不再与 SPC2（10 位地址总线）完全兼容。然而，SPC2 的 XINTCI 引脚在 SPC3 的 AB10 引脚处，且这一引脚至今未用。而 SPC3 的 AB10 输入端有一内置下拉电阻。如果 SPC3 使用 SPC2 硬件，用户只能使用 1KB 的内部 RAM。否则，AB10 引脚必须置于相同的位置。

总线接口单元（BIU）和双口 RAM 控制器（DPC）控制着 SPC3 处理器内部 RAM 的访问。

另外，SPC3 内部集成了一个时钟分频器，能产生 2 分频（DIVIDER=1）或 4 分频（DIVIDER=0）输出，因此，不需附加费用就可实现与低速控制器相连。SPC3 的时钟脉冲是 48MHz。

1. 总线接口单元（BIU）

BIU 是连接处理器/微处理器的接口，有 11 位地址总线，是同步或异步 8 位接口。接口配置由 2 个引脚（XINT/MOT 和 MODE）决定，XINT/MOT 引脚决定连接的处理器系列（总线控制信号，如：XWR，XRD，R_W 和数据格式），MODE 引脚决定同步或异步。

在 C32 方式下必须使用内部锁存器和内部译码器。

2. 双口 RAM 控制器

SPC3 内部 1.5KB 的 RAM 是单口 RAM。然而，由于内部集成了双口 RAM 控制器，允许总线接口和处理器接口同时访问 RAM。此时，总线接口具有优先权。从而使访问时间最短。如果 SPC3 与异步接口处理器相连，SPC3 产生 Ready 信号。

3. 接口信号

在复位期间，数据输出总线呈高阻状态。微处理器总线接口信号见表 4-8。

表 4-8　　　　　　　　　　　　　　微处理器总线接口信号

名称	输入/输出	类型	说　明
DB（7..0）	I/O	Tristate	复位时高阻
AB（10..0）	I		AB10 带下拉电阻
MODE	I		设置：同步/异步接口
XWR/E_CLOCK	I		Intel：写/Motorola：E_CLK
XRD/R_W	I		Intel：读/Motorola：读/写

名称	输入/输出	类型	说　明
XCS	I		片选
ALE/AS	I		Intel/Motorola：地址锁存允许
DIVIDER	I		CLKOUT2/4 的分频系数 2/4
X/INT	O	Tristate	极性可编程
XRDY/XDTACK	O	Tristate	Intel/Motorola：准备好信号
CLK	I		48MHz
XINT/MOT	I		设置：Intel/Motorola 方式
CLKOUT2/4	O	Tristate	24/12MHz
RESET	I	Schmitt－trigger	最少 4 个时钟周期

4.7.7　SP3 的 UART 接口

发送器将并行数据结构转变为串行数据流。在发送第一个字符之前，产生 Request－to－Send（RTS）信号，XCTS 输入端用于连接调制器。RTS 激活后，发送器必须等到 XCTS 激活后才发送第一个报文字符。

接收器将串行数据流转换成并行数据结构，并以 4 倍的传输速率扫描串行数据流。为了测试，可关闭停止位（方式寄存器 0 中 DIS_STOP_CONTROL＝1 或 DP 的 Set_Param_Telegram 报文），PROFIBUS 协议的一个要求是报文字符之间不允许出现其他状态，SPC3 发送器保证满足此规定。通过 DIS_START_CONTROL＝1（模式寄存器 0 或 DP 的 Set_Param 报文中），关闭起始位测试。

4.7.8　PROFIBUS 接口

PROFIBUS 接口数据通过 RS－485 传输，SPC3 通过 RTS、TXD、RXD 引脚与电流隔离接口驱动器相连。PROFIBUS－DP 的 RS－485 传输接口电路如图 4－31 所示。

PROFIBUS 接口是一带有下列引脚的 9 针 D 型接插件，引脚定义如下：

引脚 1：Free；

引脚 2：Free；

引脚 3：B 线；

引脚 4：请求发送（RTS）；

引脚 5：5V 地（M5）；

引脚 6：5V 电源（P5）；

引脚 7：Free；

引脚 8：A 线；

引脚 9：Free。

必须使用屏蔽线连接插件，根据 DIN 19245, Free pin 可选用。如果使用，必须符合 DIN 19245－3 标准。

在图 4－31 中，M、2M 为不同的电源地，P5、2P5 为两组不共地的 ＋5V 电源。74HC132 为施密特与非门。

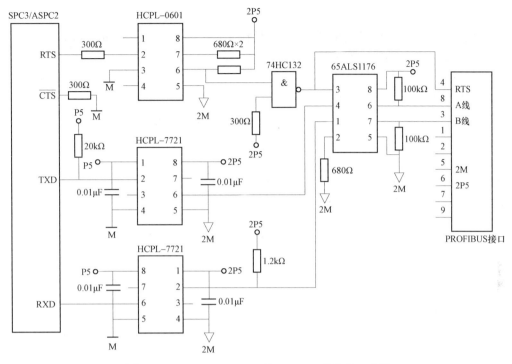

图 4-31　PROFIBUS-DP 的 RS-485 传输接口电路

4.8　主站通信控制器 ASPC2 与网络接口卡

4.8.1　ASPC2 介绍

ASPC2 是 SIEMENS 公司生产的主站通信控制器,该通信控制器可以完全处理 PROFIBUS EN 50170 的第一层和第二层,同时 ASPC2 还为 PROFIBUS-DP 和使用段耦合器的 PROFIBUS-PA 提供一个主站。

ASPC2 通信控制器用作一个 DP 主站时需要庞大的软件(约 64KB),软件使用要有许可证且需要支付费用。

如此高度集成的控制芯片可以用于制造业和过程工程中。

对于可编程控制器、个人计算机、电机控制器、过程控制系统直至下面的操作员监控系统来说,ASPC2 有效地减轻了通信任务。

PROFIBUS ASIC 可用于从站应用,链接低级设备(如控制器、执行器、测量变送器和分散 I/O 设备)。

1. ASPC2 通信控制器的特性

1)单片支持 PROFIBUS-DP、PROFIBUS-FMS 和 PROFIBUS-PA。

2)用户数据吞吐量高。

3)支持 DP 在非常快的反应时间内通信。

4)所有令牌管理和任务处理。

5)与所有普及的处理器类型优化连接,无需在处理器上安置时间帧。

2. ASPC2 与主机接口

1）处理器接口，可设置为 8/16 位，可设置为 Intel/Motorola Byte Ordering。

2）用户接口，ASPC2 可外部寻址 1MB 作为共享 RAM。

3）存储器和微处理器可与 ASIC 连接为共享存储器模式或双口存储器模式。

4）在共享存储器模式下，几个 ASIC 共同工作等价于一个微处理器。

3. 支持的服务

1）标识。

2）请求 FDL 状态。

3）不带确认发送数据（SDN）广播或多点广播。

4）带确认发送数据（SDA）。

5）发送和请求数据带应答（SRD）。

6）SRD 带分布式数据库（ISP 扩展）。

7）SM 服务（ISP 扩展）。

4. 传输速率

1）9.6、19.2、93.75、187.5、500kbit/s。

2）1.5、3、6、12Mbit/s。

5. 响应时间

1）短确认（如 SDA）：From 1ms（11bit times）；

2）典型值（如 SDR）：From 3ms。

6. 站点数

1）最大期望值 127 主站或从站。

2）每站 64 个服务访问点（SAP）及一个默认 SAP。

7. 传输方法依据

1）EN 50170 PROFIBUS 标准，第一部分和第三部分。

2）ISP 规范 3.0（异步串行接口）。

8. 环境温度

1）工作温度：-40～+85℃。

2）存放温度：-65～+150℃。

3）工作期间芯片温度：-40～+125℃。

物理设计物理设计采用 100 引脚的 P-MQFP 封装。

4.8.2　CP5611 网络接口卡

CP5611 是 SIEMENS 公司推出的网络接口卡，购买时需另附软件使用费。用于工控机连接到 PROFIBUS 和 SIMATIC S7 的 MPI。支持 PROFIBUS 的主站和从站、PG/OP、S7 通信。OPC Server 软件包已包含在通信软件供货，但是需要 SOFTNET 支持。

1. CP5611 网络接口卡主要特点

CP5611 网络接口卡主要特点如下。

1）不带有微处理器。

2）经济的 PROFIBUS 接口：

a）1 类 PROFIBUS_DP 主站或 2 类 SOFTNET-DP 进行扩展。

b）PROFIBUS_DP 从站与 softnet DP 从站。

c）带有 softnet S7 的 S7 通信。

3）OPC 作为标准接口。

4）CP5611 是基于 PCI 总线的 PROFIBUS-DP 网络接口卡，可以插在 PC 机及其兼容机的 PCI 总线插槽上，在 PROFIBUS-DP 网络中作为主站或从站使用。

5）作为 PC 机上的编程接口，可使用 NCM PC 和 STEP 7 软件。

6）作为 PC 机上的监控接口，可使用 WinCC、Fix、组态王、力控等。

7）支持的通信速率最大为 12Mbit/s。

8）设计可用于工业环境。

2. CP5611 与从站通信的过程

当 CP5611 作为网络上的主站时，CP5611 通过轮询方式与从站进行通信。这就意味着主站要想和从站通信，首先发送一个请求数据帧，从站得到请求数据帧后，向主站发送一响应帧。请求帧包含主站给从站的输出数据，如果当前没有输出数据，则向从站发送一空帧。从站必须向主站发送响应帧，响应帧包含从站给主站的输入数据，如果没有输入数据，也必须发送一空帧，才完成一次通信。通常按地址增序轮询所有的从站，当与最后一个从站通信完以后，接着再进行下一个周期的通信。这样就保证所有的数据（包括输出数据、输入数据）都是最新的。

主要报文有令牌报文，固定长度没有数据单元的报文，固定长度带数据单元的报文，变数据长度的报文。

4.9　PROFIBUS-DP 从站的设计

从站的设计分两种，一种就是利用现成的从站接口模块如 IM183、IM184 开发，这时只要通过 IM183/184 上的接口开发就行了。另一种则是利用芯片进行深层次的开发。对于简单的开发如远程 IO 测控，用 LSPM 系列就能满足要求，但是如果开发一个比较复杂的智能系统，那么最好选择 SPC3，下面介绍采用 SPC3 进行 PROFIBUS-DP 从站的开发过程。

4.9.1　PROFIBUS-DP 从站的硬件设计

SPC3 通过一块内置的 1.5KB 双口 RAM 与 CPU 接口，它支持多种 CPU，包括 Intel、Siemens、Motorola 等。

SPC3 与 AT89S52 CPU 的接口电路如图 4-32 所示。

在图 4-32 中，光电隔离及 RS-485 驱动部分可采用图 4-31 所示的电路。

SPC3 中双口 RAM 的地址为 1000H～15FFH。

4.9.2　PROFIBUS-DP 从站的软件设计

SPC3 的软件开发难点是在系统初始化时对其 64B 的寄存器进行配置，这个工作必须与设备的 GSD 文件相符。否则将会导致主站对从站的误操作。这些寄存器包括输入、输出、诊断、参数等缓存区的基地址，以及大小等，用户可在器件手册中找到具体的定义。当设备初始化完成后，芯片开始进行波特率扫描，为了解决现场环境与电缆延时对通信的影响，Siemens 所有 PROFIBUS ASICs 芯片都支持波特率自适应，当 SPC3 加电或复位时，它将自己的波特率设置最高，如果设定的时间内没有接收到三个连续完整的包，则将它的波特率调低一个档

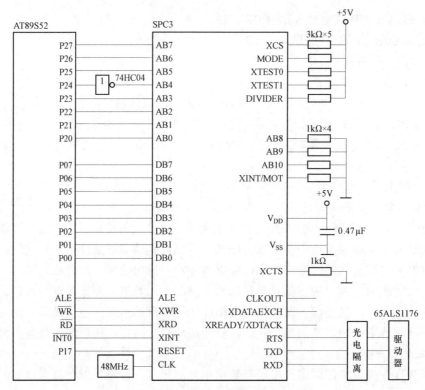

图 4-32 SPC3 与 AT89S52 的接口电路

次并开始新的扫描，直到找到正确的波特率为止。当 SPC3 正常工作时，它会进行波特率跟踪，如果接收到一个给自己的错误包，它会自动复位并延时一个指定的时间再重新开始波特率扫描，同时它还支持对主站回应超时的监测。当主站完成所有轮询后，如果还有多余的时间，它将开始通道维护和新站扫描，这时它将对新加入的从站进行参数化，并对其进行预定的控制。

SPC3 完成了物理层和数据链路层的功能，与数据链路层的接口是通过服务存取点来完成的，SPC3 支持 10 种服务，这些服务大部分都由 SPC3 来自动完成，用户只能通过设置寄存器来影响它。SPC3 是通过中断与单片微控制器进行通信的，但是单片微控制器的中断显然不够用，所以 SPC3 内部有一个中断寄存器，当你接收到中断后再去寄存器查中断号来确定具体操作。

在开发包 4 中有 SPC3 接口单片微控制器的 C 源代码（Keil C51 编译器），用户只要对其做少量改动就可在项目中运用。从站的代码共有四个文件，分别是 Userspc3.c、Dps2spc3.c、Intspc3.c、Spc3dps2.h，其中 Userspc3.c 是用户接口代码，所有的工作就是找到标有 example 的地方将用户自己的代码放进去，其他接口函数源文件和中断源文件都不必改。如果认为 6KB 的通信代码太大的话，也可以根据 SPC3 的器件手册写自己的程序，当然这样是比较花时间的。

在开发完从站后一定要记住 GSD 文件要与从站类型相符，比方说，从站是不许在线修改从站地址的，但是 GSD 文件是：

Set_Slave_Add_supp=1（意思是支持在线修改从站地址）

那么在系统初始化时，主站将参数化信息送给从站，从站的诊断包则会返回一个错误代码 Diag.Not_Supported Slave doesn't support requested function。

习　题

1. PROFIBUS 现场总线由哪几部分组成？

2. PROFIBUS 现场总线有哪些主要特点？

3. PROFIBUS-DP 现场总线有哪几个版本？

4. 说明 PROFIBUS-DP 总线系统的组成结构。

5. 简述 PROFIBUS-DP 系统的工作过程。

6. PROFIBUS-DP 的物理层支持哪几种传输介质？

7. 画出 PROFIBUS-DP 现场总线的 RS-485 总线段结构。

8. 说明 PROFIBUS-DP 用户接口的组成。

9. 什么是 GSD 文件？它主要由哪几部分组成？

10. PROFIBUS-DP 协议实现方式有哪几种？

11. SPC3 与 INTEL 总线 CPU 接口时，其 XINT/MOT 和 MODE 引脚如何配置？

12. SPC3 是如何与 CPU 接口的？

13. 简述 PROFIBUS-DP 从站的状态机制。

14. CP5611 板卡的功能是什么？

15. PROFIBUS-DP 的从站为 80B 输入和 8B 输出，设置 3 个输入/输出数据缓存器的长度和 3 个输入/输出数据缓存器的段基址。

16. DP 从站初始化阶段的主要顺序是什么？

第 5 章 CC-Link 现场总线

5.1 CC-Link 现场网络概述

5.1.1 CC-Link 现场网络的组成与特点

CC-Link 现场总线由 CC-Link、CC-Link/LT、CC-Link Safety、CC-Link IE Control、CC-Link IE Field、SLMP 组成。

CC-Link 协议已经获得许多国际和国家标准认可，如：

1）国际标准化组织 ISO15745（应用集成框架）。

2）IEC 国际组织 61784/61158（工业现场总线协议的规定）。

3）SEMIE54.12。

4）中国国家标准 GB/T 19780。

5）韩国工业标准 KSB ISO 15745-5。

CC-Link 网络层次结构如图 5-1 所示。

（1）CC-Link 是基于 RS-485 的现场网络。CC-Link 提供高速、稳定的输入/输出响应，并具有优越的灵活扩展潜能。

1）丰富的兼容产品，超过 1500 多个品种。

2）轻松、低成本开发网络兼容产品。

3）CC-Link Ver.2 提供高容量的循环通信。

（2）CC-Link/LT 是基于 RS-485 高性能、高可靠性、省配线的开放式网络。它解决了安装现场复杂的电缆配线或不正确的电缆连接。继承了 CC-Link 诸如开放性、高速和抗噪声等优异特点，通过简单设置和方便的安装步骤来降低工时，适用于小型 I/O 应用场合的低成本型网络。

图 5-1 CC-Link 网络层次结构

1）能轻松、低成本地开发主站和从站。

2）适合于节省控制柜和现场设备内的配线。

3）使用专用接口，能通过简单的操作连接或断开通信电缆。

（3）CC-Link Safety 专门基于满足严苛的安全网络要求打造而成。

（4）CC-Link IE Control 是基于以太网的千兆控制层网络，采用双工传输路径，稳定可靠。其核心网络打破了各个现场网络或运动控制网络的界限，通过千兆大容量数据传输，实现控制层网络的分布式控制。凭借新增的安全通信功能，可以在各个控制器之间实现安全数据共享。作为工厂内使用的主干网，实现在大规模分布式控制器系统和独立的现场网络之间协调管理。

1）采用千兆以太网技术，实现超高速，大容量的网络型共享内存通信。

2）冗余传输路径（双回路通信），实现高度可靠的通信。

3）强大的网络诊断功能。

（5）CC-Link IE Field 是基于以太网的千兆现场层网络。针对智能制造系统设计，它能够在连有多个网络的情况下，以千兆传输速度实现对 I/O 的实时控制+分布式控制。为简化系统配置，增加了安全通信功能和运动通信功能。在一个开放的、无缝的网络环境，它集高速 I/O 控制、分布式控制系统于一个网络中，可以随着设备的布局灵活敷设电缆。

1）千兆传输能力和实时性，使控制数据和信息数据之间的沟通畅通无阻。

2）网络拓扑的选择范围广泛。

3）强大的网络诊断功能。

（6）SLMP 可使用标准帧格式跨网络进行无缝通信，使用 SLMP 实现轻松连接，若与 CSP+ 相结合，可以延伸至生产管理和预测维护领域。

CC-Link 是高速的现场网络，它能够同时处理控制和信息数据。在高达 10Mbit/s 的通信速度时，CC-Link 可以达到 100m 的传输距离并能连接 64 个逻辑站。CC-Link 的特点如下：

1）高速和高确定性的输入输出响应。除了能以 10Mbit/s 的高速通信外，CC-Link 还具有高确定性和实时性等通信优势，能够使系统设计者方便构建稳定的控制系统。

2）CC-Link 对众多厂商产品提供兼容性。CLPA 提供存储器映射规则，为每一类型产品定义数据。该定义包括控制信号和数据分布。众多厂商按照这个规则开发 CC-Link 兼容产品。用户不需要改变链接或控制程序，很容易将该处产品从一种品牌换成另一种品牌。

3）传输距离容易扩展。通信速率为 10Mbit/s 时，最大传输距离为 100m。通信速率为 156kbit/s 时，传输距离可以达到 1.2km。使用电缆中继器和光中继器可扩展传输距离。CC-Link 支持大规模的应用并减少了配线和设备安装所需的时间。

4）省配线。CC-Link 显著地减少了复杂生产线上所需的控制线缆和电源线缆的数量。它减少了配线和安装的费用，使完成配线所需的工作量减少并极大改善了维护工作。

5）依靠 RAS 功能实现高可能性。RAS 的可靠性、可使用性、可维护性功能是 CC-Link 另外一个特点，该功能包括备用主站，从站脱离，自动恢复，测试和监控，它提供了高可靠性的网络系统并使网络瘫痪的时间最小化。

6）CC-Link V2.0 提供更多功能和更优异的性能。通过 2、4、8 倍等扩展循环设置，最大可以达到 RX、RY 各 8192 点和 RWw、RWr 各 2048 字。每台最多可链接点数（占用 4 个逻辑站时）从 128 位，32 字扩展到 896 位，256 字。CC-Link V2.0 与 CC-Link Ver.1.10 相比，通信容量最大增加到 8 倍。

CC-Link 在包括汽车制造、半导体制造，传送系统和食品生产等各种自动化领域提供简单安装和省配线的优秀产品，除了这些传统的优点外，CC-Link Ver.2.0 在如半导体制造过程中的 In-Situ 监视和 APC（先进的过程控制）、仪表和控制中的"多路模拟-数字数据通信"等需要大容量和稳定的数据通信领域满足其要求，这增加了开放的 CC-Link 网络在全球的吸引力。新版本 Ver.2.0 的主站可以兼容新版本 Ver.2.0 从站和 Ver.1.10 的从站。

CC-Link 工业网络结构如图 5-2 所示。

5.1.2　CC-Link Safety 系统构成与特点

CC-Link Safety 构筑最优化的工厂安全系统取得 GB/Z 29496.1～3—2013《控制与通信网络 CC-Link Safety 规范（三个部分）》控制与通信网络 CC-Link Safety 规范。国际标准的制定，呼吁安全网络的重要性，帮助制造业构筑工厂生产线的安全系统、实现安全系统的节省配线、提高生产效率，并且与控制系统紧密结合的安全网络。

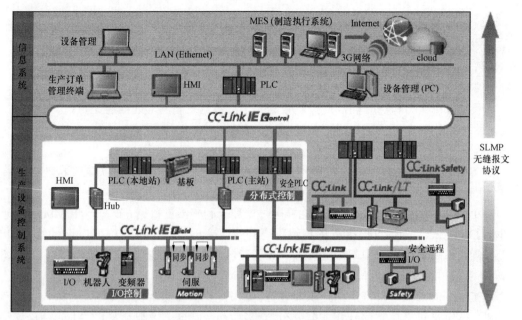

图 5-2　CC-Link 工业网络结构

CC-Link Safety 系统构成如图 5-3 所示。

图 5-3　CC-Link Safety 系统构成

CC-Link Safety 的特点如下：

（1）高速通信的实现。实现 10Mbit/s 的安全通信速度，凭借与 CC-Link 同样的高速通信，具有高度响应性能的安全系统。

（2）通信异常的检测。能实现可靠紧急停止的安全网络，具备检测通信延迟或缺损等所有通信出错的安全通信功能，发生异常时能可靠停止系统。

（3）原有资源的有效利用。可继续利用原有的网络资源，可使用 CC-Link 专用通信电缆，在连接报警灯等设备时，可使用原有的 CC-Link 远程站。

（4）RAS 功能。集中管理网络故障及异常信息，安全从站的动作状态和出错代码传送至主站管理，还可通过安全从站、网络的实时监视，解决前期故障。

（5）兼容产品开发的效率化。Safety 兼容产品开发更加简单，CC-Link Safety 技术已通过安全审查机构审查，可缩短兼容产品的安全审查时间。

5.2　CC–Link/CC–Link/LT 通信规范

CC–Link 通信规范和 CC–Link/LT 通信规范分别见表 5–1 和表 5–2。

表 5–1　　　　　　　　　　　　　　**CC–Link 通信规范**

通 信 规 范	
传输速率	10Mbit/s，5Mbit/s，2.5Mbit/s，625kbit/s，156kbit/s
通信方式	广播轮询方式
同步方式	帧同步方式
编码方式	NRZI（倒转非归零）
传输路径格式	总线形（基于 EIA 485）
传输格式	基于 HDLC
差错控制方式	CRC（$X^{16}+X^{12}+X^5+1$）
最大连接容量	RX，RY：2048bit RWw：256 个字（自主站到从站） RWr：256 个字（自从站到主站）
每站连接容量	RX，RY：32bit（本地站 30bit） RWw：4 个字（自主站到从站） RWr：4 个字（自从站到主站）
最大占用内存站数	4 站
瞬时传输（每次连接扫描）	最大 960B/站
从站站号	1～64
RAS 功能	自动恢复功能 从站切断 数据链路状态诊断 离线测试（硬件测试、总线测量） 待机主站
连接电缆	CC–Link 专用电缆（三芯屏蔽绞线）
终端电阻	110Ω，0.5W×2

表 5–2　　　　　　　　　　　　　　**CC–Link/LT 通信规范**

项　目				4 节点模式	8 节点模式	16 节点模式
控制规范	最大链接容量			256 位（512 位）	512 位（1024 位）	1024 位（2048 位）
	每站最大链接容量			4 位（8 位）	8 位（16 位）	16 位（32 位）
	链接扫描时间（ms）	32 站点连接	节点的数量	128 位	256 位	512 位
			2.5Mbit/s	0.7	0.8	1.0
			625kbit/s	2.2	2.7	3.8
			156kbit/s	8.0	10.0	14.1
		64 站点连接	节点的数量	256 位	512 位	1024 位
			2.5Mbit/s	1.2	1.5	2.0
			625kbit/s	4.3	5.4	7.4
			156kbit/s	15.6	20.0	27.8

项　目		4 节点模式	8 节点模式	16 节点模式
通信规范	传输速率	2.5Mbit/s/625kbit/s/156kbit/s		
	传输方式	BITR（Broadcast–polling+Interval–Timed Response）		
	拓扑结构	T 形分支		
	差错控制方式	CRC		
	最大节点数	64		
	从站数量	1～64		
	每一 T 型分支可连接的最大节点数	8		
	站间距离	无最短距离限制		
	T 型分支之间的距离	无最短距离限制		
	主站连接位置	在主干的末端		
	RAS 功能	网络诊断、内部回送诊断、从站切断、从站恢复		
	连接电缆	专用扁平电缆（0.75mm²×4） 专用移动电缆（0.75mm²×4） VCTF 电缆（0.75mm²×4）		

5.3　CC–Link 通信协议

5.3.1　CC–Link 协议概述

1. 通信过程

CC–Link 通信过程分为 3 个阶段，如图 5–4 所示。

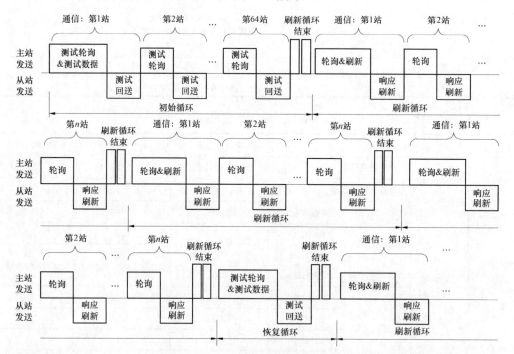

图 5–4　CC–Link 通信过程示意图

（1）初始循环。本阶段用于建立从站的数据连接。实现方式为：在上电或复位恢复后，作为传输测试，主站进行轮询传输，从站返回响应。

（2）刷新循环。本阶段执行主站和从站之间的循环或瞬时传输。

（3）恢复循环。本阶段用于建立从站的数据连接。实现方式为：主站向未建立数据连接的从站执行测试传输，该从站返回响应。

2. 运行概述

所有从站接收到从主站发送来的刷新数据后，根据接收到的主站的轮询，返回响应数据。

3. 协议配置

CC-Link 的协议配置如图 5-5 所示。

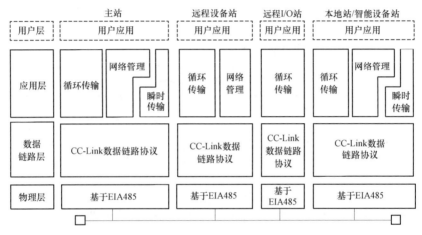

图 5-5　CC-Link 的协议配置

5.3.2　CC-Link 物理层

CC-Link 传输介质使用 3 芯屏蔽绞线，其电气特性符合 EIA485。通信信号由差动信号 A（正：DA）和 B（反：DB）以及数字信号接地（DG）构成。

5.3.3　CC-Link 数据链路层

CC-Link 支持的传输类型如下：

1）对上电或恢复处理时还未能建立数据连接的站所进行的测试传输。

2）循环传输（周期性数据传输）。

3）瞬时传输（非周期性数据传输）。

CC-Link 传输由主站发起，采用广播轮询方式，依次进行测试传输、循环传输和瞬时传输。从站通过测试传输建立与网络的数据连接，进而进行循环传输和瞬时传输。另外，瞬时传输是通过在循环传输过程中传输的帧中加入瞬时传输数据来实现的。

5.3.4　CC-Link 应用层

1. 网络管理实体

网络管理包括参数管理、本站和其他的状态监视以及网络状态管理等。

CC-Link 支持的网络管理服务见表 5-3。

表 5-3   CC-Link 支持的网络管理服务

序号	服　务	内　容　描　述
1	参数信息	从用户应用接收参数信息
2	网络状态信息	将网络信息传给用户应用
3	本站管理信息	从用户应用接收本站管理信息
4	其他站管理信息	将其他站管理信息传给用户应用
5	网络信息	将网络信息传给用户应用

2. 循环传输实体

循环传输是一种数据传输功能，主站周期性地向所有从站发送数据，且各从站通过响应向主站发送数据。

CC-Link 支持的循环传输服务见表 5-4。

表 5-4   CC-Link 支持的循环传输服务

序号	服　务	内　容　描　述
1	循环数据发送	根据用户应用请求发送循环数据
2	循环数据接收	根据用户应用请求接收循环数据

3. 瞬时传输实体

瞬时传输是一种在主站、本地站和智能设备站之间传输非周期数据的功能。

5.4　CC-Link IE 网络

CLPA 推出的 CC-Link IE 整合网络，集信息系统与生产现场设备管理于一体。作为下一代基于以太网的整合网络，能够在信息系统和生产现场之间实现无缝数据传输，打破了原有工控网络的概念。

CC-Link IE 网络特点如下：

1）集整个生产过程控制和业务信息系统管理功能于一身，是工控网络的理想之选。

2）CC-Link IE 是基于以太网，从信息层到现场层纵向整合的网络，具备超高速、超大容量实时通信功能的网络。

CC-Link IE 分为 CC-Link IE Field Basic、CC-Link IE Field 和 CC-Link IE Control 三类网络。

5.4.1　CC-Link IE Field Basic 现场网络

CC-Link IE Field Basic 是 CC-Link IE 协议的新成员，应用于高速控制的小型设备，使用简单，开发容易，通过软件实现 CC-Link IE 现场网络的实时通信。适用于小型规模设备的现场网络，充分发挥通用 Ethernet 实现 CC-Link IE 通信。

CC-Link IE Field Basic 工业网络结构如图 5-6 所示。

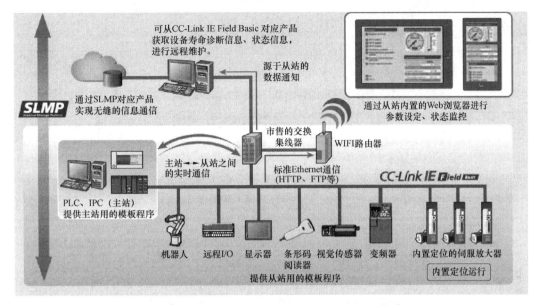

图 5-6　CC-Link IE Field Basic 工业网络结构

通过软件实现 CC-Link IE 现场网络的实时通信，以模板的源代码实例为基础，在 Ethernet 中以应用软件的形式安装。

1）能够以低成本构建出与标准 Ethernet 通信兼容的现场网络系统，易于开发，能够及早地部署丰富的对应产品群开发。

2）能够与标准 Ethernet 的 TCP/IP 通信（HTTP、FTP 等）混合配置，并互相进行通信，无需布设专用的控制线路，实现 Ethernet 网络的一网到底。

3）能在 IPC 和个人计算机上简单地实现主站功能，无需专用接口即可设置主站。

5.4.2　CC-Link IE Control 控制网络

CC-Link IE Control 是新一代采用千兆以太网技术的工厂控制网络。CC-Link IE 采用全双工光纤传输路径实现高速、大容量分布式控制，网络通信高效可靠。作为新一代主干网络，能够灵活掌控各个现场网络。

（1）具备超高速、超大容量网络型共享内存，便于实现循环通信。

为了确保通信稳定性免受传输延迟的影响，CC-Link IE 采用令牌传输协议控制传输数据，各个控制器只有在获得令牌后，方可将数据发送至网络型共享内存中，从而确保了通信的准确性、高速性和实时性。

（2）采用冗余光纤环路技术，高速可靠。

采用冗余环路拓扑结构，即使检测到电缆断开或站点故障，各站仍可通过环路回送方式继续进行通信。该集成式冗余结构无需额外增加设备，因此不会增加网络成本。

（3）采用以太网技术。

采用以太网技术，便于全球采购各种标准以太网电缆零件，通过使用电缆适配器，即使在生产线上的设备还未完全安装完毕的情况下，也可执行配线的安装和调试。

（4）符合 IEC 061508 SIL3、IEC 61784-3（2010）标准的安全通信功能。

CC-Link IE Control 中新增安全通信功能，可使各控制器之间共享安全通信。

CC-Link IE Control 安全通信网络结构如图 5-7 所示。

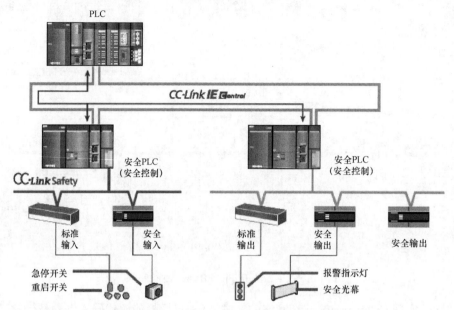

图 5-7　CC-Link IE Control 安全通信网络结构

CC-Link IE Control 规范见表 5-5。

表 5-5　　　　　　　　　　　　　CC-Link IE Control 规范

基本通信功能	网络共享内存通信
通信速率/数据链路控制	1Gbit/s/基于以太网标准
网络拓扑	环路
高可靠数据传送功能	标准冗余数据传输
数据传输控制方式	令牌方式
网络共享内存	最大 256KB
通信介质	IEEE 802.3z 多模光纤（GI）
连接器	IEC 61754-20 LC 连接器（全双工连接器）
连接最大站数	120 站
站间距离（使用多模光纤时）	最大 550m
总距离（使用多模光纤时）	最大 66 000m（连接 120 个站时）

5.4.3　CC-Link IE Field 现场网络

CC-Link IE Field 是一种具备超高速、无缝通信功能、超大容量的网络，具备实时（循环）通信和按需发送报文（瞬时）通信功能。集控制器分布控制、I/O 控制、运动控制和多项安全功能于一身，轻松实现无缝数据传输，完全符合以太网标准工厂现场网络。使千兆传输速度和以太网的优势在现场层发挥得淋漓尽致。其特点如下：

（1）超高速。采用千兆传输和实时协议，可免受传输延迟的影响，从而确保了数据通信和远程 I/O 通信的便捷性和可靠性。具备高速通信功能，便于设备管理信息、跟踪信息及控制数据的传输。

（2）以太网电缆和连接器。由于 CC-Link IE Field 的物理层和数据链路均采用以太网技术，因此可使用以太网电缆，适配器和 HUB，安装和调整网络所需材料及设备选择的自由度更高。

（3）网络连接简单快捷。采用灵活的网络拓扑结构（环形、线形和星形），凭借网络型共享内存，可在控制器和现场设备间轻松实现通信，不仅配置简单，而且具备网络诊断功能，可大幅降低从系统启动到维护的工程总成本。

（4）无缝网络连接。CC-Link IE Field 通过远程工具，可跨网络层次直接访问现场设备。可在任意网络位置对设备进行监控或配置，从而提高远程管理系统的工作效率。

（5）符合 IEC 61508 SIL3、IEC 61784-3（2010）标准的安全通信功能。CC-Link IE Field 中新增安全通信功能，可在现场层实现安全通信。通过将 PLC 和安全 PLC 与单一网络相连，相应设备布局更为灵活。

（6）具备运动控制功能，可实现高精度同步通信。通过补偿主站向从站的数据传输延时，从而实现高精度同步传输。在同一个 CC-Link IE Field 中，除了可设置所需同步信息外，还可设置无需同步的 I/O 及传感器信息。

CC-Link IE Field 工业网络结构如图 5-8 所示。

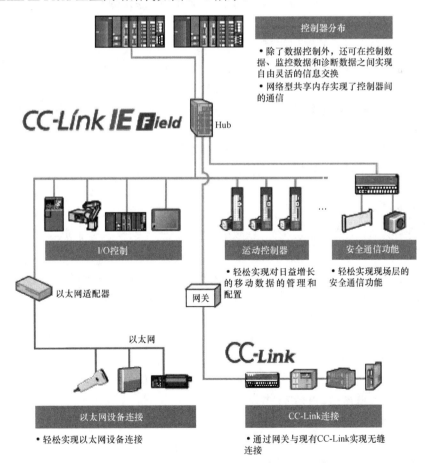

图 5-8　CC-Link IE Field 工业网络结构

CC-Link IE Field 规范见表 5-6。

表 5-6　　　　　　　　　　　　CC-Link IE Field 规范

项目	规范
以太网规格	基于 IEEE 802.3ab（1000BASE-T）
通信速度	1Gbit/s
通信介质	带屏蔽双绞电缆（类别 5e）、RJ-45 连接器
通信控制方式	令牌方式
拓扑结构	星形、线形、环形或星线组合
最大链接台数	254 台（主站和从站合计）
最大站间距离	100m
循环通信（主站/从站方式）	控制信号（位）：最大 32768 位（4096B） 控制数据（字）：最大 16384 位（32 768B）
瞬时通信（报文通信）	报文大小：最大 2048B

5.5　CC-Link 产品的开发流程

5.5.1　选择 CC-Link 的网络类型

选择网络的类型有 CC-Link、CC-Link/LT、CC-Link IE Control 和 CC-Link IE Field 工业网络。

5.5.2　选择 CC-Link 站的类型

1. 主站/本地站

主站：主站管理整个网络。一个网络只有一个主站。

本地站：本地站和主站或其他本地站之间除了进行位数据和字数据的循环通信外，还可执行瞬时通信。

对应的设备：PLC、PC。

适用的网络类型：CC-Link、CC-Link/LT。

2. 管理站/普通站

管理站：控制管理整个网络。一个网络只有一个管理站，分配循环通信到各站的范围。

普通站：普通站根据管理站分配的范围来执行循环通信和瞬时通信。

对应的设备：PLC、PC 和人机接口 HMI。

适用的网络类型：CC-Link IE Control。

3. 智能设备站

智能设备站和主站除了进行位数据和字数据的循环通信外，还可执行瞬时通信。

对应的设备：人机接口 HMI 等。

适用的网络类型：CC-Link、CC-Link IE Field。

4. 远程设备站

此类站进行位数据和字数据的循环通信。

对应的设备：模拟量 I/O、变频器、服务和指示计。

适用的网络类型：CC-Link、CC-Link/LT。

5. 远程 I/O 站

此类站执行位数据的循环通信。

对应的设备：模拟量 I/O、电磁阀。

适用的网络类型：CC-Link、CC-Link/LT。

6. SLMP（无缝通信协议）

为 CC-Link IE 和以太网之间产品提供了无缝连接的共同协议。用户所要完成的只是开发软件程序来让用户的以太网产品兼容 SLMP。

对应的设备：PC、标签打印机、视觉传感器、条码扫描仪和 RFID（无线射频识别控制器）。

适用的网络类型：CC-Link IE Field。

5.5.3　选择 CC-Link 的开发方法

CC-Link 协会（CLPA）免费提供给会员 CC-Link 协议网络架构的协议规范文档。这些协议帮助用户开发 CC-Link 兼容产品。如果用户从零开始使用协议感到困难时，可以根据协会提供的规范文档自行开发兼容产品，也可以使用各家厂商针对不同网络提供的开发方法，如专用通信芯片、内置模块或 PC 板卡，可以简单而高效地开发兼容产品，帮助用户在短时间内达成目标。

开发 CC-Link 的方法如下：

（1）在提供的协议规范基础上内部开发产品。

优势：在网络拓扑结构上达到高度灵活性。

劣势：开发需要大量的技术力量和人力。

适用的网络类型：CC-Link、CC-Link/LT、CC-Link IE Control、CC-Link IE Field。

（2）专用通信芯片。

优势：兼容产品开发无需太多了解网络协议，且通信电路易实现小型化。

劣势：与使用内置模块相比，需要开发技术能力和较长的时间。

适用的网络类型：CC-Link、CC-Link/LT、CC-Link IE Field。

（3）内置模块。

优势：通过安装模块到最终用户的基板上实现通信能力，此办法适用于多种网络类型。

劣势：有尺寸大小的限制，且增加了产品的成本。

适用的网络类型：CC-Link。

（4）PC 板卡驱动程序。

优势：可用于各种操作系统，包括实时操作系统。

劣势：只能用于计算机上，很难适用于远程 I/O 等现场设备。

适用的网络类型：CC-Link、CC-Link IE Control。

（5）SLMP（无缝通信协议）。

优势：仅开发软件程序就完成一个新的 SLMP 的兼容产品，一次性试验只检查软件的功能。

劣势：无法执行循环通信。

适用的网络类型：CC-Link IE Field。

5.5.4 选择 CC-Link 的开发对象

用户可以根据前述的各种开发方法，由本公司员工自行开发通信接口。如果在自行开发时遇到技术方面或人力方面的困难时，作为解决方案之一，用户可以选择委托开发厂商开发通信接口的硬件或软件。

表 5-7 以 CC-Link 网络为例，列举了站类型之间的区别。

表 5-7   CC-Link 站类型之间的区别

站类型	每个站的数据量	通信方式	开发对象	适应设备	开发方法
远程 I/O 站	I/O 位数据 32 位	循环传输	硬件	数字量 I/O 电磁阀	专用通信芯片 内置模块
远程设备站	I/O 位数据 32 位 I/O 字数据 4 字	循环传输	硬件 软件	模拟量 I/O 变频器 伺服 指示计	专用通信芯片 内置模块
智能设备站	I/O 位数据 32 位 I/O 字数据 4 字	循环传输 瞬时传输	硬件 软件	人机界面	专用通信芯片 内置模块 PC 板卡驱动
主站/本地站	I/O 位数据 32 位 I/O 字数据 4 字	循环传输 瞬时传输	硬件 软件	PLC PC	专用通信芯片 内置模块 PC 板卡驱动程序

5.5.5 CC-Link 系列系统配置文件 CSP+

CSP+（CC-Link Family System Profile Plus）是指含有 CC-Link 和 CC-Link IE Field 对应设备的启动、使用及维护所需信息（网络参数的信息和存储器映射等）的配置文件。CSP+统一了配置文件规范，CC-Link 协议均可以以相同格式进行记载。此外，使用 CSP+后，CC-Link 协议的用户可通过相同的工程工具轻松设定各机型的参数。

1. CSP+开发的优点

（1）统一工程环境。CC-Link 协议对应产品的开发商，只需制作兼容产品的 CSP+文件，无需再编写个别工程工具。并且记载适合诊断和能源管理等用途的配置文件后，可通过工程工具编制用于不同用途的专用显示画面。

（2）减少支持服务。CSP+文件中记载了网络参数的信息和存储器映射，因此 CC-Link 协议的用户无需手册即可设定参数、编写注释。也可以无需编程设定设备的参数和监控等，大大减少了开发商对最终用户的技术支持工作量。

（3）采用 XML 格式。CSP+适用文件为 XML 格式，因此可有效使用通用的 XML 程序库。也减少了开发商开发配置文件的工时。

2. 关于 CSP+的一致性测试

增加了 CSP+测试项目，一致性测试的相关规定的修改如下：

（1）全面开发 CC-Link 协议兼容产品的合作伙伴。自 2013 年 4 月起，根据新的一致性测试规范，除实施以往进行的设备测试以外，还需进行 CSP+测试。

（2）拥有已通过认证的产品的合作伙伴。对于已通过认证的产品，可自愿开发 CSP+，协会仅免费提供 CSP+的测试。

3. CSP+的使用流程

（1）开发商使用 CSP+编写支持工具（可从 CC-Link 协会的主页上下载）编写 CC-Link

协议对应设备的配置文件。

（2）以上文件编写完成后，由 CC-Link 协会进行一致性测试，并将通过认证的文件刊载到 CC-Link 协会的网页上。

（3）CC-Link 协议的用户从 CC-Link 协会或开发商的网页上下载由开发商编写的相应配置文件 CSP+文件。

（4）CC-Link 协议产品的用户可通过使用 CSP+的工程工具，导入（3）中下载的所用设备的 CSP+文件，以管理及使用设备。

5.5.6　SLMP 通用协议

SLMP（Seamless Message Protocol）是各种应用软件与 FA 设备无缝连接的通用协议，支持工厂管理、生产和维修的各种应用软件和 FA 设备无缝连接，并能够随时对其进行监控和管理。SLMP 通用协议的应用实例如图 5-9 所示。

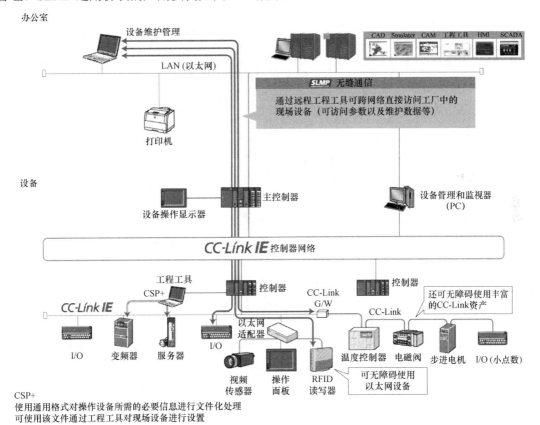

图 5-9　SLMP 通用协议的应用实例

1. SLMP 的优势

（1）可使用标准帧格式跨网络进行无缝通信。

（2）使用 SLMP 实现轻松连接。若与 CSP+ 相结合，延伸至生产管理和预测维护领域可通过办公室电脑对工厂中的现场设备进行参数设置和诊断等，在办公室中即可对设备进行监控和管理。

（3）无需繁杂的设置即可连接到通用的以太网。在设备上安装软件后，可实现服务器/

客户端功能。将来，利用 CSP+可以轻松收集生产性能、品质和能源等相关信息。同时，若与 SLMP 相结合，延伸至改善生产运营和预测维护领域将成为可能。

2. 利用 SLMP 能够实现的功能

（1）访问内部保存的信息。

（2）远程控制（遥感控制、设置远程密码、初始化错误代码）。

（3）按需响应通信（无条件发送紧急数据、触发数据等）。

（4）访问设备信息（了解机器自动检测情况，进行参数设置和诊断）。

（5）访问其他开放网络设备。

5.5.7 CC-Link 一致性测试

当用户的产品开发完成后，需要通过 CC-Link 协会实施一致性测试。测试成功后，即可成为认证的 CC-Link 协议兼容产品投入市场。

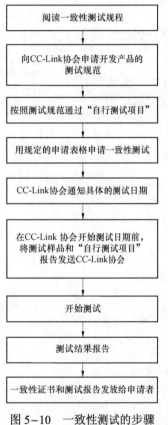

图 5-10 一致性测试的步骤

一致性测试是对开发的兼容产品实施通信功能相关的测试，测试的目的是为了验证产品是否满足 CC-link 协议的通信规范，从而顺利且安全地连接到 CC-link 网络中。

通过一致性测试可以确保兼容产品的通信可靠性。无论是在不同厂商生产的产品之间连接，还是在不同设备之间连接，均可顺畅地构建起系统。一致性测试包括噪音测试、硬件测试、软件测试、组合测试、互操作性测试和老化测试。

一致性测试的步骤如图 5-10 所示。

一致性测试中心对协会会员开发的兼容产品进行评估测试，测试其是否符合 CC-Link、CC-Link IE、SLMP 协议。所有由 CLPA 会员销售的 CC-Link 认证产品都已通过一致性测试，以确保它们和 CC-Link 协议规范的兼容性。一致性测试使 CC-Link、CC-Link IE、SLMP 产品的用户可以从大量的设备中选择适合他们自动化生产所需要的设备并确保这些设备在一个系统中兼容。一致性测试证书必须在产品通过所有的测试项目后方能颁发。

在日本、北美、韩国设立 CC-Link 协议一致性测试中心，2007 年 6 月在中国设立了 CC-Link 协议一致性测试中心，位于同济大学内，方便中国厂商开发的产品进行测试，从而获得由 CLPA 总部颁发的产品证书，实现产品本土化、降低成本。

5.6 CC-Link 产品的开发方案

开发 CC-Link 协议的兼容产品，不仅能够确保多品种多品牌设备组建系统时的灵活性，更能提高产品的竞争力。国际上有许多公司提供了 CC-Link 产品的开发方案。

5.6.1 三菱电机开发方案

为了确保用户高效地成功开发新一代 CC-Link IE Control、CC-Link IE Field 等 CC-Link

协议的兼容产品，三菱电机提供全方位 CC-Link 产品的开发方案，包括开发咨询到产品开发工具包。

1. CC-Link IE Control 控制网络驱动程序开发

通过使用 Mitsubishi PC 接口板（Q80BD-J71GP21-SX）来针对不同的操作系统开发驱动程序。

2. CC-Link IE Field 现场控制网络的开发

（1）主站。根据开发驱动程序参考手册，通过结合源代码和通信 LSI 可设计出灵活性更高的主站。

（2）智能设备站。采用三菱电机生产的专用通信 LSI CP220，该接口芯片可轻松开发执行循环通信和瞬时通信的设备，而不必详细了解协议。CP220 通过软件控制，提供针对运动控制函数的开发工具。

（3）驱动程序开发。使用三菱电机生产的接口（Q80BD-J71GF11-T2/Q81BD-J71GF11-T2），可针对不同的操作系统开发驱动程序。

3. CC-Link 网络的开发

（1）主站、本地站和智能设备站。内置接口板（Q50BD-CCV2）：一种利用内置接口板开发的方法，用户可以通过安装此接口板到用户板，实现 CC-Link 主站、本地站和智能设备站的功能。

目标开发（SW1D5C-CCV2OBJ）：使用对象代码进行开发的方法，使用对象代码进行开发后，可进行自由度比使用内置型接口板时更高的设计。

源代码（C 语言）开发（SW1D5C-CCV2SRC）：使用源代码（C 语言）进行开发的方法。

（2）远程设备站。采用三菱电机公司生产的专用通信芯片 MFP3N：使用通信芯片无需了解协议，允许用户开发处理位数据和字数据使用的设备，它通过 MPU 和控制软件的配合来实现，根据软件许可，同时支持 CC-Link Ver.1 和 Ver.2。

（3）远程 I/O 站。采用三菱电机生产的专用通信芯片 MFP2N/MFP2AN：使用该通信芯片无需了解通信协议，允许用户开发处理位数据的设备，用户可以根据封装尺寸（引脚数）和 I/O 点的数量来选择使用。

采用内置 I/O 模块：紧凑的内置 I/O 模块无需了解通信协议，允许用户开发处理位数据的设备，该模块可直接安装在用户的开发板上。此外，它可以级联连接，扩展 I/O 数量。

（4）驱动程序（针对 QB0BD-J61BT11N）开发。利用开发驱动程序的参考手册：本手册提供可以开发支持各种操作系统的驱动程序，PC 接口板（Q80BD- J61BT11N）由三菱电机提供。

4. CC-Link/LT

（1）主站。采用三菱电机生产的专用通信芯片 CLC13：该通信芯片允许用户开发兼容主站来控制整个网络，并允许建立的网络连接各类型从站。

（2）远程设备站。采用三菱电机生产的专用通信芯片 CLC31：该通信芯片能处理 CC-Link/LT 字数据（16 位），单个芯片能处理 4 个字的数据量，轻松地开发如模拟量 I/O 等远程设备站。

（3）远程 I/O 站。采用三菱电机生产的专用通信芯片 CLC21：使用该通信芯片无需了解通信协议，允许用户开发处理位数据的设备，轻松地开发远程 I/O 站，诸如数字式 I/O。

5.6.2 赫优讯的 netX 开发方案

赫优讯可以提供全系列 CC-Link 解决方案，从提供各种接口的产品到开发和生产，从订立开发合同直到组织生产。

基于通用平台的工业用通信解决方案，从嵌入式模块、PC 板卡、网关到芯片，对于任何需求，赫优讯都可提供最适合的解决方案，一站式提供硬件、软件、开发环境和技术支持。

支持 CC-Link 的赫优讯产品的技术特点：

（1）已获 CC-Link V2.0 认证。

（2）支持远程控制/设备站的所有规范（等同于 MFP3）。

（3）基于双端口存储器及串行的主机/接口，轻松实现控制功能。

（4）netX 内置 ARM9，便于实现用户应用。

（5）通用于所有 Hilscher 产品与协议的应用/接口。

（6）有助于降低总体开发成本及快速投放市场。

（7）易于使用的通用配置工具 SYCON.net。

1. PC 卡

cifX 通信接口以低廉的成本提供完善的功能，包括最优化的性能、功能和灵活性。兼容 PC 内的 PCI 和 PCI Express 接口（均被用于从站），并且能够根据用户的项目开发相应的结构。具备适用于 RTOS 系统的驱动程序和开发产品所需的软件包，包括设置工具、驱动程序、示例和产品手册等。

2. 内建模块

赫优讯内建模块是由嵌入式软件和硬件包组成的单芯片解决方案，该嵌入式软件和硬件包可以直接安装在各种自动化设备中，包括控制器、PLC 和其他设备。高性能 netX 网络控制器允许所有的通信任务由嵌入的微处理器来执行。由于 API 适用于所有协议，因此兼容丰富的现场总线和实时以太网，且简单可靠，便于利用现有的赫优讯内建模块替换，如 comX 和 netIC。

3. 网关

作为网络设备时（现场总线、实时以太网和串行总线），netTAP 100 网关是理想的解决方案，它可以方便且稳定的应用于 CC-Link 网络。作为 CC-Link 从站，netTAP 100 可以适应市面上的绝大多种网络。它具备专用网络设置工具 SYCON.net，可以在 GUI 内简单的拖曳和粘贴，并且在 PC 上利用 USB 接口执行固件下载、设定和诊断等任务。

4. ASIC 通信控制器

为兼容所有的自动化设备（驱动器、I/O、PLC、条码扫描器等），赫优讯研发了多种多协议 netX 系列网络控制器。netX 芯片搭载了 ARM9CPU，并内置多种外设功能，实现了单台硬件设备即可支持诸多协议，如主流现场总线及工业实时以太网协议等。可借助赫优讯提供的固件版本设计用户自己的 CC-Link 接口。

5.6.3 HMS 的 Anybus 开发方案

Anybus 为用户快速便捷地开发 CC-Link 兼容产品提供完善的解决方案，可以开发 CC-Link/CC-Link IE 现场层网络兼容产品，可以在短时间内将用户的 CC-Link 兼容产品投入市场。

Anybus CompactCom 提供芯片、网桥、模块的形式，客户可选择最佳的开发。无论采用何种开发形式,均可在软件和硬件两方面兼容,客户可以用最少的开发投资成本进行 CC-Link 协议兼容产品的开发。

实现 CC-Link 网络的从站可以采用 Anybus CompactCom 40 系列的从站板卡,模块或芯片,其共同特点与用户的接口是与网络类型无关的,从而可以开发一次即可实现所有主流网络。

1. Anybus-S CC- Link /CC- Link IE Field

可靠性和性能均较高的从站接口,信用卡大小的模块中配备了 CC-Link、CC-Link IE Field 所要的所有软件和硬件。配备高性能微处理器,无需主机设备即可进行 CC-Link、CC-Link IE Field 协议处理。与主机设备间的接口由 Anybus S 中配备的 2KB 的 DPRAM 构成。还可轻松支持其他网络。可通过配备 Anybus-S CC-Link 的设备,轻松进行 CC-Link IE Field 的兼容产品开发。

可选择的产品如:

(1) Anybus-S CC-LINK(AB4210)。

CC-LINK 特性:

1) 支持多达 896 点的输入输出数据、128 字的数据。

2) 占用的站数 1~4 站扩展循环 1~8 倍(仅限 Ver.2.0)。

3) 支持远程设备站。

4) 支持波特率 156kbit/s~10Mbit/s。

5) 支持 CC~Link Ver.2.0。

(2) CC-LINK IE Field(AB4613)。

CC-LINK IE Field 特性:

1) 支持多达 512B 的 I/O 数据。

2) 支持多达 1536B 的参数数据。

3) 支持智能设备站。

4) 支持 1Gbit/s。

Anybus S CC-Link /CC-Link IE Filed 接口如图 5-11 所示。

图 5-11　Anybus S CC-Link/ CC-Link IE Filed 接口

2. Anybus 定制解决方案

提供 Anybus-S、Anybus CompactCom 定制解决方案。对于形状、防水、防尘、环保措施等方面有特殊要求时,为用户提供解决方案来对应非标产品开发需求。

可选择的产品如:B30CC-Link(AB6672)、M30CC-Link(AB6211、AB6311 无机壳)、M40 CC-Link(AB6602、AB6702 无机壳)。

其特性如下:

(1) 支持最多达 896 点的输入输出数据、支持 128 个字的数据。

30 系列:总共支持 256B;

40 系列:支持总数达 CC-Link 规格上限。

(2) 占用的站数 1~4 站扩展循环 1~8 倍(仅限 Ver 2.0)。

(3) 支持远程设备站。

(4) 支持波特率 156kbit/s~10Mbit/s。

（5）支持 CC-Link Ver 2.0。

Anybus CompactCom CC-Link 接口如图 5-12 所示。

3. Anybus X-gateway CC-Link /CC-Link IE Filed

Anybus X-gateway 可在不同种类的 PLC 系统与网络之间进行 I/O 数据传输，在所有工厂设备间进行一系列的信息通信。可将 CC-Link 和 CC-Link IE Filed 与各种网络相连。

CC-LINK 特性：

（1）支持多达 896 点的输入输出数据、128 字的数据。

（2）占用的站数 1~4 站扩展循环 1~8 倍（仅限 Ver.2.0）。

（3）支持远程设备站。

（4）支持波特率 156kbit/s~10Mbit/s。

（5）支持 CC-Link Ver.2.0。

CC-LINK IE Field 特性：

（1）支持多达 512B 的 I/O 数据。

（2）支持智能设备站。

（3）支持 1Gbit/s。

Anybus X-gateway CC-Link IE Filed 接口如图 5-13 所示。

图 5-12　Anybus CompactCom CC-Link 接口　　　图 5-13　Anybus X-gateway CC-Link IE Filed 接口

4. Anybus Communicator CC-Link/ CC-Link IE Filed

外置型高性能串口转换器，使现有设备中的串行接口 RS232/422/485 支持 CC-Link。本产品体积极小，不占控制柜内的空间，可轻松安装到 DIN 标准导轨上，且无需变更设备中的程序等。

CC-Link：串行为 AB70088，CAN 为 AB7321。

CC-Link IE Filed：串行为 AB7077。

CC-LINK 特性：

（1）支持多达 896 点的输入输出数据、128 字的数据。

（2）占用的站数 1~4 站 扩展循环 1~8 倍（仅限 Ver 2.0）。

（3）支持远程设备站。

（4）支持波特率 156kbit/s~10Mbit/s。

（5）支持 CC-Link Ver.2.0。

CC-LINK IE Field 特性：

（1）支持多达 512B 的 I/O 数据。

（2）支持智能设备站。

（3）支持 1Gbit/s。

5.6.4　瑞萨电子的 LSI 开发方案

R-IN32M3 系列支持 CC-Link 协议兼容产品的开发。瑞萨电子（RENESAS）提供 LSI、开发工具、样本软件和驱动程序等全方面的整体解决方案，为用户的产品开发提供支持。

瑞萨电子开发的工业通信用 LSI"I R-IN32M3 系列"适用于 CC-Link 协议从站开发。作为整体解决方案，除 LSI 以外、还包括 ARM 开发环境、开发套件等的开发工具和样本软件、驱动程序，用户可快速轻松开发产品。此外，支持含 CC-Link 协议的各种通信协议亦可作为平台开发的工具。

1. CC-Link IE Filed 智能设备站

通信用 LSI（R-IN32M3-CL）：通信 LSI 配备与 CP220 同等的功能，无需了解通信协议，可开发用于循环通信和瞬时通信的各种设备。配备 ARM 公司的 Cortex-M3 作为 CPU 核心，还可安装应用程序。此外，还提供用于 R-IN32M3-CL 的 CC-Link IE 开发手册和样本软件。

2. CC-Link 智能设备站/远程设备站

通信用 LSI（R-IN32M3-CL/R-IN32M3-EC）：通信 LSI 配备与 MFP1N、MFP3N 同等的功能，无需了解通信协议并可开发产品。LSI 在切换软件后支持 Ver1.1、Ver2.0，配备 ARM 公司的 Cortex-M3 作为 CPU 核心，还可安装应用程序。

此外，还提供用于 R-IN32M3-CL/R-IN32M3-EC 的 CC-Link IE 开发手册和样本软件。

3. FA 从站通信单元用 LSI

R-IN32M4-CL2 是高速实时响应/低波动稳定控制/低功耗 FA 从站通信单元用 LSI。R-IN32M4 系列可支持现有 CC-Link IE 等工业以太网协议和现场总线协议，是用于 FA 从设备通信单元的工业通信用 LSI，具有以下特性：

（1）通过将实时 OS 的一部分硬件化实现"实时 OS 加速器"，带来低波动稳定控制与低功耗。

（2）内置支持千兆位的 PHY，减少了元器件数量并缩小了所需空间。

（3）具备浮点数运算单元、ADC、各类计时器，从而可支持各种应用，如电机控制等。

5.7　未来可视化工厂的解决方案 e-F@ctory

在日益复杂化的制造现场，如何最大限度地充分运用生产现场的数据尤为重要。作为 FA 产品的领先制造商，三菱电机致力于推进 FA 整合解决方案 e-F@ctory，以实现贯穿开发、生产和维护的成本全面降低为最大理念，充分运用尖端技术和信息，促进工厂的最优化，从而实现胜人一筹的产品制造。e-F@ctory 的任务是生产成本全面降低的同时，实现流水界面的生产。

5.7.1　e-F@ctory 可视化工厂

三菱电机的 e-F@ctory 通过对用户工厂的可视化改造，解决其存在的问题。e-F@ctory"可视化"工厂的结构如图 5-14 所示。

e-F@ctory 灵活运用 IT 技术，将生产现场与上层信息系统直接相连。既可实现工厂的"可视化"，同时又能促进生产设备的高性能化和最优化，缩短开发及调试期，降低运用及维护成本，从而削减生产工序的整体成本，有效实现生产的最优化。

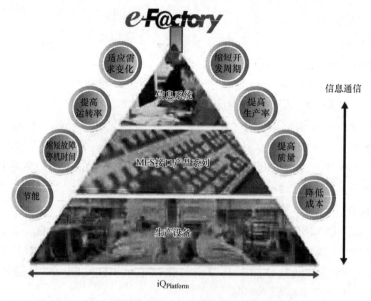

图 5-14　e-F@ctory 可视化工厂的结构

未来工厂要求的两大要素是"生产价值的提高"和"维护社会责任"。三菱电机将凭借丰富的 FA 产品系列和有力的合作伙伴关系，为客户解决这些问题。针对生产率的提高、减少损耗以及安全性的维护等，通过收集并分析生产现场的数据，实现可视化。三菱电机为用户提供进一步改善的完全解决方案。未来可视化工厂的实现如图 5-15 所示。

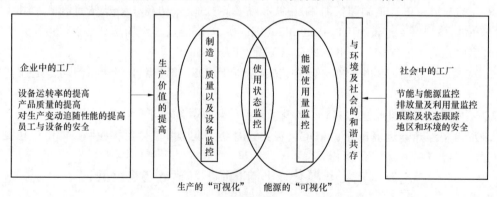

图 5-15　未来可视化工厂的实现

借助 e-F@ctory 推进信息化，从而实现"工厂全面最优化"。

所谓"e-F@ctory"化工厂，即构建了 e-F@ctory 架构的工厂，可以从设备和装置内部直接、实时地获取生产运行实况、质量信息等生产现场的各类数据，并在信息系统中灵活运用，从而解决各种问题。换而言之，eF@ctory 平台通过生产系统的信息化来大大改善质量、工期以及生产率。

5.7.2　MES 接口

基于 e-F@ctory 信息通信技术的 MES 接口产品系列，不使用计算机等通信网关，直接连接生产设备和 MES（制造执行系统），简单而低成本地实现生产设备与 MES 之间的信息共享，无需为通信协议转换担忧。

MES 接口能迅速应对需求变化，提高运转率，缩短开发周期，提高质量，削减成本等。要解决制造业存在的问题，关键在于如何对生产现场进行信息化，并充分利用这些数据。获取生产现场的信息时，可利用可编程逻辑控制器的 MES 接口模块。此外，获取现有设备和其他公司控制器的信息时，可利用 GOT1000 的 MES 接口功能。该系列产品能为生产现场设备的可视数据提供有效的解决方案。

实现工厂 c-F@ctory 可视化的关键是 MES 接口，MES 接口功能的特征及优势：

（1）直接运用设备内的信息，实现信息的正确性和实时性。

（2）直接连接数据库，简化了系统执行。

（3）无计算机化、无程序化大幅削减成本。

（4）工业化取代办公类产品提高可靠性，例如网点计算机替换为 PLC。

（5）无程序的简单设定，自动生成 SQL，迅速连接生产设备与 MES 数据库。

（6）利用驱动设备信息发送功能，减轻信息系统的负载。

（7）接收来自 MES 的生产指示，同时实现实时信息的数据发送和接收。

（8）在通信错误或网络过载情况下利用通信异常时的数据缓冲功能，确保数据的可靠性。

MES 接口丰富的功能有力支持生产设备的信息化。

1. 直接从生产设备发送现场实况

与以往常规使用轮询处理方式的网关计算机相比，MES 接口功能使相关数据最优化，使数据库通信量呈流线型。MES 接口应用如图 5-16 所示。

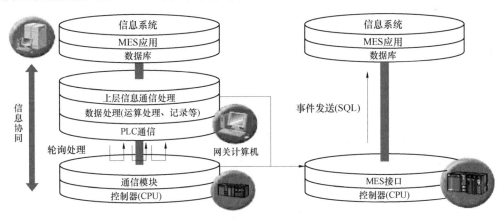

图 5-16　MES 接口应用

2. 支持确保数据可靠性的各种尖端功能

（1）在通信异常或服务器未响应时，可将带有时间标记的信息临时保存在 CF 卡中。保证传送过程中零数据丢失，以确保通信的连续性。

（2）可以通过 SNTP 使信息系统与生产设备的时间同步，实现实时交换数据。

（3）可以获取通信异常时的记录。

3. 利用直观的设定软件，便捷实现数据库连接

利用无程序设定软件，可以省去以往网关计算机中的复杂程序，从而可以大幅度削减系统的构建费用。

5.7.3 iQ Platform FA 全新平台

在 e-F@ctory 中，三菱电机实现了 MES 和生产现场的信息协同。如今又新推出生产现场的协同解决方案 iQ Platform。

从 TCO（total cost of ownership，总体拥有成本）的角度出发，在根本上实现整体成本降低，凭借先进技术进行整合、优化和创新，提供 FA 的全新平台，通过控制器和人机界面、工程技术环境以及网络，加速生产现场的协同。

iQ Platform 包括以下 3 部分。

1. 控制器与人机界面

如 PLC、运动控制器、面向生产线的 CNC、机器人和人机界面等。

（1）MELSEC-Q 系列的多 CPU 间通信实现高速和大容量化，通信速度提高至 8 倍左右，共享存储器容量增大至原来的 3.5 倍。

（2）逻辑处理能力与存储器容量大幅提高，基本指令处理性能提高至 3.5 倍，文件寄存器容量增大至 6 倍。

（3）运动处理实现高速化，是基本性能的 2 倍，缩短了装置设备的单品生产时间，继承了 MELSEC-Q 的小型和品种齐全的优点。

（4）支持面向生产线的 CNC 和机器人。

2. 工程技术环境

MELSOFT 软件，包括自编程控制器/PLC 编程软件、运动控制器编程软件和 GOT 绘图软件。全程支持用户的各开发阶段，实现系统构建整体优化的创新开发环境，大幅降低工程技术成本。

3. 网络

采用 CC-Link IE、MELSECNET、SSCNET、CC-Link 和 CC-Link/LT。

（1）先进的千兆以太网技术，通信高速化与数据的大容量化。

（2）充分运用基于以太网的电缆和插头，可大幅削减成本。

（3）提高了环网共享存储器的循环数据更新功能。

（4）在同一网络上实现 256KB 的网络型共享存储器。

iQ Platform 实现多 CPU 间高速通信，可以实现进一步的高速控制。

iQ Platform 由高精度运动控制器，CNC 控制器，机器人控制器以及 PLC 的处理器通过底板实现高速通信的超高速多 CPU 主基板构成。随着高性能人机界面系列中的 GOT1000 的加入，使 iQ Platform 成为真正能整合各方面应用的自动化平台，同时，标准 I/O 端口的通用性，提供了一个低成本高性能的解决方案。

5.8 CC-Link 现场总线的应用

5.8.1 CC-Link 应用领域

CC-Link 现场组成在以下领域具有广泛地应用。

（1）半导体电子产品：如 LED 原材料装袋机、晶片研磨机、LCD 生产线、DMP 设备、HDD 研磨机、PCB 产品线、液晶检查设备。

（2）汽车：如涂装系统、发动机传送设备、车辆组装线、曲柄轴电子加热设备焊接处理、刹车装置、螺钉坚固保护设备、汽车电子部分。

（3）搬运：如邮件分类设备、电器设备分送线、CRT 传送线、NC 装货设备机场货物运送系统、木工机械传送带、印刷设备传送系统。

（4）楼宇工厂控制管理：如 BA 系统、FA 系统、电力监视系统、智能化小区及大楼远程式抄表系统、机场监视系统、工厂管控系统。

（5）印刷：如单印刷机、转轮印刷机（橡皮版、报纸）。

（6）化学：如洗涤剂装袋流水线、橡胶测量、轮胎生产线、人造革生产线、陶瓷预处理、原料研磨、自动称重。

（7）食品：如食品包装机械、粉末茶制作线。

（8）节能：如工厂生产设备、建筑。

另外，还有礼花燃放装置、卷烟生产系统、轴承制造、铁道车辆车轮检测、火力发电机组锅炉除灰除渣电控、丙烯氰改造工程、微波加热装置等。

5.8.2　CC-Link 应用案例

1. CC-Link IE 应用案例

（1）用于汽车车体铸品的 AGV（自动引导车）设备。

该系统根据接收到的上位控制器的指令自动搬送金属铸品，通过 CC-Link 控制 AGV 路径的转换和与 NC 机器的接口。CC-Link 大量减少了配线和施工时间。配线减少的重要原因归功于 CC-Link 强大的抗噪声功能，该功能使得线缆布线很少受到约束。

（2）密炼生产管控系统。

由于 CC-Link IE 工业网络具有 1Gbit/s 速率、超高速、大容量的性能，采用双环冗余光通信技术，可以稳定进行工厂生产数据的传输，构建车间内部的生产系统网络，并构建车间级的网络系统。基于以太网的 CC-Link IE Field 和现场总线 CC-Link 作为先进的设备层网络系统，以最简洁的配线方式连接现场的生产设备，包括变频器、I/O 和称量系统等构成设备层网络，同时，还能为用户提供丰富的兼容产品，满足用户需求。

密炼生产管控系统包括上辅机、下辅机母炼和下辅机终炼三部分。

上辅机由炭黑、油料、胶料输送称量控制系统和小料配料控制系统组成。

下辅机母炼由主机（温度、速度、压力和位置等）控制器、挤出/压片控制器和切割/冷却/摆片控制器组成。

下辅机终炼由开炼控制器等组成。

整个系统采用 CC-Link IE Control 控制网络。

2. CC-Link 应用案例

（1）汽车生产焊接线。该生产线用点焊接和电弧焊接机器人装配汽车车体。该生产线由 2000 到 3000 个远程 I/O 单元和 46 台 PLC 组成，每一台 PLC 装了 7~8 个 CC-Link 主站。CC-Link 大量减少了配线和费用。因为每一台机器都很容易链接到 CC-Link 上，现场安装和配线的时间也大量缩减。传送系统的效率和速度的提高归功于 CC-Link 使远程 I/O 的高速通信成为可能。

（2）酒店和客房远程监控系统。该系统监控机房和电力设备房的自动操作和报警条件。局域网和电话线的连接使之能够进行远程监控和维护。CC-Link 远程 I/O 模块大量减少了空调设备和其他电力设备的配线。高速的数据链接使被监视设备的当前状态和异常情况能够被实时显示。

3. CC-Link Safety 应用案例

各工段控制盘的 PLC 通过 CC-Link 网络与普通远程 I/O 及各种兼容设备相连接，进行传输设备和机器人的动作控制。此 PLC 控制网络与在主控盘内的主控 PLC 连接。同样，在主控盘内也装有安全 PLC，设置在各工段内的光帘和紧急停止按钮通过安全远程输入，给机器人的紧急停止信号通过安全远程输出，复位开关和警示灯通过一般远程输入，均用 CC-Link Safety 与安全 PLC 连接。如果光帘探知有人进入机器人安装区域，便对机器人发送紧急停止信号，让机器人停止运转。生产线主控 PLC 与安全 PLC 是用控制网络连接，实现了操作控制和安全控制的有机结合。

 习　题

1. 简述 CC-Link 现场网络的组成与特点。
2. 简述 CC-Link Safety 系统构成与特点。
3. 简述 CC-Link 通信协议。
4. CC-Link IE 网络包括哪几部分？
5. 简述 CC-Link 兼容产品的开发流程。
6. CC-Link 系列系统配置文件 CSP+的功能是什么？
7. 简述 SLMP 通用协议。
8. CC-Link 一致性测试主要包括哪些内容？
9. CC-Link 产品的开发方案有哪几种？分别进行介绍。
10. 简述 e-F@ctory 可视化工厂。

第6章 无线传感网络与物联网技术

6.1 无线传感器网络概述

无线传感器网络（Wireless Seneor Networks，WSN）是当前在国际上备受关注的、涉及多学科高度交叉、知识高度集成的前沿热点研究领域。

无线传感器网络是一种大规模、自组织、多跳、无基础设施支持的无线网络，网络中节点是同构的，成本较低，体积和耗电量较小，大部分节点不移动，被随意地散布在监测区域，要求网络具有尽可能长的工作时间和使用寿命。

无线传感器网络是由部署在检测区域内的大量廉价微型传感器节点组成，通过无线通信的方式形成一个多跳的自组织的网络系统。无线传感器网络综合了传感器技术、嵌入式计算技术、网络通信技术、分布式信息处理技术和微电子制造技术等，能够通过各类集成化的微型传感器节点协作对各种环境或检测对象的信息进行实时监测、感知和采集，并对采集到的信息进行处理，通过无线自组织网络以多跳中继方式将所感知的信息传送给终端用户。

作为一种全新的信息获取平台，无线传感器网络能够实时监测和采集网络区域内各种监测对象的信息，并将这些采集信息传送到网关节点，从而实现规定区域内目标监测、跟踪和远程控制。无线传感器网络由大量各种类型且廉价的传感器节点（如电磁、气体、温度、湿度、噪声、光强度、压力、土壤成分等传感器）组成无线自组织网络，每个传感器节点由传感单元、信息处理单元、无线通信单元和能量供给单元等构成。无线传感器网络在农业、医疗、工业、交通、军事、物流以及个人家庭等众多领域都具有广泛应用，其研究、开发和应用很大程度上关系到国家安全、经济发展等各个方面。因为无线传感器网络广阔的应用前景和潜在的巨大应用价值，近年来在国内外引起了广泛的重视。另外，由于国际上各个机构、组织和企业对无线传感器网络技术及相关研究的高度重视，也大大促进了无线传感器网络的高速发展，使无线传感器网络在越来越多的应用领域开始发挥其独特的作用。

6.1.1 无线传感器网络的特点

无线网络包括移动通信网、无线局域网、蓝牙网络、Adhoc 等网络，无线传感器网络在通信方式、动态组网以及多跳通信等方面有许多相似之处，但同时也存在很大的差别。

无线传感器网络具有如下特点：

1. 硬件资源有限

节点由于受价格、体积和功耗的限制，其计算能力、程序空间和内存空间比普通的计算机能力要弱很多。

2. 电池容量有限

传感器节点体积微小，通常携带能量十分有限的电池。

3. 通信能量有限

传感器网络的通信带宽窄而且经常变化，通信覆盖范围只有几十到几百米。

4. 计算能力有限

传感器节点是一种微型嵌入式设备，要求价格低、功耗小，这些限制必然导致其携带的处理器能力比较弱，存储容量比较小。

5. 节点数量众多，分布密集

传感器网络中的节点分布密集，数量巨大，可以达到几百、几千万，甚至更多。

6. 自组织、动态性网络

无线传感器网络所应用的物理环境及网络自身具有很多不可预测因素，因此需要网络节点具有自组织能力。即在无人干预和其他任何网络基础设施的支持的情况下，可以随时随地自动组网，自动进行配置和管理，并使用适合的路由协议实现监测数据的转发。

7. 以数据为中心的网络

传感器网络的核心是感知数据，而不是网络硬件。

8. 多跳路由

网络中节点通信距离有限，一般在几百米范围内，节点只能与它的邻居直接通信。如果希望与其射频覆盖范围之外的节点进行通信，则需要通过中间节点进行路由。

6.1.2　无线传感器网络体系结构

无线传感器网络是一种大规模自组织网络，拥有和传统无线网络不同的体系结构如无线传感器节点结构，网络结构以及网络协议体系结构。

传感器节点由传感器模块、处理器模块、无线通信模块和电源模块 4 部分组成。传感器模块负责监测区域内的信息采集，并进行数据格式的转换，将原始的模拟信号转换成数字信号，将交流信号转换成直流信号，以供后续模块使用；处理模块又分成处理器和存储器两部分，它们分别负责处理节点的控制和数据存储的工作；无线通信模块专门负责节点之间的相互通信；电源模块就用来为传感器节点提供能量，一般都是采用微型电池供电。

无线传感器网络系统通常包括传感器节点、汇聚节点和管理节点，如图 6-1 所示。

大量传感器节点随机部署在监测区域，通过自组织的方式构成网络。传感器节点采集的数据通过其他传感器节点逐跳地在网络中传输，传输过程中数据可能被多个节点处理，经过多跳后路由到汇聚节点，最后通过互联网或者卫星到达数据处理中心。也可能沿着相反的方向，通过管理节点对传感器网络进行管理，发布监测任务以及收集监测数据。

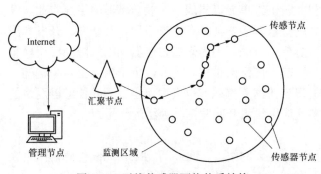

图 6-1　无线传感器网络体系结构

网络协议体系结构是无线传感器网络的"软件"部分，包括网络的协议分层以及网络协议的集合，是对网络及其部件应完成功能的定义与描述。由网络通信协议、传感器网络管理以及应用支撑技术组成，如图 6-2 所示。

分层的网络通信协议结构类似于传统的 TCP/IP 协议体系结构，由物理层、数据链路层、网络层、传输层和应用层组成。物理层的功能包括信道选择、无线信号的监测、信号的发送

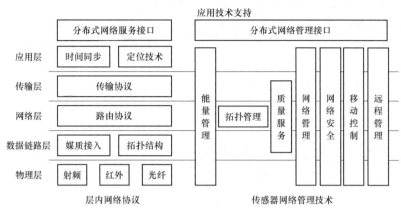

图 6-2　无线传感器网络协议体系结构

与接收等。传感器网络采用的传输介质可以是无线、红外或者光波等。物理层的设计目标是以尽可能少的能量损耗获得较大的链路容量。数据链路层的主要任务是加权物理层传输原始比特的功能，使之对上层显现一条无差错的链路。网络层的主要功能包括分组路由、网络互联等。传输层负责数据流的传输控制，提供可靠高效的数据传输服务。

　　网络管理技术主要是对传感器节点自身的管理以及用户对传感器网络的管理。网络管理模块是网络故障管理、计费管理、配置管理、性能管理的总和。其他还包括网络安全模块、移动控制模块、远程管理模块。传感器网络的应用支撑技术为用户提供各种应用支撑，包括时间同步、节点定位，以及向用户提供协调应用服务接口。

　　WSN 节点的典型硬件结构如图 6-3 所示，主要包括电池及电源管理电路、传感器、信号调理电路、AD 转换器件、存储器、微处理器和射频模块等。节点采用电池供电，一旦电源耗尽，节点就失去了工作能力。为了

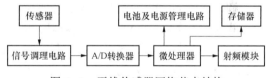

图 6-3　无线传感器网络节点结构

最大限度地节约电源，在硬件设计方面，要尽量采用低功耗器件，在没有通信任务的时候，切断射频部分电源；在软件设计方面，各层通信协议都应该以节能为中心，必要时牺牲其他的一些网络性能指标，以获得更高的电源效率。

6.1.3　无线传感器网络的关键技术

1. 时间同步技术

时间同步技术是完成实时信息采集的基本要求，也是提高定位精度的关键手段。常用的方法是通过时间同步协议完成节点间的对时，通过滤波技术抑制时钟噪声和漂移。

2. 定位技术

定位跟踪技术包括节点自定位和网络区域内的目标定位跟踪。节点自定位是指确定网络中节点自身位置，这是随机部署组网的基本要求。定位技术是大多数无线传感器网络应用的基础，同时也是一些网络协议设计的必备基础。

3. 分布式数据管理和信息融合

分布式动态实时数据管理是以数据中心为特征的 WSN 的重要技术之一。该技术通过部署或者指定一些节点为代理节点，代理节点根据监测任务收集兴趣数据。监测任务通过分布

式数据库的查询语言下达给目标区域的节点。在整个体系中，WSN 被当作分布式数据库独立存在，实现对客观物理世界的实时动态监测。

信息融合技术是指节点根据类型、采集时间、地点、重要程度等信息标度，通过聚类技术将收集到的数据进行本地的融合和压缩，一方面排除信息冗余，减小网络通信开销，节省能量；另一方面可以通过贝叶斯推理技术实现本地的智能决策。

4. 安全技术

安全通信和认证技术在军事和金融等敏感信息传递应用中有直接需求。传感器网络由于部署环境和传播介质的开放性，很容易受到各种攻击。一方面探讨在不同组网形式、网络协议设计中可能遭到的各种攻击形式；另一方面设计安全强度可控的简化算法和精巧协议，满足传感器网络的现实需求。

5. 精细控制、深度嵌入的操作系统技术

作为深度嵌入的网络系统，WSN 对操作系统也有特别的要求，既要能够完成基本体系结构支持的各项功能，又不能过于复杂。TinyOS 是最成功的 WSN 专用操作系统。

6. 能量工程

能量工程包括能量的获取和存储两方面。能量获取主要指将自然环境的能量转换成节点可以利用的电能，如太阳能、振动能量、地热、风能等。

6.1.4　IEEE 802.15.4 无线传感网络通信标准

1. IEEE 802.15.4 标准概述

IEEE 802.15.4 通信协议是短距离无线通信的 IEEE 标准，它是无线传感器网络通信协议中物理层与 MAC 层的一个具体实现。IEEE 802.15.4 标准，即 IEEE 用于低速无线个人局域网（LR-WPAN）的物理层和媒体接入控制层规范。该协议支持两种网络拓扑，即单跳星状或当通信线路超过 10m 时的多跳对等拓扑。一个 802.15.4 网可以容纳最多 216 个器件。

随着通信技术的迅速发展，人们提出了在人自身附近几米范围之内通信的需求。为了满足低功耗、低成本的无线网络的要求，IEEE 802.15 于 2002 年成立，它的任务是研究制定无线个人局域网（WPANs）标准——IEEE 802.15.4。该标准规定了在个域网（PAN）中设备之间的无线通信协议和接口。

WPAN 是一种与无线广域网（WWAN）、无线城域网（WMAN）、无线局域网（WLAN）并列但覆盖范围相对较小的无线网络。在网络构成上，WPAN 位于整个网络链的末端，用于实现同一地点终端与终端间的连接，如连接手机和蓝牙耳机等。WPAN 所覆盖的范围一般在 10m 半径内，必须运行于许可的无线频段。WPAN 设备具有价格低、体积小、易操作和功耗低等优点。

无线个人局域网是一种采用无线连接的个人局域网，它被用在诸如电话、计算机、附属设备以及小范围（个人局域网的工作范围一般是在 10m 以内）内的数字助理设备之间的通信。支持无线个人局域网的技术包括蓝牙、ZigBee、超频波段（UWB）、IrDA、HomeRF 等。每一项技术只有被用于特定的用途、应用程序或领域才能发挥最佳的作用。

2. 网络组成和拓扑结构

在 IEEE 802.15.4 中，根据设备所具有的通信能力，可以分为全功能设备（Full-Function Device，FFD）和精简功能设备（Reduced-Function Device，RFD）。与 RFD 相比，FFD 在硬件功能上比较完备，如 FFD 采用主电源保证充足的能耗，而 RFD 采用电池供电。在通信功能上，FFD 设备之间以及 FFD 设备与 RFD 设备之间都可以通信。RFD 设备之间不能直接通信，只能与 FFD 设备通信，或者通过一个 FFD 设备向外转发数据。

IEEE 802.15.4 网络根据应用的需要可以组织成星状网络拓扑结构和点对点网络拓扑两种拓扑结构。在星状结构中，整个网络的形成以及数据的传输由中心的网络协调者集中控制，所有设备都与中心设备 PAN 协调器通信。各个终端设备（FFD 或 RFD）直接与网络协调者进行关联和数据传输。网络中的设备可以采用 64 位的地址直接进行通信，也可以通过关联操作由网络协调器分配 16 位网内地址进行通信。

点对点网络中也需要网络协调器，负责实现管理链路状态信息、认证设备身份等功能。但与星状网络不同，点对点网络只要彼此都在对方的无线辐射范围之内，任何两个设备都可以直接通信。这就使得点对点网络拓扑可以形成更为复杂的网络形式。

3. 协议栈架构

IEEE 802.15.4 网络协议栈基于开放系统互联模型，每一层都实现一部分通信功能，并向高层提供服务。

IEEE 802.15.4 标准只定义了 PHY 层和数据链路层的 MAC 子层。PHY 层由射频收发器以及底层的控制模块构成。MAC 子层为高层访问物理信道提供点到点通信的服务接口。

IEEE 802.15.4 标准适于组建低速率的、短距离的无线局域网。在网络内的无线传输过程中，采用冲突监测载波监听机制。网络拓扑结构可以是星状网或点对点的对等网。该标准定义了三种数据传输频率，分别为 868、915、2450MHz。前两种传输频率采取 B/SK 的调制方式，后一种采用 0–QPSK 的调制方式。各种频率分别支持 20、40、250kbit/s 的无线数据传输速度。

4. 物理层规范

IEEE 802.15.4 网络协议栈基于开放系统互连模型，每一层都实现一部分通信功能，并向高层提供服务。

IEEE 802.15.4 物理层通过射频硬件和软件在 MAC 子层和射频信道之间提供接口，将物理层的主要功能分为物理层数据服务和物理层管理服务。物理层数据服务从无线物理信道上收发数据，物理层管理服务维护一个由物理层相关数据组成的数据库，主要负责射频收发器的激活和休眠、信道能量检测、链路质量指示、空闲信道评估、信道的频段选择、物理层信息库的管理等。

5. MAC 层规范

在 IEEE 802 系列标准中，OSI 参考模型的数据链路层进一步划分为介质访问控制子层（MAC）和逻辑链路子层（LLC）两个子层。MAC 子层使用物理层提供的服务实现设备之间的数据帧传输，而 LLC 在 MAC 子层的基础上，在设备间提供面向连接和非连接的服务。MAC 子层就是用来解决如何共享信道问题的。

1. MAC 子层的主要功能

MAC 子层具有如下主要功能：

（1）如果设备是协调器，就需要产生网络信标。

（2）信标的同步。

（3）支持个域网络（PAN）的关联（Association）和取消关联（Disassociation）操作。

（4）支持无线信道通信安全。

（5）使用 CSMA–CA 机制访问物理信道。

（6）支持时槽保障（Guaranteed Time Slot，GTS）机制。

（7）支持不同设备的 MAC 层间可靠传输。

（8）协调器产生并发送信标帧，普通设备根据协调器的信标帧与协议期同步。

2. MAC 层帧分类

IEEE 802.15.4 网络共定义了信标帧，数据帧，确认帧和 MAC 命令帧 4 种类型的帧。

3. MAC 层服务规范

IEEE 802.15.4 标准 MAC 层规范给出三种数据传输模式，即协调点到普通节点、普通节点到协调点及协调点（普通节点）到协调点（普通节点）的数据传输。同时，标准也规范了数据通信的直接传输、间接传输和预留时隙（GTS）传输三种方式。

4. MAC 层安全规范

IEEE 802.15.4 提供的安全服务是在应用层已经提供密钥的情况下的对称密钥服务。密钥的管理和分配都由上层协议负责。这种机制提供的安全服务基于这样一个假定，即密钥的产生、分配和存储都在安全方式下进行。

6.1.5　无线传感器网络的应用

作为一种新型网络，无线传感器网络在军事、工业、农业、交通、土木建筑、安全、医疗、家庭和办公自动化等领域都有着广泛的用途，其在国家安全、经济发展等方面发挥了巨大作用。随着无线传感器网络不断快速地发展，它还将被拓展到越来越多新的应用领域。

1. 智能交通

埋在街道或道路边的传感器在较高分辨率下收集交通状况的信息，即智能交通，它还可以与汽车进行信息交互，比如，道路状况危险警告或前方交通拥塞等。

2. 智能农业

无线传感器网络可以应用于农业，即将温度/土壤组合传感器放置在农田中计算出精确的灌溉量和施肥量。

3. 医疗健康

利用无线传感器网络技术通过让病人佩戴具有特殊功能的微型传感器，医生可以使用智能手机等设备，随时查询病人健康状况或接收报警消息。另外，利用这种医护人员和病人之间的跟踪系统可以及时地救治伤患。

4. 工业监控

利用无线传感器网络对工业生产过程中环境状况、人员活动等敏感数据和信息进行监控，可以减少生产过程中人力和物力的损失，进而保证工厂工人或者公共的生命安全。

5. 军事应用

无线传感器最早是面向军事应用的。使用无线传感器网络采集的部队、武器装备和军用物资供给等信息，并通过汇聚节点将数据送至指挥所，再转发到指挥部，最后融合来自各战场的数据形成军队完备的战区态势图。

6. 灾难救援与临时场合

在很多地震、水灾、强热带风暴等自然灾害打击后，无线传感器网络就可以帮助抢险救灾，从而达到减少人员伤亡和财产损失的目的。

7. 家庭应用

无线传感器网络在家庭及办公自动化方面具有巨大的潜在应用前景。利用无线传感器网络将家庭中各种家电设备联系起来，可以组建一个家庭智能化网络，使它们可以自动运行，相互协作，为用户提供尽可能的舒适和便利。

6.2　短距离无线通信技术

短距离无线通信技术包括蓝牙、802.11（Wi-Fi）、ZigBee、超宽带（Ultra Wide Band）、近距离无线通信（NFC）等，它们都有其立足的特点，或基于传输速度、距离、耗电量的特殊要求，或着眼于功能的扩充性，或符合某些单一应用的特别要求等，对现有的无线长距离通信技术（如 GSM/GPRS、3G、4G、卫星通信技术等）是一个良好的补充。

6.2.1　无线通信网络概述

无线网络由于无需借助电缆和光缆即可实现计算机之间的通信，因此被广泛应用于无法铺设线缆、不便铺设线缆或需要频繁移动的场合。利用无线网络的这一特点，也可以使用户迅速建立 Internet 连接。

无线通信网络解决方案包括：无线个人网（Wireless Personal Area Network，WPAN）、无线局域网、无线 LAN-to-LAN 网桥、无线城域网（Wireless Metropolitan Area Network，WMAN）和无线广域网（Wireless Wide Area Network，WWAN）。

无线个人网：是在个人周围空间形成的无线网络，现通常指覆盖范围在 10m 以内的短距离无线网络。主要用于个人用户工作空间，典型距离为覆盖几米，可以与计算机同步传输文件，访问本地外围设备，如打印机等。目前主要技术包括蓝牙（Bluetooth）和红外（IrDA）。

无线局域网：从广义上讲，凡是通过无线介质在一个区域范围内连接信息设备共同构成的网络都可以称之为无线局域网。主要用于宽带家庭、大楼内部以及园区内部，典型距离覆盖为几十米至上百米，目前主要技术为 802.11 系列。

无线城域网：实现整个城市范围的覆盖，为用户提供宽带的 Internet 接入。目前，WiMAX（World Interoperability for Microwave Access）技术是主要的无线城域网接入技术。

无线广域网：覆盖范围在几千米，目前的蜂窝网络，包括 2G、3G 以及 4G 技术是实现广域覆盖的主要无线接入技术。

6.2.2　典型的短距离无线通信网络技术

短距离无线通信技术分为高速短距离无线通信和低速短距离无线通信两类。高速短距离无线通信最高数据速率大于 100Mbit/s，通信距离小于 10m；低速短距离无线通信的最低数据速率小于 1Mbit/s，通信距离小于 100m。

1. 蓝牙

蓝牙技术是广受业界关注的短距离无线连接技术，是一种无线数据与话音通信的开放性全球规范，它以低成本的短距离无线连接为基础，可为固定的或移动的终端设备提供廉价的接入服务。蓝牙技术是一种无线数据与话音通信的开放性全球规范，其实质内容是为固定设备或移动设备之间的通信环境建立通用的短距离无线接口，将通信技术与计算机技术进一步结合起来，使各种设备在没有电线或电缆相互连接的情况下，能在短距离范围内实现相互通信或操作。其传输频段为全球公众通用的 2.4GHz ISM 频段，提供 1Mbit/s 的传输速率和 10m 的传输距离。

蓝牙技术诞生于 1994 年，Ericsson 当时决定开发一种低功耗、低成本的无线接口，以建立手机及其附件间的通信。该技术还陆续获得 PC 行业界巨头的支持。1998 年，蓝牙技术协议由 Ericsson、IBM、Intel、NOKIA、Toshiba 5 家公司达成一致。

蓝牙系统主要有以下特点：

（1）工作在 2.4GHz 的 ISM 频段，工作频段无需申请工作许可。

（2）当发射功率为 1MW 时，通信距离可以达到 10m，发射功率为 100MW 时，通信距离可达 100m。

（3）使用 1Mbit/s 速率以达到最大限制带宽。

（4）使用快速调频（1600 跳/s）技术抗干扰，在干扰下，使用短数据帧尽可能增大容量。

（5）快速确认机制能在链路情况良好时实现较低的编码开销。

（6）采用 CVSD 话音编码，可在高误码率下使用。

（7）灵活帧方式支持广泛的应用领域。

（8）宽松链路配置支持低价单芯片集成。

（9）严格设计的空中接口使功耗最小，发射功率自适应，低干扰。

（10）采用灵活的无基站组网方式，使得一个蓝牙单元同时最多可以和七个其他的蓝牙单元通信，同时支持点对点和一点对多点的连接。

2. ZigBee

ZigBee 的应用目标是无线控制和监控应用，如工业远程控制、家庭自动控制等，这类应用一般不要求高的数据率，但须具有低功耗、低成本、实时性和使用方便等特点。ZigBee 技术规范的制定是由 ZigBee 联盟完成的。

ZigBee 联盟成立于 2001 年 8 月，2002 年下半年，Invensys、Mitsubishi、Motorola，以及 Philips 半导体公司四大巨头共同宣布加盟 ZigBee 联盟，以研发名为 ZigBee 的下一代无线通信标准。

ZigBee 联盟负责制定网络层及以上技术标准，而采用 IEEE 802.15.4 工作组制定的技术规范作为 ZigBee 物理层和 MAC 层技术标准，是一种经济、高效、可组网的新兴的短距离无线通信技术，主攻低价、低传输速率、短距离、低功耗的无线通信市场。2004 年和 2006 年 ZigBee 联盟分别发布了 ZigBee 规范 1.0 和 1.1 版本。2007 年 ZigBee 联盟发布了 ZigBee PRO 规范，2009 年发布了面向消费类电子的 RF4CE 规范，包括面向健康监护、智能电网、家庭自动化、建筑自动化等领域的新技术规范。

ZigBee 主要应用在短距离范围之内并且数据传输速率不高的各种电子设备之间。

ZigBee 具有如下技术特点：

（1）数据传输速率低。只有 10～250kbit/s，ZigBee 技术专注于低传输应用。

（2）功耗低。在低功耗待机模式下，2 节普通 5 号干电池可使用 6 个月以上。

（3）成本低。因为 ZigBee 数据传输速率低、协议简单，所以大大降低了成本。

（4）网络容量大。每个 ZigBee 网络最多可支持 255 个设备。

（5）有效范围小。有效覆盖范围为 10～75m，具体依据实际发射功率的大小和各种不同的应用模式而定，基本上能够覆盖普通的家庭或办公室环境。

（6）工作频段灵活。使用的频段分别为 2.4GHz、868MHz（欧洲）及 915MHz（美国），均为免执照频段。

3. 射频识别（RFID）

射频识别（Radio Frequency Identification，RFID）技术又称电子标签或无线射频识别，是一种广泛使用的短距离无线通信技术。射频识别利用无线信号识别特定目标并读写相关数据，而无须建立机械或光学接触，具有成本低、使用方便的特点。

RFID 系统包含两类基本元件：读写器和标签。读写器是读取或写入标签信息的设备，标签由耦合元件及芯片组成，每个标签含唯一的电子编码，附着在物体上，用来识别目标对象。RFID 标签通常分为两类：被动标签和主动标签，二者的工作原理有所不同。被动标签接收解读器发出的射频信号，凭借感应电流所获得的能量发送出存储在芯片中的产品信息，因此被动标签也称无源标签；主动标签主动发送某一频率的信号，解读器读取信息并解码后，送至中央信息系统进行有关数据处理，因此主动标签也称有源标签。

RFID 产品的工作频率有低频、高频和超高频之分。不同频率的 RFID 产品具有不同的特性，应用场景也不相同。

低频 RFID 使用 125～135kHz 频段，主要是通过电感耦合的方式进行工作，即利用读写器线圈和感应器线圈间存在的变压器耦合作用驱动电路，除金属外可穿透大部分材料，缺点是传输速度较慢，主要用于门禁、自动收费等场合。

高频 RFID 的工作频率为 13.56MHz，通过负载调制的方式进行工作，即感应器（标签）上的负载电阻的接通和断开促使读写器天线上的电压发生变化，从而实现远距离振幅调制，由于它可以方便地做成卡状，因此广泛应用于电子车票、电子身份证、小区物业管理、大厦门禁等系统。

超高频和微波 RFID 工作频率在 433MHz，860～960MHz，以及 2.45GHz 等，主要通过电容耦合方式进行工作，由于该频段电场能量下降慢，频段感应距离远，典型传输距离 4～6m，最大可达 50m（主动式可达 100m），应用在航空包裹、铁路包裹、集装箱、生产线管理等领域。

4. Wi-Fi

无线高保真（Wireless Fidelity，Wi-Fi）也是一种无线通信协议，正式名称是 IEEE 802.11b，与蓝牙一样，同属于短距离无线通信技术。Wi-Fi 速率最高可达 11Mbit/s。虽然在数据安全性方面比蓝牙技术要差一些，但在电波的覆盖范围方面却略胜一筹，可达 100m 左右。

Wi-Fi 是以太网的一种无限扩展，理论上只要用户位于一个接入点四周的一定区域内，就能以最高约 11Mbit/s 的速度接入 Web。

5. 红外数据传输 IrDA 技术

红外线数据协会（Infrared Data Association，IrDA）成立于 1993 年。

IrDA 原是红外线数据协会的简称，也用作红外线标准的简称。IrDA 是一种利用红外光进行点对点通信的技术，是首个实现个人局域网（PAN）的技术。红外线数据协会制定了一系列红外数据传输通信标准，最早的 IrDA1.0 简称 SIR（Serial InfraRed），以异步通信收发器（UART）为基础，实现了异步、半双工通信。后来的 IrDA1.1 使用脉冲调制，在 1m 左右范围内实现了最大 115.2kbit/s 的传输速率。IrDA1.1 不再基于 UART，通信速率大幅增加至

4Mbit/s。之后，IrDA 又发布了通信速率达 16Mbit/s 的 VFIR（Very Fast InfraRed），并将其纳入 IrDA1.1 之中。

经过多年的发展，IrDA 的软硬件技术已十分成熟，广泛应用于家电、手机、笔记本电脑、打印机等许多设备上。IrDA 设备具有功耗低、体积小、连接方便、简单易用、成本低廉的特点。但和其他无线电传输方式相比，红外技术的传输距离较短，通常小于 1m，只适合在小型封闭区域使用。

6. 近场通信 NFC

NFC（Near Field Communication）是由 NOKIA、Philips 和 Sony 主推的一种类似于 RFID 的短距离无线通信技术标准。和 RFID 不同，NFC 采用了双向的识别和连接。工作频率 13.56MHz，通信距离在 20cm 之内，目前提供的数据传输速率包括 106、212kbit/s 和 424kbit/s。它能够快速自动建立无线网络，为蜂窝设备、蓝牙设备、WiFi 设备提供一个"虚拟连接"，使电子设备可以在短距离范围进行通信。NFC 能在短距离内方便地进行交互，大大简化了认证识别过程，使电子设备间互相访问更直接、更方便、更安全。

NFC 的应用十分广泛，主要包括三类，首先，可用于简化蓝牙连接或 WiFi 连接，如将手机和蓝牙音箱靠近即可实现配对连接；其次，可以进行小数据量传输，如将海报或商品放置无源的 NFC 芯片，手机靠近时即可获取具体信息。此外，NFC 作为非接触智能卡技术，与现有感应式智能卡建立连接，在交通或金融支付方面有广阔的市场。

7. 超宽带 UWB

UWB（Ultra Wide Band）无线通信是一种不用载波，而采用时间间隔极短（小于 1ns）的窄脉冲进行通信的方式，也称为脉冲无线电（Impulse Radio）、时域（Time Domain）通信或无载波（Carrier Free）通信技术。UWB 技术在 20 世纪 60 年代就已经出现，具有抗干扰性能强、传输速率高、带宽极宽、消耗电能小、发送功率小等优势，主要应用于短距离高速无线网络、无绳电话、位置测定、安全检测、雷达等领域。

8. ANT

ANT 无线网络是加拿大 Dynastream Innovations 公司发起并推动的低成本、低功耗无线网络协议标准，工作于 2.4GHz 频段，采用 GFSK 调制，消息速率可达每秒 100 个消息，最大传输速率是 1Mbit/s。ANT 的无线信道采用 TDMA 方式，可支持单向或双向信道，每个 ANT 设备可支持 8 个独立通道。ANT 支持星形和点对点等多种组网形式，支持的节点数量可达数千个。ANT 协议支持三种信息，即广播（Broadcast）、应答（Acknowledged）和突发（Burst）3 种数据传输模式。

ANT 已应用到运动手表、自行车运动、跑鞋步数传感器等终端上，并正在通过 ANT 联盟以推进 ANT 应用层的规范。

6.2.3　短距离无线通信网络的应用

随着个人通信消费电子产品的迅猛发展，短距离无线通信技术也正朝着更快、更方便、更安全有效的方向快速发展。其在 Internet 接入、信息家电、移动办公、工业化等各个领域得到了广泛应用。下面介绍几种短距离无线通信技术，剖析其技术特点及应用领域。

1. 蓝牙技术的应用

尽管开发蓝牙技术的初衷是用于取代移动或固定电子设备之间的连接电缆，但其特有的一些优势，如功耗低、体积小以及良好的抗干扰能力，使其应用范围大大扩大，而且还将继续扩展。

市场包括医疗保健、政府机关、移动电子商务、服务业、交通、通信、公用事业、制造业、矿业和零售业。

蓝牙技术的应用主要局限在通信、电子等领域。其他领域的制造商和科研工作者逐渐认识到蓝牙这一新兴技术将给社会带来巨大的变革。根据蓝牙目前的发展状况和未来发展前景，蓝牙的应用将有更广阔的市场。蓝牙技术的应用领域如下：

（1）儿童监护跟踪设备。在人群密集和流动性大的公共场合，经常会发生儿童迷路或走失的情况。基于蓝牙技术的儿童监护跟踪设备，可以有效地避免这些情况的发生。

（2）无线抄表系统。人力手工抄表方式工作量大、准确度低，而红外自动抄表方案是将数字电表的用电量信息用红外传输方式，通过电话线或局域网传输到接收端。此种方案使用电话线传输不可能做到实时，且接收端所需的 Modem 等费用过高。采用蓝牙技术和有线电视设备相结合既可以避免出现上述问题，又能较好地实现实时控制。

（3）基于蓝牙的医学临床监护。采用蓝牙技术可实现生理检测仪器的无线化，摆脱监控电缆在病人身体上的缠绕，不会对人体正常活动产生干扰，在医院和家庭保健中有着良好的应用前景。

2. ZigBee 技术的应用

ZigBee 技术弥补了低成本、低功耗和低速率无线通信市场的空缺，其成功的关键在于丰富而便捷的应用，而不是技术本身。ZigBee 技术应用领域如下：

（1）工业领域。利用传感器和 ZigBee 网络，使得数据的自动采集、分析和处理变得更加容易，可以作为决策辅助系统的重要组成部分。

（2）汽车。主要是传递信息的通用传感器。由于很多传感器只能内置在飞转的车轮或发动机中，比如轮胎压力监测系统，这就要求内置的无线通信设备使用的电池有较长的寿命，同时应该克服嘈杂的环境和金属结构对电磁波的屏蔽效应。

（3）精确农业。传统农业主要使用孤立的、没有通信能力的机械设备，主要依靠人力监测作物的生长状况。采用了传感器和 ZigBee 网络后，农业将可以逐渐转向以信息和软件为中心的生产模式，使用更多的自动化、网络化、智能化和远程控制的设备来耕种。

（4）家庭和楼宇自动化领域。家庭自动化系统作为电子技术的集成被得到迅速扩展。易于进入、简单明了和廉价的安装成本等成了驱动自动化居家和建筑开发和应用无线技术的主要动因。

（5）医学领域。将借助于各种传感器和 ZigBee 网络，准确而且实时地监测病人的血压、体温和心跳速度等信息，从而减少医生查房的工作负担，有助于医生做出快速的反应，特别是对重病和病危患者的监护和治疗。

（6）消费和家用自动化市场。可以联网的家用设备有电视、录像机、无线耳机、PC 外设（键盘和鼠标等）、运动和休闲器械、儿童玩具、游戏机、窗户和窗帘、照明设备、空调系统等。近年来，由于无线技术的灵活性和易用性，无线消费电子产品已经越来越普遍、越来越重要。

（7）道路指示、方便安全行路方面。如果沿着街道、高速公路及其他地方分布地装有大量路标或其他简单装置，就不用再担心会迷路。

3. Wi-Fi 技术的应用

Wi-Fi 目前主要用于数据方面，但已经开始用在语音上。在封闭性的区域，通信距离可达 300m。与现有的以太网容易结合。基于 Wi-Fi 的诸多优点，Wi-Fi 技术应用如下：

（1）企业级应用。大公司和校园使用 Wi-Fi 无线产品，扩大公开区域，如会议室、培训教室和大礼堂的标准架线的以太网。网络服务提供者和无线网络运营商正在用户家、公寓和商业大厦内使用 Wi-Fi 技术以分布互联网的连通性。

（2）交通行业应用。Wi-Fi 网络也开始在人群聚集的繁忙地点，像咖啡店、旅馆、机场休息室等地出现。

目前，Wi-Fi 已广泛用于餐厅、酒吧、机场等高消费场所，还在医疗、销售、制造、运输、展会、金融、小型和家庭办公（SOHO）等许多不适合布线或需要移动办公的企事业单位和场所得到了大量应用。

4. NFC 的应用

NFC 技术的应用有以下 4 种类别：

（1）接触通过，如门禁管制、车票和门票等，使用者只需携带储存着票证或门控密码的移动设备靠近读取装置即可。

（2）接触确认，如移动支付，用户通过输入密码或者仅是接受交易，确认该次交易行为。

（3）接触连接，如把 2 个内建 NFC 的装置相连接，进行点对点数据传输，例如下载音乐、图片互传和同步交换通信簿等。

（4）接触浏览，NFC 设备可以提供 1 种以上有用的功能，消费者将能够通过浏览一个 NFC 设备，了解提供的是何种功能和服务。

5. UWB 的应用

由于超宽带通信利用了一个相当宽的带宽，就好像使用了整个频谱，并且它能够与其他的应用共存，因此超宽带可以应用在很多领域，如无线个人网、智能交通系统、无线传感网、射频识别、成像应用。

6.3 物联网技术

6.3.1 物联网的定义

物联网（Internet of Things，IOT）一词，国内网普遍公认的是 MIT Auto-ID（美国麻省理工学院自动识别中心）Ashton 教授 1999 年在研究 RFID 时最早提出来的。

2005 年，在突尼斯举行的信息社会世界峰会（WSIS）上，国际电信联盟（ITU）发布了《ITU 互联网报告 2005：物联网》，正式提出了物联网的概念。该报告给出了物联网的正式定义：通过将短距离移动收发器嵌入到各种各样的小工具和日常用品中，我们将会开启全新的人与物、物与物之间的通信方式。不论何时何地，任何人都建立连接，我们将把所有东西都互联起来。

随着网络技术的发展和普及，通信的参与者不仅存在于人与人之间，还存在于人与物品或者物品与物品之间。无线传感器、射频、二维码为人与物品、物品与物品之间建立了通信链路。计算机之间的互联构成了互联网，而物品之间和物品与计算机之间的互联就构成了物联网。

物联网是指通过传感器、射频识别技术、全球定位系统等技术，实时采集任何需要监控、连接、互动的物体或过程，采集其声、光、热、电、力学、化学、生物、位置等各种需要的信息，通过各种可能的网络接入，实现物与物、物与人的泛在链接，实现对物品和过程的智能化感知、识别和管理。

物联网中的"物"能够被纳入"物联网"的范围是因为它们具有接受信息的接收器；具有数据传输通路；有的物体需要一定的存储功能或者相应的操作系统；部分专用物联网中的物体有专门的应用程序；可以发送接收数据；传输数据时遵循物联网的通信协议；物体接入网络中需要具有世界网络中可被识别的唯一编号。

欧盟对物联网的定义：物联网是一个动态的全球网络基础设施，它具有基于标准和互操作通信协议的自组织能力，其中物理的和虚拟的"物"具有身份标识、物理属性、虚拟的特性和智能的接口，并与信息网络无缝整合。物联网将与媒体互联网、服务互联网和企业互联网共同构成未来互联网。

物联网是继计算机、互联网与移动通信网之后的又一次信息产业浪潮，是一个全新的技术领域。物联网将无处不在的终端设备、设施和系统，包括具有感知能力的传感器、用户终端、视频监控设施、物流系统、电网系统、家庭智能设备等，通过全球定位系统、红外传感器、激光扫描器、射频识别（RFID）技术、气体感应器等各种装置与技术，提供安全可控乃至智能化的实时远程控制、在线监控、调度指挥、实时跟踪、报警联动、应急管理、安全保护、在线升级、远程维护、统计报表和决策支持等管理和服务功能，实现对万物的高效、安全、环保、自动、智能、节能、透明、实时的"管、控、营"一体化。物联网不仅为人们提供智能化的工作与生活环境，变革人们的生活、工作与学习方式，而且还可以提高社会和经济效益。目前，许多国家（包括美国、欧盟、中国、日本、韩国和新加坡等）和科研机构（如MIT）一致认为，物联网是未来科技发展的核心领域。

6.3.2　物联网的特点

物联网要将大量物体接入网络并进行通信活动，对各物体的全面感知是十分重要的。全面感知是指物联网随时随地地获取物体的信息。要获取物体所处环境的温度、湿度、位置、运动速度等信息，就需要物联网能够全面感知物体的各种需要考虑的状态。物联网中各种不同的传感器如同人体的各种器官，对外界环境进行感知。物联网通过 RFID、传感器、二维码等感知设备对物体各种信息进行感知获取。

可靠传输是指物联网通过对无线网络与互联网的融合，将物体的信息实时准确地传递给用户。获取信息是为了对信息进行分析处理从而进行相应的操作控制。将获取的信息可靠地传输给信息处理方。

在物联网系统中，智能处理部分将收集来的数据进行处理运算，然后做出相应的决策，来指导系统进行相应的改变，它是物联网应用实施的核心。智能处理指利用各种人工智能、云计算等技术对海量的数据和信息进行分析和处理，对物体实施智能化监测和控制。智能处理相当于人的大脑，根据神经系统传递来的各种信号做出决策，指导相应器官进行活动。

物联网具有四个特点。

1. 全面感知

物联网利用传感器、RFID、全球定位系统以及其他机械设备，采集各种动态的东西。

2. 可靠传输

物联网通过无处不在的无线网络、有线网络和数据通信网等载体将感知设备感知的信息实时传递给物联网中的"物体"。物体具备的条件：

（1）具有通信能力，如蓝牙、红外线、无线射频等。

（2）具有一定的数据存储功能。

（3）具有计算能力，能够在本地对接收的消息进行处理。

（4）具有操作系统，且具有进程管理、内存管理、网络管理和外设管理等功能。

（5）遵循物联网的通信协议，如 RFID、ZigBee、Wi-Fi 和 TCP/IP 等。

（6）有唯一的标识，能唯一代表某个物体在整个物联网中的身份。

3. 智能应用

物联网通过数据挖掘、模式识别、神经网络和三维测量等技术，对物体实现智能化的控制和管理，使物体具有"思维能力"。

4. 网络融合

物联网没有统一标准，任何网络包括 Internet 网、通信网和专属网络都可融合成一个物联网。物联网是在融合现有计算机、网络、通信、电子和控制等技术的基础上，通过进一步的研究、开发和应用形成自身的技术架构。

6.3.3 物联网的现状

随着传感器技术的不断发展，传感器的种类越来越多，传感器现在正向着智能化、微型化、多功能化发展。微型传感器可以用来测量各种物理量、化学量和生物量，如位移、速度、加速度、压力、应力、应变、声、光、电、磁、热、pH 值、离子浓度及生物分子浓度等，已经对大量不同应用领域，如航空、远距离探测、医疗及工业自动化等领域的信号探测系统产生了深远影响。智能化传感器技术也处于蓬勃发展时期，智能变送器和二维加速度传感器以及另外一些含有微处理器的单片集成压力传感器、具有多维检测能力的智能传感器和固体图像传感器等相继面世。与此同时，基于模糊理论的新型智能传感器和神经网络技术在智能化传感器系统的研究和发展中的重要作用也日益受到了相关研究人员的重视。

6.3.4 物联网的基本架构

物联网架构分为感知层、传输层和应用层三层。

（1）感知层。感知层在物联网中，如同人的感觉器官对人体系统的作用，用来感知外界环境的温度、湿度、压强、光照、气压、受力情况等信息，通过采集这些信息来识别物体。感知层包括传感器、RFID、EPC 等数据采集设备，也包括在数据传送到接入网关之前的小型数据处理设备和传感器网络。感知层主要实现物理世界信息的采集、自动识别和智能控制。感知层是物联网发展的关键环节和基础部分。作为物联网应用和发展的基础，感知层涉及的主要技术包括 RFID 技术、感知和控制技术、短距离无线通信技术以及对应的 RFID 天线阅读器研究、传感器材料技术、短距离无线通信协议、芯片开发和智能传感器节点等。

（2）传输层。传输层将感知层获取的各种不同信息传递到处理中心进行处理，使得物联网能从容应对各种复杂的环境条件，这就是各种不同的应用。目前，物联网传输层都是基于现有的通信网和互联网建立的，包括各种无线和有线网关、接入网和核心网，主要实现感知层数据和控制信息的双向传递、路由和控制。

物联网传输层技术主要是基于通信网和互联网的传输技术，传输方式分有线传输和无线传输。

（3）应用层。物联网把周围世界中的人和物都联系在网络中，应用涉及广泛，应用包括家居、医疗、城市、环保、交通、农业、物流等方面。

物联网应用涉及行业众多，涵盖面宽泛，总体可分为身份相关应用、信息汇聚型应用、协同感知类应用和泛在服务应用。物联网通过人工智能、中间件、云计算等技术，为不同行业提供应用方案。

6.3.5　物联网的技术架构

物联网主要解决了物品到物品、人到物品、物品到人、人到人之间的互联，这四种类型是物联网基本的通信类型，因此物联网并非是简单的物品与物品之间的互联网络，并且单纯在局部范围之内连接某些物品也不构成物联网，事实上物联网是一种由物品可以自然连接的互联网。从物联网的技术架构来看，物联网具有如下特征：

（1）物联网是因特网的扩展和延续，因此物联网被认为是因特网的下一代网络。

（2）物联网中个体（物品、人）之间的连接一定是"自然连接"，既要维持物品在物理世界中时间特性的连接，也要维持物品在物理世界中空间特性的连接。

（3）物联网不仅仅是一个能够连接物品的网络设施，单纯的物体连接的网络不能称之为物联网。

物联网很难利用传统的分层模型来描述物联网的概念模型，而需要使用多维模型来刻画物联网的概念模型。物联网由三个维度构成，分别为信息物品维、自主网络维和智能应用维。物联网的技术架构如图 6-4 所示，信息物品技术、自主网络技术和智能应用技术构成了物联网的技术架构。

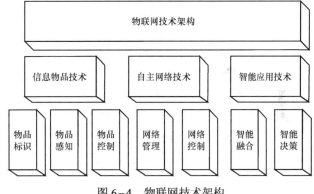

图 6-4　物联网技术架构

（1）信息物品技术。信息物品技术是指现有的数字化技术，分为物品标识、物品感知和物品控制三种。物联网通过信息物品技术来对物品进行标识、感知和控制，因此信息物品技术是"物品"与网络之间的接口。

（2）自主网络技术。自主网络就是一种自我管理和控制的网络，其中自我管理包括自我配置、自我组网、自我完善、自我保护和自我恢复等功能。为了满足物联网的应用需求，需要将当前的自主网络技术应用在物联网中，使得物联网成为自主网络。自主网络技术包括自主管理技术和自我控制技术两种。自主网络管理技术包括网络自我完善技术、网络自我配置技术、网络自我恢复技术和自我保护技术；自主网络控制技术包括基于时间语义的控制技术和基于空间语义的控制技术。

（3）智能应用技术。物联网的通信融合以及网络融合特征保证了各个物体都能进行相互通信，因此任何行业都可以基于物联网来实现智能应用。物联网的智能应用可以分为：生活办公应用、医疗卫生应用、交通运输应用、公共服务应用以及未来类应用。

智能应用技术是物联网应用中特有的技术，其中包括智能决策控制技术和智能数据融合技术。智能决策控制基于数据特征来对物体的行为进行控制和干预，而智能数据融合将收集的不同类型的数据进行处理，抽象成数据特征以便智能决策控制。

6.3.6　物联网的应用模式

根据物联网的不同用途，可以将物联网的应用分为智能标签、智能监控与跟踪和智能控制三种基本应用模式。

（1）智能标签。商品上的二维码、银行卡、校园卡、门禁卡等为生活、办公提供了便利，这些条码和磁卡就是智能标签的载体。智能标签通过磁卡、二维码、RFID 等将特定的信息存储到相应的载体中，这些信息可以是用户的身份、商品的编号和金额余额。

（2）智能监控与跟踪。物联网的一个常用的场景就是利用传感器、视频设备、GPS 设备等实现对特定特征（如温度、湿度、气压）的监控和特定目标（如物流商品、汽车、特定人）的跟踪，这种模式就是智能监控与跟踪。

（3）智能控制。智能控制就是一种物体自身的智能决策能力，这种决策是根据环境、时间、空间位置、自身状态等一些因素产生的。智能控制是最终体现物联网功能的应用模式，只有包含智能控制，一个连接不同物体的网络才能被称为物联网。智能控制可基于智能网络和云计算平台，根据传感器等感知终端获取的信息产生智能决策，从而实现对物体行为的控制。

6.3.7　物联网的发展趋势

当前的阶段是物联网相关产业以及应用迅速发展的时期。以物联网为代表的信息技术产业成为了推动产业升级、迈向信息化社会的引擎，是未来新兴战略性产业之一。

物联网需要发展物联网终端、通信技术和应用创新三个方面。

（1）物联网终端。物联网终端发展迅速，呈现出多样化、智能化的特征。物联网时代的通信主体由人扩展到物，物联网终端是用于表征物理世界的物体、实现物体智能化的设备。推动物联网终端的发展因素有以下两个方面。

一方面，随着物理世界中的物体逐步成为通信对象，必将产生大量的、各式各样的物联网终端，使得物体具有通信能力，实现人与物、物与物之间的通信。

另一方面，随着技术的进步，低功耗和小体积的传感器将大量出现，而且其感知能力更加全面，为物联网的规模化发展奠定了基础。

（2）通信技术。现有通信网具有任何时间、任何人、任何地方的特征，即实现了任何人在任何地方任何时间的通信。相比之下，物联网不仅包含任何时间、任何人、任何地方等特征，还包含了任何物体的特征。人们不再被局限于网络的虚拟交流，物联网使得机器与人、机器与机器之间能够进行通信。

（3）应用创新。随着物联网关键技术的不断发展和产业链的不断成熟，物联网的应用将呈现多样化、泛在化的趋势。

一方面，物联网发展将以行业用户的需求为主要推动力，以需求创造应用，通过应用推动需求，从而促进标准的制定、行业的发展。全球物联网终端将会更为广泛地应用于各产业，其中以工业、交通、能源及安防等产业最具成长潜力。

另一方面，随着物联网产业的不断发展，物联网应用将逐步从行业应用向个人应用、家庭应用拓展。

物联网以其"无所不在"的构想在全球悄然掀起了一股前所未有的热潮，甚至有人将物联网视为比互联网大 30 倍的产业，是下一个万亿级的信息技术产业。

根据现在的趋势,不难预测在今后的若干年内物联网将会广泛应用于生活的方方面面,并将会在生活中发挥着重要作用。目前,其开发的物联网应用产品,涵盖了物联网的主要应用领域,分别包括智能家居、智能医疗、智能城市、智能环保、智能交通、智能司法、智能农业、智能物流、智能校园、智能文博、M2M 平台等。物联网的终极应用是把身边的一切物体接入网络,为人类提供智能化的服务,构建智能化的城市。

6.3.8　物联网与互联网的关系

物联网与互联网有着显著的区别,同时也存在着密切的联系。

(1)物联网是各种感知技术的广泛应用。物联网上部署了海量的多种类型传感器,每个传感器都是一个信息源,不同类别的传感器所捕获的信息内容和信息格式不同。传感器获取的数据具有实时性,按一定的频率周期性地采集环境信息,不断更新数据。

(2)物联网是一种建立在互联网上的泛在网络。物联网技术的重要基础和核心仍旧是互联网,通过各种有线和无线网络与互联网融合,将物体的信息实时准确地传递出去。

(3)物联网提供了传感器的连接,其本身也具有智能处理的能力,能够对物体实施智能控制。

1. 物联网与互联网通信模型

物联网采用三层模型,而互联网使用四层的 TCP/IP 协议。相比互联网,物联网的协议模型层数更少。物联网的感知层与 TCP/IP 的网络接口层对应,而网络层与 TCP/IP 模型的传输层和互联网层对应。

物联网的通信模型借鉴了 Flat IP 的技术,将传统的网络结构进行了扁平化的处理,从而形成了三层的网络结构。这样不仅可以减少层与层之间的通信消耗,而且有利于提高处理速度。物联网通信模型与 TCP/IP 的对应关系如图 6-5 所示,物联网通信模型与 OSI 模型的对应关系如图 6-6 所示。

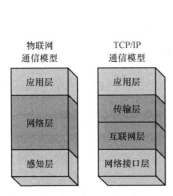

图 6-5　物联网与 TCP/IP 模型比较

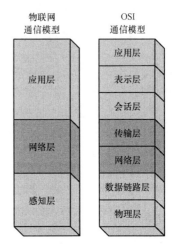

图 6-6　物联网与 OSI 模型比较

2. 智能电网与物联网

智能电网是未来电力系统中的重要平台,清洁能源智能接入、智能控制、智能变电器等都将在此平台上应用。智能电网的发展经历了产生、实现以及大规模应用的阶段。

智能电网最早起源于基于群体智能(Swarm)的电器控制方案,该方案是由坎贝尔发明并于 2005 年提出的。群体智能是一种实现人工智能的方法，这种方法是通过对自然界中群居性生物研究而得出的。

IBM 提出并设计了智能电网解决方案，该方案使用测量设备、无线传感器和分析工具来实现对电网的远程监控、性能优化、故障诊断和恢复。

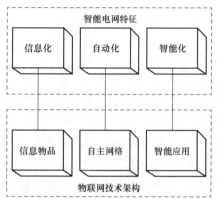

图 6-7　物联网技术架构与智能电网特征

物联网在电力行业中被广泛应用。智能电网是物联网技术重要的应用之一，将物联网技术运用于智能电网具有天然的优势。这是由于信息化、自动化、智能化是智能电网的三大特征，而物联网的技术架构是信息物品、自主网络和智能应用三个方面。因此物联网技术是实现信息化、自动化、智能化支撑平台，在电网中应用的物联网就是智能电网。物联网技术架构与智能电网三个特征的对应关系如图 6-7 所示。

智能电网以智能控制为工具，以通信网络为媒介，实现了电力行业中的电力信息、数据信息、业务信息的融合。电力行业分为发电、输电、变电、配电、用电等方面，在这些方面应用物联网技术将会产生巨大的社会和经济效益，有助于提高电网的输电能力，增强电网的安全性、可靠性及用户的用电质量，为终端使用者提供智能化、便利化的服务。物联网技术作为基础性技术，渗透到智能电网的各个领域。物联网在电力行业各个环节的应用。

（1）输电环节：可根据需求合理地将电力输送到各个终端，并根据成本选择最小成本的能源输送线路。

（2）变电环节：通过应用的场景自动实现电压变换。

（3）配电环节：可实现配电的智能检查和管理，通过信息网络实现对终端设备的远程故障检测，并根据故障进行设备维护。

（4）用电环节：自动采集用电信息并生成计费信息，结合数据决策技术如数据挖掘、神经网络和自学习等为电力提供商做智能决策。

6.3.9　物联网的应用

当前各大研究机构和解决方案提供商纷纷推出自己的物联网解决方案，其中以 IBM 的智慧的地球为典型代表。根据物联网技术在不同领域的应用，"智慧的地球"战略规划了六个具有代表性的智慧行动方案，包括智慧的电力、智慧的医疗、智慧的城市、智慧的交通、智慧的供应链以及智慧的银行。IBM 将"智慧的地球"战略分解为四个关键问题，以保证该战略的有效实施。

（1）利用新智能（New Intelligence）技术。

（2）智慧运作（Smart Work），关注开发和设计新的业务流程，形成在灵活、动态流程支持下的智能运作，使人类实现全新的生活和工作方式。

（3）动态架构（Dynamic Infrastructure），旨在建立一种可以降低成本、具有智能化和安全特性的动态基础设施。

（4）绿色未来（Green&Beyond），旨在采取行动解决能源、环境和可持续发展的问题，提高效率和竞争力。

在石油、化工和燃气行业，在工程施工人员、资产定位和物资的采购、入库、出库、领用管理以及钻井平台的管理、运输车辆和石化产品的供应链管理中使用 RFID 技术来构建该行业的物联网，实时监测相关目标的位置以及状态等信息。

在电力行业，通过物联网定期获取用户用电情况、变压器的各相电表电度量、变压器的设备运行状态等信息，实现对电网的实时监测。通过分析配电终端监控器上传的信息来判断故障区段，实现故障区段快速定位；及时发现存在故障的设备点，并基于配电控制终端实施远程控制操作，实现故障区段与非故障区段配电网的隔离；对于监测到的跳闸等异常状态，可以快速实施远程合闸动作，快速恢复供电。

在交通行业，通过物联网的应用，利用手机或安装在车辆上的车载终端，可以实时采集车辆数据，对车辆进行远程监控，保证车辆的安全运行，实现车辆的综合信息管理、车辆的调度管理与信息发布等。

企业需要依据研究的技术和标准，在工业、农业、物流、交通、电网、环保、安防、医疗、家居等一些领域实现物联网的应用。

（1）智能工业：生产过程控制、生产环境监测、制造供应链跟踪、产品全生命周期监测，促进安全生产和节能减排。

（2）智能农业：农业资源利用、农业生产精细化管理、生产养殖环境监控、农产品质量安全管理和产品溯源。

（3）智能物流：建设库存监控、配送管理、安全溯源等现代流通应用系统，建设跨区域、行业、部门的物流公共服务平台，实现电子商务与物流配送一体化管理。

（4）智能交通：交通状态感知和交换、交通诱导与智能化管控、车辆定位与调度、车辆远程监测与服务、车路协同控制、建设开放的综合智能交通平台。

（5）智能电网：电子设施监测、智能变电站、配网自动化、智能用电、智能调度、远程抄表，建设安全、稳定、可靠的智能电力网络。

（6）智能环保：污染源监控、水质监测、空气监测、生态监测，建立智能环保信息采集网络和信息平台。

（7）智能安防：社会治安监控、危化品运输监控、食品安全监控，重要桥梁、建筑、轨道交通、水利设施、市政管网等基础设施安全监测、预警和应急联动。

（8）智能医疗：药品流通和医院管理，以人体生理和医学参数采集及分析为切入点面向家庭和社区开展远程医疗服务。

（9）智能家居：家庭网络、家庭安防、家电智能控制、能源智能计量、节能低碳、远程教育等。

6.3.10　物联网在智能电网中的应用

1. 智能电网物联网应用概述

智能电网主要是通过终端传感器在客户之间、客户和电网公司之间形成即时连接的网络互动，实现数据读取的实时、高速、双向效果，从而整体提高电网的综合效率。智能电网是实现电力流、信息流、业务流高度一体化的前提，在于信息的无损采集、流畅传输、有序应用，各个层级的通信支撑体系是智能电网信息运转的有效载体。通过充分利用智能电网多元、海量信息的潜在价值，可服务于智能电网生产流程的精细化管理和标准化建设，提高电网调度的智能化和科学决策水平，提高电力系统运行的安全性和经济性。智能电网的核心，在于构建具备智能判断与自适应调节能力的多种能源统一入网和分布式管理的智能化网络系统，可对电网和客户用电信息进行实时监控和采集，且采用最经济与最安全的输配电方式将电能输送给终端用户，实现对电能的最优配置与利用，提高电网运行的可靠性和能源利用效率。

物联网的网络功能仍集中于数据的采集、传输、处理三方面。

（1）数据采集倾向于更多新型业务。由于宽带接入技术的支持，物联网应用不局限于数据量的限制，在未来的大规模应用中可以提供更多的数据类型业务，如重点输电线路监测防护、大规模实时双向用电信息采集。

（2）网内协作模式的数据传输。以网内节点的协作互助为基本方式，解决数据传输问题；以各种成熟的接入技术为物理层基础，从物理层以上，通过多模式接入、自组织的路由寻址方式、传输控制、拥塞避免等技术实现节点协作数据传输模式。

（3）网内数据融合处理技术。物联网不仅仅是一个向用户提供物理世界信息的传输工具，同时还在网络内部对节点采集的数据进行融合处理，是一个具有高度计算能力和处理能力的云计算信息加工厂，用户端得到的数据是经过大量融合处理的非原始数据。

2. 智能电网物联网应用方案

面向智能电网应用的物联网应当主要包括感知层、网络层和应用服务层。感知层主要通过无线传感器网络、RFID等技术手段实现对智能电网各应用环节相关信息的采集；网络层以电力光纤网为主，辅以电力线通信网、无线宽带网，实现感知层各类电力系统信息的广域或局部范围内的信息传输；应用服务层主要采用智能计算、模式识别等技术实现电网信息的综合分析和处理，实现智能化的决策、控制和服务，从而提升电网各个应用环节的智能化水平。物联网技术在智能电网中的主要应用如图6-8所示。

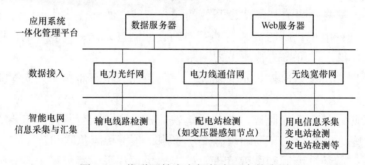

图6-8 物联网技术在智能电网中的应用

面向智能电网的物联网将具有多元化信息采集能力的底层终端部署于监测区域内，利用各类仪表、传感器、RFID射频芯片对监测对象和监测区域的关键信息和状态进行采集、感知、识别，并在本地汇集，进行高效的数据融合，将融合后的信息传输至中间层的网络接入设备；中间层的网络接入设备负责底层终端设备采集数据的转发，负责物联网与智能电网专用通信网络之间的接入，保证物联网与电网专用通信网络的互联互通。在物联网中，网络设备之间的数据链路可采用多种方式并存的链路连接，并依据智能电网的实际网络部署需求，调整不同功能网络设备的数量，灵活控制目标区域/对象的监测密度和监测精度以及网络覆盖范围和网络规模。

物联网在电力系统中具有广阔的应用空间，物联网将渗透到电力输送的各个环节，从发电环节的接入到检测、变电的生产管理、安全评估与监督、以及配电的自动化、用电的采集、营销都要采用物联网，在电网建设、生产管理、运行维护、信息采集、安全监控、计量应用和用户交互等方面将发挥巨大应用。

6.4　蓝牙通信技术

6.4.1　蓝牙通信技术概述

一直以来，人们渴望便捷的连接各类移动设备、嵌入式设备、计算机外设和家用电器，实现自由的信息传输与分享。短距离无线通信技术的出现实现了人们的愿望，在过去的十余年间经历了快速的发展和更新过程，在成本、功耗、实用性和可靠性等方面逐步趋于成熟，并在社会生产和人们生活等诸多方面发挥了重要作用。

在众多短距离通信技术当中，蓝牙是应用最为广泛、最为普及的技术之一，目标是使各种设备在没有电缆连接的情况下能够在近距离范围内实现相互通信或操作。蓝牙技术联盟（Bluetooth SIG）制定了第 1 版和第 2 版技术规范，即基本速率（BR）和增强数据速率（EDR）；蓝牙技术联盟还分别发布了 Bluetooth 技术规范的第 3 版和第 4 版，引入了高速（HS）和低功耗（LE）蓝牙技术规范，进一步拓展了 Bluetooth 的应用场景。蓝牙技术联盟为非盈利行业协会，本身不从事蓝牙产品的制造、生产或销售，而主要负责蓝牙标准的制定、实施和推广工作。

1. 传统蓝牙技术

传统蓝牙的技术规范包括 Core（核心协议）与 Profile（规范，也称为配置文件）两个部分。Core 部分定义了蓝牙的各层通信协议，Profile 指出了如何利用各层协议实现具体的应用。传统蓝牙的协议栈如图 6-9 所示。

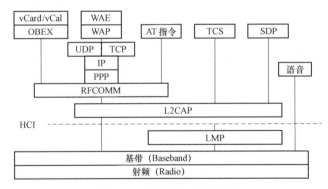

图 6-9　传统蓝牙的协议栈

传统蓝牙的射频（Radio）、基带（Baseband）与链路管理协议（LMP）用于语音与数据无线传输的物理实现以及蓝牙设备的物理、逻辑链路的建立，逻辑链路控制与适配协议（L2CAP）和主机控制器接口（HCI）用于逻辑链路控制的物理实现以及蓝牙设备间的连接和组网。串口仿真协议（RFCOMM）用于模拟串口接口环境，使得基于串口的传统应用无需修改便可以直接在该层上运行。服务发现协议（SDP）实现了蓝牙设备之间相互查询及访问对方提供的服务。对象交换协议（OBEX）使得如电子名片（vCard）和电子日历（vCal）等对象的交换应用可以运行在蓝牙协议栈之上。网络访问协议（包括 PPP、IP、UDP、TCP 等）

用于实现蓝牙设备的拨号上网，或通过网络接入点访问 Internet 和 WAP。电话控制协议包括电话控制协议规范（TCS）、AT 指令集和语音，使得蓝牙直接在基带上处理音频信号，采用 SCO 链路传输语音，可以实现头戴式耳机和无绳电话等应用。

2. 低功耗蓝牙技术

低功耗蓝牙（Bluetooth Low Energy，BLE）是一种新型的超低功耗无线传输技术，主要针对低成本、低复杂度的无线体域网和无线个域网设计，最主要的卖点之一就是可以用纽扣电池为低功耗蓝牙芯片供电，结合微型传感器构建出各种嵌入式或者可穿戴式传感器与传感器网络应用。

为推进行业应用，围绕该技术成立了 Wibree 技术联盟。2007 年，蓝牙技术联盟宣布将 Wibree 技术纳入蓝牙技术，致力于创造超低功耗的蓝牙无线传输技术。

为了提高软硬件设计时的重复率，低功耗蓝牙在协议设计时尽可能继承了传统蓝牙的组件，但对协议栈进行了简化设计。

（1）低功耗蓝牙的诞生。蓝牙技术和产品已经广泛应用于消费电子领域，日常所使用的手机都已内置蓝牙。

在低功耗蓝牙技术出现以前，不少运动健康类的产品使用传统蓝牙技术来实现，而蓝牙 2.1 或者 3.0 的耗电是个难以规避的问题，电池通常只能维持一天至数天的持续工作。特别对于那些采用纽扣电池供电的运动健康及可穿戴设备，尽管有很好的创意，但由于必须经常更换电池或充电，实际使用和用户体验均不理想，也使得我们很少看到传统蓝牙在这方面有成功的应用和体验。

2006 年，由 INOKIA、Nordic Semiconductor 和 Suunto 三家公司发起了致力于超低功耗应用的 Wibree 技术联盟，其目的就是开发与蓝牙互补的低功耗应用，并希望凭借低功耗的优势，在除了手机市场上的应用外，还在手表、无线 PC 外设、运动和医疗设备甚至儿童玩具上获得应用。

Wibree 的发展引起了蓝牙联盟的关注，蓝牙联盟和 Wibree 两方走到了一起。Wibree 于 2007 年并入蓝牙联盟（Bluetooth SIG），作为蓝牙技术的扩展，Wibree 成为蓝牙规范组成部分之低功耗蓝牙，被称为"低功耗蓝牙技术"，提供和蓝牙个人网络（PAN）的连接功能。

（2）蓝牙 3.0。2009 年 4 月 21 日，蓝牙技术联盟正式颁布了规范"蓝牙核心规范 3.0 版高速"，蓝牙 3.0 的核心是"Generic Alternate MAC/PHY（AMP）"，这是一种全新的交替射频技术，允许蓝牙协议栈针对这一任务动态地选择正确射频。

蓝牙 3.0 的传输速度有了很大提高，通过集成 802.11PAL（协议适应层），即可在需要的时候调用 802.11Wi-Fi 用于实现高速蓝牙传输，蓝牙 3.0 的数据传输率提高到了 24Mbit/s，可以用于高清电视、PC 至 PMP、UMPC 至打印机之间资料的高速传输。

（3）蓝牙 4.0。2010 年 6 月蓝牙联盟正式发布蓝牙 4.0 规范。蓝牙 4.0 规范包含以下：

BLE 低功耗蓝牙，只能与 4.0 协议设备通信，适应低功耗且仅收发传输少量数据的设备（如智能传感器、可穿戴设备等）；

BR/EDR 蓝牙（Basic Rate / Enhanced Date Rate），向下兼容（能与 2.1/2.0 通信），适应收发数据较多的设备（如耳机等）；

HS 高速蓝牙，向下兼容（能与 3.0 通信），适应需要高速数据传输的设备（如图片、文件传输等）。

（4）蓝牙 4.1。作为蓝牙技术的进一步发展，2013 年 12 月份发布了蓝牙 4.1 规范，蓝牙技术联盟正式推出了蓝牙 4.1 标准，蓝牙 4.1 标准在之前的基础上做了四大改进，主要变化在低功耗蓝牙部分。

1）与 4G 等技术实现"和平共处"，更好的支持 LTE。

2）进一步减少设备间重连时间，将更加智能化。

3）对数据传输速度进行了优化，传输速度更快更高效。

4）支持 IPv6 标准，满足物联网的要求。

（5）蓝牙 4.2。随着智能设备的进一步发展和物联网概念的兴起，业界对短距离无线通信技术提出了更高的要求。在这样的背景下蓝牙 4.2 应运而生。2014 年 12 月 5 日蓝牙技术联盟公布的蓝牙 4.2 标准。蓝牙 4.2 标准为物联网，尤其是低功耗智能设备联网大开方便之门。

蓝牙 4.2 的最大改进是支持 6LowPAN，亦即基于 IPv6 协议的低功耗无线个人局域网技术。6LowPAN 是首个融入 IP 协议的无线通信标准，这一技术允许多个蓝牙设备基于 IP 通过一个终端接入互联网或局域网。在智能家居系统中，传统的家庭电气设备都有可能连入局域网方便交互和控制，但大多数的设备并不适合高带宽、高功耗的 WiFi 接入方式。智能插座、智能开关、智能灯具、空调、净化/加湿设备、厨卫电器等更适合使用蓝牙传输。

6.4.2　低功耗蓝牙的设备类型

低功耗蓝牙是一种全新的技术，是当前可以用来设计和使用的功耗最低的无线技术。作为经典蓝牙的扩展，低功耗蓝牙沿用了蓝牙商标，并且借鉴了很多传统的技术。然而，由于针对的设计目标和市场领域均与经典蓝牙有所不同，低功耗蓝牙应被视为一种不同的技术。

经典蓝牙的设计目的在于统一全球各地的计算和通信设备，让手机与笔记本电脑互相连接。

低功耗蓝牙选择了完全不同的方向：并非只是增加可达的数据传输速率，而是从尽可能降低功耗方面进行优化。这样也许无法获得很高的传输速率，但是可以将连接保持数小时或数天的时间。有线和无线通信速率见表 6-1。

表 6-1　　　　　　　　　　　　有线和无线通信速率

调制解调器		以太网		WiFi		蓝牙	
V.21	0.3kbit/s	802.3i	10Mbit/s	802.11	2Mbit/s	V1.1	1Mbit/s
V.22	1.2kbit/s	802.3u	100Mbit/s	802.11b	11Mbit/s	V2.0	3Mbit/s
V.32	9.6kbit/s	802.3ab	1000Mbit/s	802.11g	54Mbit/s	V3.0	54Mbit/s
V.34	28.8kbit/s	802.3an	10 000Mbit/s	802.11n	135Mbit/s	V4.0	0.3Mbit/s

低功耗蓝牙技术可以构建两种类型的设备：双模设备和单模设备。双模设备既支持经典蓝牙又支持低功耗蓝牙，单模设备只支持低功耗蓝牙。

由于双模设备支持经典蓝牙，所以能与现有的数以亿计的蓝牙设备通信。双模设备是一类新的设备，要求为主机和控制器分别提供新的软件和硬件（包括固件）。

仅支持低功耗蓝牙的单模设备不支持经典蓝牙，无法与现有的蓝牙设备通信，但可以与其他单模设备或者双模设备通信。出于降低功耗的目的，这些新型的单模式设备进行了大量优化，可用于通过纽扣电池供电的元器件。

| 应用程序 | 应用 |

| 通用访问规范 |
| 通用属性规范 |
| 属性协议 | 安全管理器 |
| 逻辑链路控制和适配协议 |
| 主机控制器接口 |

主机

| 链路层 |
| 物理层 | 直接测试模式 |

控制器

图6-10　蓝牙体系结构

6.4.3　低功耗蓝牙的体系结构

低功耗蓝牙的体系结构本质上非常简单。如图6-10所示，它分成控制器、主机和应用程序三个基本部分。控制器通常是一个物理设备，它能够发送和接收无线电信号，并懂得如何将这些信号翻译成携带信息的数据包。主机通常是一个软件栈，管理两台或多台设备间如何通信以及如何利用无线电同时提供几种不同的服务。应用程序使用软件栈，由控制器来实现用户要求。

在控制器内既有物理层和链路层，又有直接测试模式和主机控制器接口（HCI）层的下半部分。在主机内包含三个协议：逻辑链路控制和适配协议、属性协议和安全管理器协议，此外还包括通用属性规范、通用访问规范和模式。

1. 控制器

蓝牙控制器由同时包含了数字和模拟部分射频器件和负责收发数据包的硬件组成。控制器与外界通过天线相连，与主机通过主机控制接口（HCI）相连。

（1）设备管理器。设备管理器是基带中的一个功能模块，控制一般的蓝牙设备行为。它负责所有与数据传输无关的蓝牙系统操作，如询问附近蓝牙设备是否存在、连接蓝牙设备，或者让本地的蓝牙设备可以被其他设备发现或连接。

为了执行相应功能，设备管理器要求通过基带的资源控制器访问传输媒介。同时，设备管理器还通过HCI命令提供了本地设备行为的控制功能，如管理设备的本地名称、存储链路密钥等。

（2）链路管理器和链路控制器。链路管理器负责创建、维护和释放逻辑链路，以及更新设备之间物理链路的相关参数。在BR/EDR中，链路管理器通过链路管理协议（LMP）与对端蓝牙设备的链路管理器进行通信；在LE中，则通过链路层协议（LL）完成。

链路控制器负责蓝牙数据包的编码和解码，主要处理物理信道、逻辑传输和逻辑链路中的净荷数据或参数。

（3）基带资源管理器。基带资源管理器负责所有的无线媒介访问操作。该模块通常具有两个功能：在其核心是一个调度器，为所有获得了媒介访问合约的实体分配物理信道时隙；另一个主要功能是和这些实体协商访问合约。访问合约是一个有效的承诺，保证所需的QoS为用户应用提供要求的性能。

（4）物理层。物理层采用2.4GHz无线电完成艰巨的传输和接收工作。在低功耗蓝牙中，采用一种称为高斯频移键控（GFSK）的调制方式改变无线电波的频率，传输0或1的信息。

频移键控部分是指把1或0通过轻微升高或者降低信号频率进行编码。

物理层模块负责从物理信道传输和接收信息数据包。在基带和物理层之间，一条控制路径允许基带模块控制物理层的时隙和频率载波。同时，物理层模块向物理信道或基带发送（或接收）符合格式要求的数据流。

（5）链路层。链路层是低功耗蓝牙体系里最复杂的部分。它负责广播、扫描、建立和维护连接，以及确保数据包按照正确的方式组织、正确地计算校验值以及加密序列等。为了实现上述功能，定义下列三个基本概念：信道、报文和过程。

链路层信道分为广播信道和数据信道两种。未建立连接的设备使用广播信道发送数据，广播信道共有三个。设备利用该信道进行广播，通告自身为可连接或可发现的，并且执行扫描或发起连接。在连接建立后，设备利用数据信道来传输数据。数据信道共有 37 个，由一个自适应跳频引擎控制以实现鲁棒性。在数据信道中，允许一端向另一端发送数据、确认，并在需要时重传，此外还能为每个数据包进行加密和认证。

在任意信道上发送的数据（包括广播信道和数据信道）均为小数据包。数据包封装了发送者给接收者的少量数据，以及用来保障数据正确性的校验和。无论在广播信道还是数据信道，基本的数据包格式均相同，每个数据包含有最少 80 比特的地址、报头和校验信息。

（6）主机/控制器接口。对于许多设备，主机/控制器接口（HCI）为主机提供了一个与控制器通信的标准接口。它允许主机将命令和数据发送到控制器，并且允许控制器将事件和数据发送到主机。主机/控制器接口实际上由两个独立的部分组成：逻辑接口和物理接口。

逻辑接口定义了命令和事件及其相关的行为。逻辑接口可以交付给任何物理传输，或者通过位于控制器上的本地应用程序编程接口（API）交付给控制器，后者可以包含嵌入式主机协议栈。

物理接口定义了命令、事件和数据如何通过不同的连接技术来传输。已定义的物理接口包括 USB、SDIO 和两个 UART。对大部分控制器而言，它们只支持一个或两个接口。

因为主机控制器接口存在于控制器和主机之内，位于控制器中的部分通常称为主机控制器接口的下层部分；位于主机中的部分通常称为主机控制器接口的上层部分。

主机控制器接口（HCI）为基带控制器和链路管理器提供了一套统一的命令接口，且为参数配置提供了一条途径。

蓝牙底层协议的实现方式如图 6-11 所示。其中，主机部分通常由软件实现，包括物理总线（USB、PC Card 和其他）驱动、HCI 驱动以及其他高层驱动；物理总线一般通过固件（firmware）实现，操作 USB、PC Card 等具体硬件；HCI 和链路管理器通常也是利用固件操作基带控制器；而基带控制器通过硬件实现。

2. 主机

主机包含复用层、协议和用来实现许多有用的过程。主机构建于主机控制器接口的上层部分，其上为逻辑链路控制和适配协议，一个复用层。在它上面是系统的两个基本构建模块：安全管理器以及属性协议。

主机并未对其上层接口做明确规定。每个操作系统或环境都会有不同的方式公开主机的应用程序接口，不管是通过一个功能接口还是一个面向对象的接口。

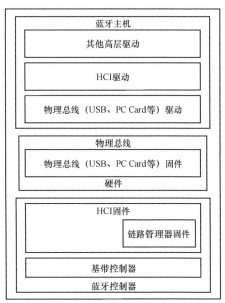

图 6-11　蓝牙底层协议的实现方式

（1）信道管理器。信道管理器负责为传输服务协议或者应用数据流进行 L2CAP 信道的创建、管理和删除操作。信道管理器使用 L2CAP 协议与远端的信道管理器进行交互，创建 L2CAP 信道，将端节点与适合的实体相连接。信道管理器与本地的链路管理器进行交互，创建新的逻辑链路，或者配置这些链路，为正在传输的数据类型提供所需的 QoS。

（2）L2CAP 资源管理器。L2CAP 资源管理器模块负责管理和排序 PDU 分段，支持信道间的调度功能，确保具有 QoS 保证的 L2CAP 信道不会由于控制器资源的耗尽而被物理信道拒绝访问。

（3）逻辑链路控制和适配协议。逻辑链路控制和适配协议（L2CAP）是低功耗蓝牙的复用层。该层定义了两个基本概念：L2CAP 信道和 L2CAP 信令。L2CAP 信道是一个双向数据通道，通向对端设备上的某一特定的协议或规范。每个通道都是独立的，可以有自己的流量控制和与其关联的配置信息。经典蓝牙使用了 L2CAP 的大部分功能，包括动态信道标识符、协议服务多路复用器、增强的重传、流模式等。低功耗蓝牙只用到了最少的 L2CAP 功能。

低功耗蓝牙中只使用固定信道：一个用于信令信道，一个用于安全管理器，还有一个用于属性协议。低功耗蓝牙只有一种帧格式。

（4）安全管理器协议。安全管理器协议（SMP）定义了一个简单的配对和密钥分发协议。配对是一个获取对方设备信任的过程，通常采取认证的方式实现。配对之后，接着是链路加密和密钥分发过程。在密钥分发过程中从设备把秘密共享给主设备，当这两台设备在未来的某个时候重连时，可以使用先前分发的共享秘密进行加密，从而迅速认证彼此的身份。安全管理器还提供了一个安全的工具箱，负责生成数据的哈希值、确认值以及配对过程中使用的短期密钥。

（5）AMP 管理协议。AMP 管理器是利用 L2CAP 与远端设备的 AMP 管理器进行通信的模块，与 AMP PAL 进行直接交互。AMP 管理器负责发现远程 AMP，确定其可用性，并收集有关远程 AMP 的信息用于建立和管理 AMP 的物理链路。AMP 管理器使用专属 L2CAP 信令信道与远程 AMP 管理器通信。

（6）属性协议。属性协议（ATT）模块为属性服务器和属性客户端实现了端到端的通信协议。通过一个固定的 L2CAP 信道，ATT 客户端与位于远端设备上的 ATT 服务器进行交互。ATT 服务器向客户端发送回复、通知和指示。这些 ATT 客户端的命令和请求为读写 ATT 服务器上的属性值提供了一种简单有效的方式。

属性协议定义了访问对端设备上的数据的一组规则。数据存储在属性服务器的"属性"里，供属性客户端执行读写操作。客户端将请求发送至服务器，后者回复响应消息。客户端可以使用这些请求在服务器上找到所有的属性并且读写这些属性。

属性是被编址并被打上标签的一小块数据。每个属性均包含一个用来标识该属性的唯一的句柄、一个用于标识存储数据的类型以及一个值。

（7）通用属性规范。通用属性规范（GATT）模块定义了属性服务器的功能，并可选地表示属性客户端的功能。规范描述了属性服务器中使用的服务、特征和属性的层次结构。该模块提供接口，用于发现、读、写和指示服务的特点和属性。

通用属性规范位于属性协议之上，定义了属性的类型及其使用方法。通用属性规范引入了一些概念，包括"特性"、"服务"、服务之间的"包含"关系、特性"描述符"等。它还定义了一些规程，用来发现服务、特性、服务之间的关系，以及用来读取和写入特性值。

（8）通用访问规范。通用访问规范（GAP）模块代表所有蓝牙设备共有的基础功能，如传输、协议或者应用规范所使用的模式和访问过程。**GAP** 的服务包括设备发现、连接方式、安全、认证、关联模型和服务发现等。

通用访问规范定义了设备如何发现、连续以及为用户提供有用的信息。它还定义了设备之间如何建立长久的关系，称为绑定（Bonding）。

3. 应用层

控制器和主机之上是应用层。应用层规约定义了特性、服务和规范三种类型。这些规范均构建在通用属性规范上。通用属性规范为特性和服务定义了属性分组，应用程序为使用这些属性组定义了规约。

（1）特性。特性是采用已知格式、以通用唯一识别码（UUID）作为标记的一小块数据。由于特性要求能够重复使用，因而设计时没有涉及行为。

（2）服务。服务是人类可读的一组特征及其相关的行为规范。服务只定义了位于服务器上的相关特性的行为，而不定义客户端的行为。

（3）规范。规范是应用的最终体现。规范是描述两个或多个设备的说明，每个设备提供一个或多个服务。规范描述了如何发现并连接设备，从而为每台设备确定所需的拓扑结构。规范还描述了客户端行为，用于发现服务和服务特性，以及使用该服务实现用例或应用所要求的功能。

4. 低功耗蓝牙协议栈

蓝牙 4.0 规范定义了两类设备：双模设备能够支持低功耗蓝牙以及蓝牙 BR/EDR，而单模设备仅支持低功耗蓝牙协议。单模器件通常用在低成本和资源受限的设备中，只支持低功耗蓝牙规范。这种分离式设计能够支持非对称网络，即利用单模协议栈的简单性为传感器设备服务，而让移动电话及平板电脑等多功能设备支持双模协议栈，提供更多更为复杂的功能。

随着蓝牙 4.0 的发布，双模蓝牙的数量将逐步增加，逐渐取代传统蓝牙。传统蓝牙（BR/EDR）设备、双模和单模蓝牙 4.0 设备在内的协议栈主要模块如图 6−12 所示。双模协议栈有两个独立的协议路径，二者共享射频模块。

构建一个低功耗蓝牙产品可能使用多种不同的协议栈划分方案。标准规范定义了一种协议栈划分的方法，即使用主机控制器接口分隔主机和控制器两部分。

（1）单芯片解决方案。单芯片解决方案可能是低功耗蓝牙里最简单的协议栈划分方案，如图 6−13 所示。该芯片包括控制器、

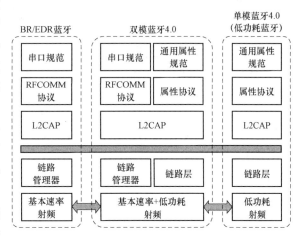

图 6−12　各类蓝牙设备的通信协议栈结构图

主机软件和应用程序。这是低功耗产品的极简方案，只需要一个电源、一根天线、一些连接按钮或灯泡的硬件接口，以及一些额外的分立元件。

（2）双芯片解决方案。经典的双芯片解决方案是将控制器放在一个芯片上，而将主机和应用程序放在另一个单独的芯片上，如图 6−14（a）所示。这种模式通常用于手机和电脑，因为它们已经拥有了非常强大的处理器能够运行完整的主机和应用软件栈。该方案通常使用

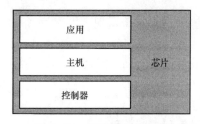

图6-13 单芯片解决方案

提供了标准的主机控制器接口的量产控制器芯片。

一种替代的双芯片解决方案是把控制器和主机放在同一个芯片上，而把应用程序放在另一个单独的芯片上，如图6-14（b）所示。由于应用芯片不需要太多的内存或其他资源来运行应用程序，它可以是一个非常小的低功耗微处理器。两个芯片之间的接口通常是一个自定义的接口，如采用简单的 UART。该解决方案的优点是两种标准的量产芯片可以相互结合，同时，还可使用关于应用芯片的标准开发工具。

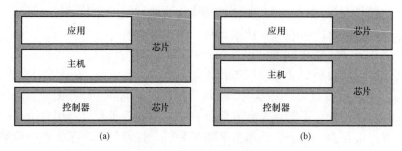

图6-14 一对双芯片解决方案
（a）经典的双芯片解决方案；（b）替代的双芯片解决方案

（3）三芯片解决方案。可以使用多芯片解决方案，例如结合一个标准的控制器芯片、一个主机芯片和一个应用芯片，主机芯片将需要两个独立的接口。

6.4.4 低功耗蓝牙芯片 nRF51822

Nordic低功耗蓝牙（BLE）4.0芯片nRF51822内含一颗Cortex-M0 CPU，拥有256/128 KB Flash和32/16 KB RAM，为低功耗蓝牙产品应用提供了性价比最高的单芯片解决方案，是超低功耗与高性能的完美结合。其最大发射功率+4 dBm，在 250 kbit/s 的通信速率下，接收灵敏度为-96dBm。

nRF51822 低功耗蓝牙模块的原理图如图 6-15 所示。

图 6-15 右边方框内的电路为阻抗匹配网络部分电路，将 nRF51822 的射频差分输出转为单端输出 50Ω 标准阻抗，相应的天线也应该是 50Ω 阻抗，这样才能确保功率最大化的传输到空间。

6.4.5 低功耗蓝牙单模芯片 CC2540/41

1. 低功耗蓝牙单模芯片 CC2540/41 概述

CC2540/41 是 TI 公司设计生产的低功耗蓝牙单模芯片，具有低成本、低功耗等特点；可运行低功耗蓝牙协议栈和用户定制的应用程序，并配备丰富的外设接口，为低功耗蓝牙单模应用提供了理想的单芯片解决方案。

CC2540/41 集成了性能优异的射频收发器，增强型工业级 8051 处理器，可在线编程的 Flash 存储区，8KB RAM 以及丰富的外设接口。CC2540 与 CC2541 的主要区别：CC2540 提供了一个 USB 从设备接口，而 CC2541 提供了一个 I²C 接口，在不使用 USB 以及 I²C 接口时，二者引脚兼容。

2. 硬件特性

（1）射频相关。

1）兼容低功耗蓝牙标准。

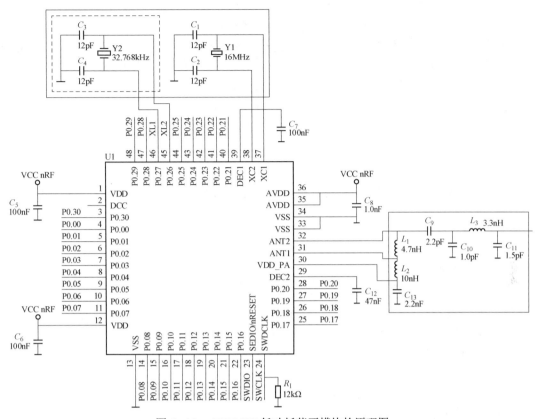

图 6-15　nRF51822 低功耗蓝牙模块的原理图

2）高达 97dB（CC2540）或 93dB（CC2541）的链路预算。

3）在不使用外部射频前端的情况下提供长距离通信。

4）精确的数字接收信号强度指示（RSSI）。

5）符合多个国家或地区的射频频率规范。

（2）控制器。

1）高性能、低功耗 8051 核。

2）128KB 或 256KB 可在线编程 Flash。

3）8KB RAM，并可在任意功率模式下保留内容。

4）支持硬件调试。

5）可扩展基带自动化，如自动确认、自动地址编码等。

6）所有寄存器在任意功率模式下保留内容。

（3）外设。

1）功能强大的 5 通道直接内存访问（DMA）控制器。

2）一个 16 位、两个 8 位通用计数器。

3）红外信号生成电路。

4）具有捕获功能的 32kHz 睡眠时钟。

5）电池监控及温度传感器。

6）8 通道可配置分辨率的 8～12 位 AD 转换器。

7）AES 安全协处理器。

8）两个功能强大的通用同步/异步串行收发器，可支持多种串行协议。

9）23 个通用输入输出引脚，其中 2 个可提供 20mA 电流（可直接驱动发光二极管），21 个可提供 4mA 电流。

10）看门狗定时器。

11）集成高性能电压比较器。

3. 软件特性

为低功耗蓝牙单模应用提供的蓝牙 4.0 兼容的协议栈，针对功耗优化的完整协议栈，包括控制器和主机端。

4. 典型应用

（1）低功耗蓝牙系统。

（2）手机附件。

（3）体育及休闲设备。

（4）消费电子。

（5）人机接口设备（键盘、鼠标、遥控器）。

（6）USB 适配器。

（7）健康及医疗设备。

5. CC2540/41 最小系统硬件设计

CC2540 的引脚定义如图 6-16 所示。

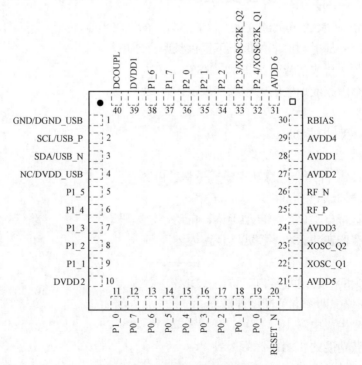

图 6-16　CC2540 引脚定义图

CC2540/41 最小系统参考原理图如图 6−17 所示。

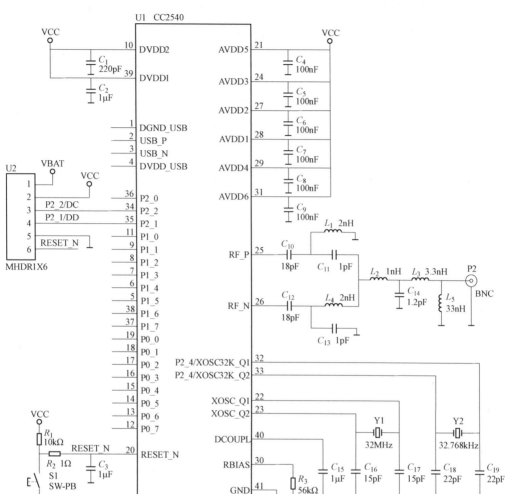

图 6−17　CC2540/41 最小系统参考原理图

6.5　ZigBee 无线传感网络

6.5.1　ZigBee 无线传感网络通信标准

1. ZigBee 标准概述

ZigBee 技术在 IEEE 802.15.4 的推动下，不仅在工业、农业、军事、环境、医疗等传统领域取得了成功的应用，在未来其应用可能涉及人类日常生活和社会生产活动的所有领域，真正实现无处不在的网络。

ZigBee 技术是一种近距离、低复杂度、低功耗、低成本的双向无线通信技术，主要用于距离短、功耗低且传输速率不高的各种电子设备之间进行数据传输以及典型的有周期性数据、间歇性数据和低反应时间数据传输的应用，因此非常适用于家电和小型电子设备的无线控制指令传输。其典型的传输数据类型有周期性数据（如传感器）、间歇性数据（如照明控制）和

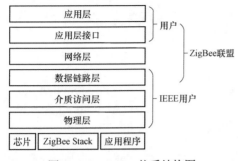

图 6-18　ZigBee 体系结构图

重复低反应时间数据（如鼠标）。其目标功能是自动化控制。它采用跳频技术，使用的频段分别为 2.4GHz（ISM）、868MHz（欧洲）及 915MHz（美国），而且均为免执照频段，有效覆盖率 10～275m。当网络速率降低到 28kbit/s 时，传输范围可以扩大到 334m，具有更高的可靠性。

ZigBee 标准是一种新兴的短距离无线网络通信技术，它是基于 IEEE 802.15.4 协议栈，主要针对低速率的通信网络设计的。它本身的特点使得其在工业监控、传感器网络、家庭监控、安全系统等领域有很大的发展空间。ZigBee 体系结构如图 6-18 所示。

2. ZigBee 协议框架

ZigBee 堆栈是在 IEEE 802.15.4 标准基础上建立的，定义了协议的 MAC 和 PHY 层。ZigBee 设备应该包括 IEEE 802.15.4 的 PHY 和 MAC 层，以及 ZigBee 堆栈层：网络层（NWK）、应用层和安全服务提供层。

完整的 ZigBee 协议栈由物理层、介质访问控制层、网络层、安全层和高层应用规范组成，如图 6-19 所示。

ZigBee 协议栈的网络层、安全层和应用程序接口等由 ZigBee 联盟制定。物理层和 MAC 层由 IEEE 802.15.4 标准定义。在 MAC 子层上面提供与上层的接口，可以直接与网络层连接，或者通过中间子层 SSCS 和 LLC 实现连接。ZigBee 联

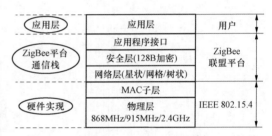

图 6-19　ZigBee 协议栈

盟在 802.15.4 基础上定义了网络层和应用层。其中，安全层主要实现密钥管理、存取等功能。应用程序接口负责向用户提供简单的应用程序接口（API），包括应用子层支持（Application Sub-layer Support，APS）、ZigBee 设备对象（ZigBee Device Object，ZDO）等，实现应用层对设备的管理。

3. ZigBee 网络层规范

协调器也称为全功能设备（Full-Function Device，FFD），相当于蜂群结构中的蜂后，是唯一的，是 ZigBee 网络启动或建立网络的设备。

路由器相当于雄蜂，数目不多，需要一直处于工作状态，需要主干线供电。

末端节点则相当于数量最多的工蜂，也称为精简功能设备（Reduced-Function Device，RFD），只能传送数据给 FFD 或从 FFD 接收数据，该设备需要的内存较少（特别是内部 RAM）。

4. ZigBee 应用层规范

ZigBee 协议栈的层结构包括 IEEE 802.15.4 媒体接入控制层（MAC）和物理层（PHY），以及 ZigBee 网络层。每一层通过提供特定的服务完成相应的功能。其中，ZigBee 应用层包括 APS 子层、ZDO（包括 ZDO 管理层）以及用户自定义的应用对象。APS 子层的任务包括维护绑定表和绑定设备间消息传输。绑定是指根据两个设备在网络中的作用，发现网络中的作用，发现网络中的设备并检查它们能够提供哪些应用服务，产生或者回应绑定请求，并在

网络设备间建立安全的通信。

ZigBee 应用层有三个组成部分，包括应用支持子层（Application Support Sub-Layer，APS）、应用框架（Application Framework，AF）、ZigBee 设备对象（ZigBee Device Object，ZDO）。它们共同为各应用开发者提供统一的接口，规定了与应用相关的功能，如端点（EndPoint）的规定，绑定（Binding）、服务发现和设备发现等。

6.5.2　ZigBee 开发技术

随着集成电路技术的发展，无线射频芯片厂商采用片上系统（System On Chip，SOC）的方法，对高频电路进行了高度集成，大大地简化了无线射频应用程序的开发。其中最具代表性的是 TI 公司开发的 CC2530 无线单片机，为 2.4GHz、IEEE 802.15.4/ZigBee 片上系统解决方案。

TI 公司提供完整的技术手册、开发文档、工具软件，使得普通开发者开发无线传感网络应用成为可能。TI 公司不仅提供了实现 ZigBee 网络的无线单片机，而且免费提供了符合 ZigBee 2007 协议规范的协议栈 Z-Stack 和较为完整的开发文档。因此，CC2530+Z-Stack 成为目前 ZigBee 无线传感网开发的最重要技术之一。

1. CC2530 无线片上系统概述

CC2530 无线片上系统单片机是用于 IEEE 802.15.4、ZigBee 和 RF4CE 应用的一个真正的片上系统（SoC）解决方案。它能够以非常低的总的材料成本建立强大的网络节点。CC2530 结合了领先的 2.4GHz 的 RF 收发器的优良性能，业界标准的增强型 8051 单片机，系统内可编程闪存，8KB RAM 和许多其他强大的功能。根据芯片内置闪存的不同容量，CC2530 有 4 种不同的型号：CC2530F32/64/128/256。CC2530 具有不同的运行模式，使得它尤其适应超低功耗要求的系统。运行模式之间的转换时间短进一步确保了低能源消耗。

CC2530 大致可以分为 CPU 和内存相关的模块、外设、时钟和电源管理相关的模块，以及无线电相关的模块 4 部分。

（1）CPU 和内存。CC253x 系列芯片使用的 8051CPU 内核是一个单周期的 8051 兼容内核，包括一个调试接口和一个 18 输入扩展中断单元。

（2）时钟和电源管理。数字内核和外设由一个 1.8V 低差稳压器供电。它提供了电源管理功能，可以实现使用不同供电模式来延长电池寿命。

（3）外设。CC2530 包括许多不同的外设，允许应用程序设计者开发先进的应用。

（4）无线设备。CC2530 具有一个 IEEE 802.15.4 兼容无线收发器，RF 内核控制模拟无线模块。另外，它提供了 MCU 和无线设备之间的一个接口，这使得可以发出命令、读取状态、自动操作和确定无线设备事件的顺序。无线设备还包括一个数据包过滤和地址识别模块。

2. CC2530 引脚功能

CC2530 芯片采用 QFN40 封装，共有 40 个引脚，可分为 I/O 引脚、电源引脚和控制引脚，如图 6-20 所示。

（1）I/O 端口引脚功能。CC2530 芯片有 21 个可编程 I/O 引脚，P0 和 P1 是完整的 8 位 I/O 端口，P2 只有 5 个可以使用的位。

（2）电源引脚功能。

AVDD1～AVDD6：为模拟电路提供 2.0～3.6V 工作电压。

DCOUPL：提供 1.8V 的去耦电压，此电压不为外电路使用。

DVDD1，DVDD2：为 I/O 口提供 2.0～3.6V 电压。

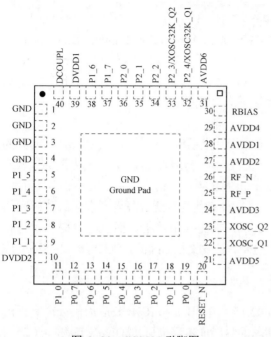

图 6-20 CC2530 引脚图

GND：接地。

（3）控制引脚功能。

RESET_N：复位引脚，低电平有效。

RBIAS：为参考电流提供精确的偏置电阻。

RF_N：RX 期间负 RF 输入信号到 LNA。

RF_P：RX 期间正 RF 输入信号到 LNA。

XOSC_01：32MHz 晶振引脚 1。

XOSC_02：32MHz 晶振引脚 2。

3. CC2530 的应用领域

（1）2.4GHz IEEE 802.15.4 系统。

（2）RF4CE 远程控制系统（需要大于 64KB 闪存）。

（3）ZigBee 系统（需要 256KB 闪存）。

（4）家庭/楼宇自动化。

（5）照明系统。

（6）工业控制和监控。

（7）低功耗无线传感网络。

（8）消费型电子。

（9）医疗保健。

6.5.3 电力无线测温物联网系统

在电力系统中，高压开关、GIS 等高压电器和载流母线等电力设备，在负载电流过大时会出现温升过高，能使带电部件性能劣化，甚至击穿，根据电力安全监督部门提供的数据分析，每年都因为高压开关、母线温度过高而引发重大事故，给生产和经营者造成巨大经济损失。通过监测母线接点、高压电缆接头、高压开关触点温度的运行情况，可有效防止高压输变电故障的发生，为实现安全生产提供有效保障。因此，采取有效措施监测高压母线、高压开关触点等设备的温度是安全用电急需解决的重大课题。

电力系统中的输配电压分为 ABC 三相，高电压使得接点温度测量不同于普通的温度测量，目前国内专门用于高压母线、高压开关及电接点触发热测量的仪表不多。温度监测主要有红外测温仪、接点处贴蜡片等方法，但这两种方法都需要人工进行巡查，不能实时得到温度数据，得到的数据是滞后的，不能实现温度实时报警的功能，而有线通信方式的仪表又不符合电力高压环境测量仪表规范。

电力无线测温物联网系统，可解决目前上述测量方法存在的问题，可在高压环境下精确测量温度，准确有效地实现了实时报警与监控。

电力无线测温物联网系统主要由无线测温接收终端和无线测温终端组成。

1. 电力无线测温接收终端

电力无线测温接收终端结构如图 6-21 所示。

电力无线测温接收终端主要由 STM32F407 Cortex M4 微控制器与 TZU06B2 低功率无线通信模块组成。TZU06B2 配置为协调器，通过 UART（TTL 电平）与 STM32F407 微控制器通信，TZU06B2 每 30 秒或者 5 分钟向 STM32F407 发送一次温度数据。电力无线测温接收终

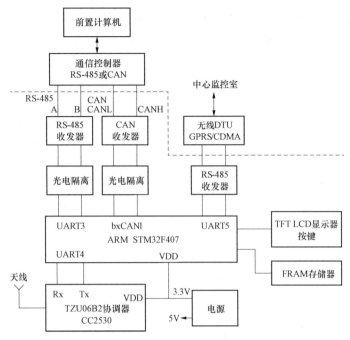

图 6-21　电力无线测温接收终端结构图

端有两个 RS-485 Modbus RTU 通信接口和一个 CAN 总线通信接口，其中一个 RS-485 通信接口与前置计算机通信，另一个 RS-485 通信接口通过无线 DTU 实现与中心监控室的 GPRS/CDMA 数据传输。

2. 电力无线测温接收终端

电力无线测温终端结构如图 6-22 所示。

电力无线测温终端主要由 ZigBee 无线通信模块，温度传感器、信号调理电路、高容量锂亚硫酰氯电池或电流互感器（PA）、取电电源管理单元 ADP5091 等组成。

ZigBee 无线通信模块可以采用高功率 433MHz 或低功率 2.4GHz 频段。本设计选择 TZU06B2 低功率 2.4GHz 频段的无线通信模块，该模

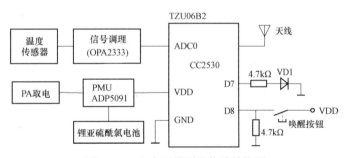

图 6-22　电力无线测温终端结构图

块采用 TI 公司的低功耗射频芯片 CC2530 和功率放大器 CC2591 设计，TI 公司提供了 Z-Stack 协议栈，减轻了开发工作量。该模块通过 AT 指令集，可以配置为协调器、路由器和终端设备。既可以独立工作，也可以通过 UART（TTL 电平）与另一个微控制器连接，实现数据传输。

电力无线测温终端采用分体式结构，将温度传感器附着在高压设备发热点上，测量温度范围为 -50～+250℃，测量温度精度为 ±0.5℃，经数据处理后通过 ZigBee 无线通信方式，每隔一个周期将数据传送到无线测温接收终端，再由接收终端经过 RS-485 或 CAN 总线传输

给前置计算机或通过无线 DTU（GPRS/CDMA）模块上传至中心监控室。

无线测温终端的温度传感器可以采用绝缘电阻大、高电介质强度的 KYW-TD 热电阻。

无线测温终端的结构可以采用腕带式、半球形、扇形、无源多种方式，不影响电场分布和绝缘性能，天线不外漏，防止因为产生尖点而影响设备绝缘，适用安装于不同的电力设备。其中无源无线测温终端采用 CT 取电，免维护，无需更换电池。

温度传感器测量的温度信号，经处理后输出 0～3.3V 的电压至 CC2530 的 ADC 输入端。CC2530 内嵌的处理器通过软件固化的形式每 30s 采集一次温度传感器送过来的电压信号，将其与上一次采集到的电压数据进行比较判断，如果在温度相差在 3℃内，则每 5 min 将温度数据上报一次；反之则每 30s 将温度数据上报至无线测温接收终端。通过 AT 指令集可以修改或读取上面 3 个参数。为了确保通信的可靠性，一个无线测温接收终端连接的无线测温终端不要超过 30 个。

习　题

1. 无线传感器网络有哪些特点？
2. 简述无线传感器网络体系结构。
3. 无线传感器网络的关键技术是什么？
4. 无线传感器网络的应用领域有哪些？
5. 短距离无线通信网络技术有哪几种？
6. 什么是物联网？
7. 物联网有什么特点？
8. 简述物联网的基本架构。
9. 简述物联网与互联网的关系。
10. 物联网的应用领域有哪些？
11. 低功耗蓝牙的设备类型有哪几种？
12. 简述低功耗蓝牙的体系结构。
13. ZigBee 无线传感网络有什么特点？
14. 如何开发 ZigBee 技术？
15. 电力无线测温物联网系统实现的主要功能是什么？

第7章 嵌入式网络与以太网控制器

7.1 TCP/IP 协议的体系结构

网络系统是一个庞大而复杂的系统。网络技术发展的初期，人们主要考虑的问题是如何进行网络硬件的设计，后来随着网络硬件技术的不断成熟，如何进行网络软件系统的设计就显得越来越重要了。对一个复杂系统进行分析和设计时，人们常用的方法是"分而治之"，即把一个大的问题分解成若干个子问题或子部分进行设计，然后把它们有机地组织在一起，完成对整个系统的设计。把这一思想应用到网络软件的设计上，人们将网络系统的软件按层的方式来划分，一个网络系统分解成若干个层，一般少的可分成四层，多的则可达七层，每层负责不同的通信功能。每一层好像一个"黑匣子"，它内部的实现方法对外部的其他层来说是透明的。每一层都向它的上层提供一定的服务，同时可以使用它的下层所提供的功能。这样，在相邻层之间就有一个接口把它们联系起来，显然，只要保持相邻层之间的接口不变，一个层内部可以用不同的方式来实现。一般把网络的层次结构和每层所使用协议的集合称为网络体系结构（Network Architecture），一个具体的网络系统其所包含的层数和每层所使用的协议是确定的。在这种层次结构中，各层协议之间形成了一个从上到下类似栈的结构的依赖关系，通常称为协议栈（Protocol Stack）。

7.1.1 TCP/IP 协议的四个层次

TCP/IP 协议的体系结构分为四层，这四层由高到低分别是：应用层、传输层、网络层和链路层，如图 7-1 所示。其中每一层完成不同的通信功能，具体各层的功能和各层所包含的协议说明如下。

| 应用层(Telnet、FTP、HTTP、DNS、SNMP和SMTP等) |
| 传输层(TCP和UDP) |
| 网络层(IP、ICMP和IGMP) |
| 链路层(以太网、令牌环网、FDDI、IEEE 802.3等) |

图 7-1 TCP/IP 协议的层次结构

1. 链路层

链路层在 TCP/IP 协议栈的最低层，也称为数据链路层或网络接口层，通常包括操作系统中的设备驱动程序和计算机中对应的网络接口卡。链路层的功能是把接收到的网络层数据报（也称 IP 数据报）通过该层的物理接口发送到传输介质上，或从物理网络上接收数据帧，抽出 IP 数据报并交给 IP 层。TCP/IP 协议栈并没有具体定义链路层，只要是在其上能进行 IP 数据报传输的物理网络如以太网、令牌环网、FDDI（光纤分布数据接口）、IEEE 802.3 及 RS-232 串行线路等，都可以当成 TCP/IP 协议栈的链路层。这样做的好处是 TCP/IP 协议可以把重点放在网络之间的互联上，而不必纠缠物理网络的细节，并且可以使不同类型的物理网络互联。也可以说，TCP/IP 协议支持多种不同的链路层协议。ARP（地址解析协议）和 RARP（逆地址解析协议）是某些网络接口（如以太网和令牌环网）使用的特殊协议，用来进行网络层地址和网络接口层地址（物理地址）的转换。

2. 网络层

网络层也称为互联网层，由于该层的主要协议是 IP 协议，因而也可简称为 IP 层。它是 TCP/IP 协议栈中最重要的一层，主要功能是可以把源主机上的分组发送到互联网中的任何一台目的主机上。我们可以想象，由于在源主机和目的主机之间可能有多条通路相连，因而网络层就要在这些通路中做出选择，即进行路由选择。在 TCP/IP 协议簇中，网络层协议包括 IP 协议（网际协议）、ICMP 协议（Internet 互联网控制报文协议），以及 IGMP 协议（Internet 组管理协议）。

3. 传输层

通常所说的两台主机之间的通信其实是两台主机上对应应用程序之间的通信，传输层提供的就是应用程序之间的通信，也称为端到端（End to End）的通信。在不同的情况下，应用程序之间对通信质量的要求是不一样的，因此，在 TCP/IP 协议簇中传输层包含两个不同的传输协议：① TCP（传输控制协议）；② UDP（用户数据报协议）。TCP 为两台主机提供高可靠性的数据通信，当有数据要发送时，它对应用程序送来的数据进行分片，以适合网络层进行传输；当接收到网络层传来的分组时，它对收到的分组要进行确认；它还要对丢失的分组设置超时重发等。由于 TCP 提供了高可靠性的端到端通信，因此应用层可以忽略所有这些细节，以简化应用程序的设计。而 UDP 则为应用层提供一种非常简单的服务，它只是把称作数据报的分组从一台主机发送到另一台主机，但并不保证该数据报能正确到达目的端，通信的可靠性必须由应用程序来提供。用户在自己开发应用程序时可以根据实际情况，使用系统提供的有关接口函数方便地选择是使用 TCP，还是 UDP 进行数据传输。

4. 应用层

应用层向使用网络的用户提供特定的、常用的应用程序，如使用最广泛的远程登录（Telnet）、文件传输协议（FTP）、超文本传输协议（HTTP）、域名系统（DNS）、简单网络管理协议（SNMP）和简单邮件传输协议（SMTP）等。要注意有些应用层协议是基于 TCP 协议的（如 FTP 和 HTTP 等），有些应用层协议是基于 UDP 协议的（如 SNMP 等）。

应用层是网络体系结构中的最高层，为网络用户之间的通信提供专用的程序，包含了大量普遍需要的协议。常用的应用层协议有：

（1）超文本传输协议（HTTP）。用于传输组成万维网（World Wide Web）Web 页面的文件。

（2）文件传输协议（FTP）。用于交互式文件传输。

（3）简单邮件传输协议（SMTP）。用于邮件服务器之间的邮件传输。

（4）邮局协议（POP）。用于从邮件服务器上取回邮件。

（5）终端仿真协议（TELNET）。用于远程登录到网络主机。

（6）域名系统（DNS）。用于将域名解析成 IP 地址。

（7）简单网络管理协议（SNMP）。用于在网络管理控制台和网络设备（路由器、网桥、集线器等）之间选择和交换网络管理信息。

常用因特网应用和所需的传输协议见表 7-1。

表 7-1 常用因特网应用和所需的传输协议

应用	应用层协议	传输层协议
域名系统	DNS	UDP
文件传送	TFTP	UDP
路由选择协议	RIP	UDP
IP 地址配置	BOOTP、DHCP	UDP
简单网络管理	SNMP	UDP
远程文件服务器	NFS	UDP
IP 电话	专用协议	UDP
流式多媒体通信	专用协议	UDP
多播	IGMP	UDP
简单邮件传输	SMTP	TCP
远程终端输入	TELNET	TCP
万维网	HTTP	TCP
文件传输	FTP	TCP

7.1.2 常用应用层协议介绍

应用层是开放系统的最高层，是直接为应用进程提供服务的。其作用是在实现多个系统应用进程相互通信的同时，完成一系列业务处理所需的服务。

应用层所实现的功能有文件传输、访问和管理功能，电子邮件功能，虚拟终端功能等。

网络上的一些行为都是应用层所提供的，所以应用层协议是需要通过软件编程实现的。下面介绍应用层常用协议。

1. DNS 协议

DNS（Domain Name System 或者 Domain Name Server，计算机域名系统或域名服务）。该协议主要负责将域名转换成网络可以识别的 IP 地址，直接设置 DNS 服务器可以提高网络的访问速度，而且可以保证访问的正确性。

域名系统为 Internet 上的主机分配域名地址和 IP 地址，域名和 IP 地址之间是一一对应的。

域名服务是一个 Internet 和 TCP/IP 的服务，用于映射网络地址号码，即寻找 Internet 域名并将它转化为 IP 地址的系统。

DNS 的规范规定了两种类型的 DNS 服务器，一个称为主 DNS 服务器，一个称为辅助 DNS 服务器。在一个区中主 DNS 服务器从自己本机的数据文件中读取该区的 DNS 数据信息，而辅助 DNS 服务器则从区的权威 DNS 服务器中读取该区的 DNS 数据信息。当一个辅助 DNS 服务器启动时，它需要与主 DNS 服务器通信，并加载数据信息，这称为区传送（zone transfer）。

DNS 服务器之间的传输需要使用 TCP，而客户端与 DNS 服务器之间传输时用的是 UDP。端口号均为 53。

2．DHCP 协议

动态主机设置协议（Dynamic Host Configuration Protocol，DHCP）是一个局域网的网络协议，使用 UDP 协议工作，端口号为 67，主要有两个用途：① 内部网络或网络服务供应商自动分配 IP 地址给用户；② 内部网络管理员对所有计算机进行中央管理。

3．HTTP 协议

超文本传送协议（HyperText Transfer Protocol，HTTP）是一种通信协议，它使用 TCP 协议工作，使用万维网时，默认端口为 80。它允许将超文本标记语言（HTTP）文档从 Web 服务器传送到 Web 浏览器。HTTP 协议的主要特点如下：

（1）支持客户/服务器模式。

（2）简单快速。客户向服务器请求服务时，只需传送请求方法和路径。

（3）灵活。HTTP 允许传输任意类型的数据对象。

（4）无连接。无连接的含义是限制每次连接只处理一个请求。服务器处理完客户的请求，并收到客户的应答后，即断开连接。采用这种方式可以节省传输时间。

（5）无状态。HTTP 协议是无状态协议。无状态是指协议对于事务处理没有记忆能力。

4．SMTP 协议

简单邮件传输协议（Simple Mail Transfer Protocol，SMTP）是一组用于由源地址到目的地址传送邮件的规则，由它来控制信件的中转方式。SMTP 协议属于 TCP/IP 协议簇，默认端口号为 25。它帮助每台计算机在发送或中转信件时找到下一个目的地，通过 SMTP 协议所指定的服务器，就可以把 E-mail 寄到收信人的服务器上，整个过程只要几分钟。SMTP 服务器则是遵循 SMTP 协议的发送邮件服务器，用来发送或中转发出的电子邮件。

7.2　嵌入式网络协议栈

因特网的迅猛发展，给世界带来了翻天覆地的变化，使人类真正进入了信息产业时代。时至今日，嵌入式领域也不断涌现出连入因特网的巨大需求，特别是物联网产业、移动终端等发展方向。嵌入式设备要连入因特网，就必须遵循网络通信协议，即 TCP/IP 协议。目前，嵌入式产品主要通过两种方式来实现 TCP/IP 功能，一是使用专门的硬件网络 TCP/IP 协议栈芯片，如 Wiznet 的 W5200 等，主控制器只需要通过一定的接口去对这些网络芯片编程，便可以得到芯片中的 TCP/IP 数据，支持的 TCP、UDP 连接数有限制，不适合广泛地应用于嵌入式领域；另一种使用更为广泛的方式是在主控制器上移植嵌入式网络 TCP/IP 协议栈，使用免费的协议栈可以大大降低设备开发成本，如集成 MAC 和 10 BASE-T PHY 的独立以太网控制器 ENC28J60，内嵌 ETH 接口的 ARM 控制器（STM32F107、STM32F407 等）、DM9000A 全双工以太网控制器外加 PHY 芯片 DP83848 等。在嵌入式领域常使用的 TCP/IP 协议栈介绍如下。

7.2.1　uIP

uIP 是由瑞典计算机科学学院专门为 8 位和 16 位控制器设计的一个非常小的 TCP/IP 协

议栈。它去掉了完整的 TCP/IP 协议中不常用的功能，简化了通信流程，其代码完全用 C 编写，可移植到各种不同的结构和操作系统上，一个编译过的协议栈可以在几千字节 ROM 和几百字节 RAM 中运行。uIP 代码容量小巧，实现功能精简，已经在嵌入式领域得到了广泛的应用，且有很多基于 uIP 的产品出现。但另一方面，uIP 不完备的 TCP/IP 实现限制了其在一些较高要求场合下的应用，如对可靠性要求高或大数据量传输的场合。

7.2.2　uC/IP

uC/IP 是由 Guy Lancaster 编写的一套基于 uC/OS 操作系统的开放源码的 TCP/IP 协议栈，它是一套完全免费的、可供研究的 TCP/IP 协议栈。uC/IP 有许多不足的地方，首先其对网络应用的支持不足，不能提供多种上层应用；其次 uC/IP 在文档支持与软件升级管理上有很多不足。

7.2.3　uC/TCP-IP

uC/TCP-IP 是 Micrium 公司针对嵌入式产品设计的一款 TCP/IP 协议栈。uC/TCP-IP 功能较齐全，但代码量较大，所以主要用在 32 位或 64 位的处理器上，此外它的运行需要 uC/OS-Ⅱ或其他实时操作系统的支持。uC/TCP-IP 是一款收费软件，使用者需要购买才能获得其使用权。

7.2.4　Linux

嵌入式 Linux 系统中有完整的 TCP/IP 协议的实现，嵌入式系统为何不用 Linux？首先 Linux 编译后的可执行代码往往有数兆之大，它对嵌入式系统的各项指标要求较高，另一方面，Linux 的实验环境搭建及开发、调试过程都相当烦琐。

7.2.5　LwIP

LwIP 是由瑞典计算机科学院开发的用于嵌入式系统的开源 TCP/IP 协议栈，LwIP 的含义是 Light Weight（轻型）IP 协议。

LwIP 最大的优势在于可以移植到操作系统上，也可以在无操作系统的情况下独立运行，且代码量小。LwIP 是目前在嵌入式网络领域广泛使用的一个协议栈，其开源的特性和快速的版本更新速率，使其得到了业界越来越多的关注。

LwIP 是一款主要应用于嵌入式领域的开源 TCP/IP 协议栈，除了实现 TCP/IP 的基本通信功能外，新版本还支持 DNS、SNMP、DHCP、IGMP 等高级应用功能。除此之外，LwIP 实现的重点是保证在嵌入式设备 RAM、ROM 资源有限的情况下实现 TCP 协议的主要功能，因此它具有自己独到的一套数据包和内存管理机制，使之更适合于在低端的嵌入式系统中使用。LwIP 协议栈甚至不需要操作系统的支持也可以运行，这样几十千字节的 RAM 和 ROM 就可以满足它的系统需求了。

7.3　以太网控制器 ENC28J60 与 LwIP 协议的实现

7.3.1　ENC28J60 概述

ENC28J60 是具有行业标准串行外设接口（Serial Peripheral Interface，SPI）的独立以太网控制器，它可作为任何配备有 SPI 控制器的以太网接口。ENC28J60 符合 IEEE 802.3 的全部规范，采用了一系列过滤机制来对传入数据包进行限制。它还提供了一个内部 DMA 模块，以实现快速数据吞吐和硬件支持的 IP 校验和计算。与主控制器的通信通过两个中断引脚和

SPI 实现，数据传输速率高达 10Mbit/s。两个专用的引脚用于连接 LED，进行网络活动状态指示。

7.3.2　ENC28J60 的特性

ENC28J60 以太网控制器的特性如下：

（1）IEEE 802.3 兼容的以太网控制器。

（2）集成 MAC 和 10 BASE-T PHY。

（3）接收器和冲突抑制电路。

（4）支持一个带自动极性检测和校正的 10BASE-T 端口。

（5）支持全双工和半双工模式。

（6）可编程在发生冲突时自动重发。

（7）可编程填充和 CRC 生成。

（8）可编程自动拒绝错误数据包。

（9）最高速度可达 10Mbit/s 的 SPI 接口。

ENC28J60 介质访问控制器（MAC）特性如下：

（1）支持单播、组播和广播数据包。

（2）可编程数据包过滤，并在以下事件的逻辑"与"和"或"结果为真时唤醒主机。

（3）单播目标地址、组播地址、广播地址、Magic Packet、由 64 位哈希表定义的组目标地址、多达 64B 的可编程模式匹配（偏移量可由用户定义）。

（4）环回模式。

ENC28J60 工作特性如下：

（1）两个用来表示连接、发送、接收、冲突和全/半双工状态的可编程 LED 输出。

（2）使用两个中断引脚的七个中断源。

（3）25MHz 时钟。

（4）带可编程预分频器的时钟输出引脚。

（5）工作电压范围是 3.14～3.45V。

（6）TTL 电平输入。

（7）温度范围：-40～+85℃（工业级），0～+70℃（商业级）（仅 SSOP 封装）。

（8）28 引脚 SPDIP、SSOP、SOIC 和 QFN 封装。

7.3.3　ENC28J60 的引脚功能

ENC28J60 由以下七个主要功能模块组成。

（1）SPI 接口：充当主控制器和 ENC28J60 之间通信通道。

（2）控制寄存器：用于控制和监视 ENC28J60。

（3）双端口 RAM 缓冲器：用于接收和发送数据包。

（4）判优器：当 DMA、发送和接收模块发出请求时对 RAM 缓冲器的访问进行控制。

（5）总线接口：对通过 SPI 接收的数据和命令进行解析。

（6）MAC（Medium Access Control）模块：实现符合 IEEE 802.3 标准的 MAC 逻辑。

（7）PHY（物理层）模块：对双绞线上的模拟数据进行编码和译码。

该器件还包括其他支持模块，诸如振荡器、片内稳压器、电平变换器（提供可以接受 5V 电压的 I/O 引脚）和系统控制逻辑。

ENC28J60 有 28 引脚 PDIP、SSOP、SOIC 和 QFN 四种，其引脚如图 7-2 所示。

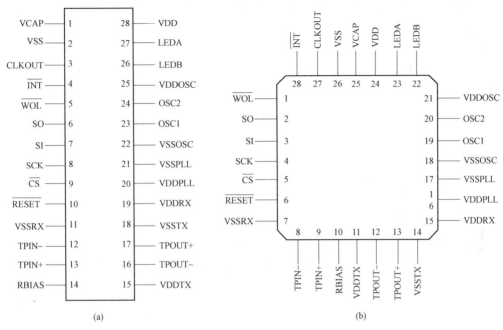

图 7-2 ENC28J60 以太网控制器引脚图
(a) PDIP、SSOP 和 SOIC 封装；(b) QFN 封装

I/O 引脚功能说明如下：

VCAP：来自内部稳压器的 2.5V 输出，必须将此引脚通过一个 10μF 的电容连接到 VSSTX。

VSS：参考接地端。

CLKOUT：可编程时钟输出引脚。

$\overline{\text{INT}}$：INT 中断输出引脚。

$\overline{\text{WOL}}$：LAN 中断唤醒输出引脚。

SO：SPI 接口的数据输出引脚。

SI：SPI 接口的数据输入引脚。

SCK：SPI 接口的时钟输入引脚。

$\overline{\text{CS}}$：SPI 接口的片选输入引脚。

$\overline{\text{RESET}}$：低电平有效器件复位输入。

VSSRX：PHY RX 的参考接地端。

TPIN−：差分信号输入。

TPIN+：差分信号输入。

RBIAS：PHY 的偏置电流引脚，必须将此引脚通过 2kΩ（1%）的电阻连接到 VSSRX。

VDDTX：PHY TX 的正电源端。

TPOUT−：差分信号输出。

TPOUT+：差分信号输出。

VSSTX：PHY TX 的参考接地端。

VDDRX：PHY RX 的正 3.3V 电源端。

VDDPLI：PHY PLL 的正 3.3V 电源端。

VSSPLL：PHY PLL 的参考接地端。

VSSOSC：振荡器的参考接地端。

OSC1：振荡器输入。

OSC2：振荡器输出。

VDDSC：振荡器的正 3.3V 电源端。

LEDB：LEDB 驱动引脚。

LEDA：LEDA 驱动引脚。

VDD：正 3.3V 电源端。

7.3.4 ENC28J60 与 STM32F103 的网络接口

ENC28J60 与 STM32F103 网络接口原理如图 7–3 所示。

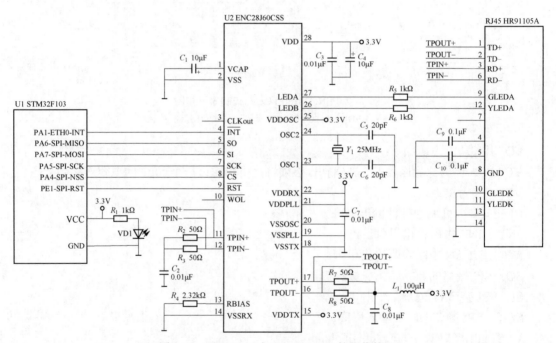

图 7–3 ENC28J60 与 STM32F103 的网络接口

SO、SI、SCK 为 SPI 接口的三条信号线，分别连接到主控制器 STM32 的 PA6–SPI1–MISO、PA7–SPI1–MOSI、PA5–SPI1–SCK 引脚上；$\overline{CS}$ 是网卡芯片片选信号与 STM32 的 PA4–SPI1–NSS 连接；$\overline{INT}$ 是中断信号，连接到主控制器 STM32 的 PA1–EINT0–INT 上，网卡和主控制器可以通过中断的方式进行通信，从而完成数据的快速接收与发送。网卡 ENC28J60 的两条差分接收引脚 TPIN+、TPIN–和两条差分发送引脚 TPOUT+、TPOUT–外接在集成有以太网隔离变压器和 RJ45 插座的 HR911105A 上。

1. LwIP 协议实现的主要功能

LwIP 是 TCP/IP 协议中一种独立、简单的实现，其设计目的在于：保证嵌入式产品拥有完整 TCP/IP 功能的同时，又能保证协议栈对处理器资源的有限消耗，其运行一般仅需要几万字节的 RAM 和 40KB 左右的 ROM。1.4.1 版本中实现的主要功能如下：

（1）ARP 协议：以太网地址解析协议。

（2）IP 协议：包括 IPv4 和 IPv6，支持 IP 分片与重装，支持多网络接口下数据包转发。

（3）ICMP 协议：用于网络调试与维护。

（4）IGMP 协议：用于网络组管理，可以实现多播数据的接收。

（5）UDP 协议：用户数据报协议。

（6）TCP 协议：支持 TCP 拥塞控制、RTT 估计、快速恢复与重传等。

（7）提供 Raw/Callback API、Sequential API、BSD–style Socket API 三种用户编程接口方式。

（8）DNS：域名解析。

（9）SNMP：简单网络管理协议。

（10）DHCP：动态主机配置协议。

（11）AUTOIP：IP 地址自动配置。

（12）PPP：点对点协议，支持 PPPoE。

2. 源代码结构

LwIP 的源代码结构在网上下载源代码并解压，源代码目录下一共有 doc、src 和 test 三个文件夹。其中，doc 文件夹下包含了几个与协议栈使用相关的文本文档，比较重要的文件有两个：

（1）rawapi.txt 告诉使用者如何使用协议栈的 Raw/Callback API 进行编程，因为 Raw/Callback API 是协议栈提供的三种编程接口中最复杂的一种，它通过直接与协议栈内核函数交互以实现编程，因此整个过程比较复杂，LwIP 用一个专门的文档来告诉使用者应该怎样做。

（2）sys_arch.txt 在移植的时候会被使用到，包含了移植说明，规定了移植者需要实现的函数、宏定义等。Test 文件夹下是 LwIP 提供的一些协议栈内核测试程序。最后是 src 文件夹，它包含了协议栈内核的所有源代码，进入该文件夹，可以看到 LwIP 代码的组织结构。

3. 协议栈编程接口

LwIP 为用户应用程序的编写提供了三种编程接口，用户可以从自己的处理器特点及网络应用程序需求等多方面考虑，选择最佳的编程方式或组合。

（1）Raw/Callback API。基于 Raw/Callback API 接口来实现 LwIP 网络编程时，协议栈与用户程序之间通信是通过回调函数来实现的，此时用户程序和协议栈内核运行于同一进程中。

（2）Sequential API。使用 Raw/Callback API 编程时，用户向内核注册回调函数，并通过直接调用内核 UDP 或 TCP 相关操作函数来完成应用程序的编写。

（3）Socket API。使用 LwIP 的最佳方式是运用 Raw/Callback API 和 Sequential API 进行灵活的编程，让这二者优势互补，应用程序会有很高的运行效率。但对初学者来说，由于对协议栈内部细节的生疏，可能无法准确使用这两种 API，他们可能更习惯使用套接字（Socket）进行编程；另一方面，目前很多网络应用程序都是基于套接字接口的，也为了增加这些程序的可移植性，LwIP 的设计者们对 Sequential API 函数进行了简单的封装，这样就得到了可供用户使用的套接字函数（Socket API）。

7.4　以太网控制器 W5200 与数据通信

7.4.1　以太网控制器 W5200 的特点及结构

计算机网络体系结构是一个 5 层结构的模型，分别是物理层（PHY）、数据链路层（MAC）、网络层（IP）、传输层以及应用层。传统的以太网控制器将 PHY 和 MAC 整合到同一个芯片中，然后通过软件方式实现 IP 层及以上协议。ENC28J60 就是一款内置物理层（PHY）及数据链路层（MAC）的以太网控制芯片，要实现单片机与网络的互联必须使用软件实现 TCP/IP 协议栈。对于芯片厂商来说，必须提供基本的通信协议，如 TCP、UDP 等的软件代码；对于用户来说，则必须掌握一定的以太网技术及各种协议的知识，需要花费较多的学习时间才能掌握。一个完整系统的实现一般需要耗费很多时间。尤其对于低端的 8 位单片机来说，TCP/IP 协议栈的软件实现方法会给 MCU 带来过重的负载，有可能无法完成数据通信功能。

韩国 Wiznet 公司生产的以太网控制器 W5200 整合了 5 层结构中的前 4 层，即物理层、数据链路层、网络层和传输层，并在内部利用硬件实现了 TCP/IP 协议栈。开发者无需专业的网络知识，使用 W5200 如同控制外部存储器一样简单，为用户提供了最简单的网络接入方法。全硬件 TCP/IP 协议栈完全独立于主控芯片，可以降低主芯片负载且无需移植繁琐的 TCP/IP 协议栈，便于产品实现网络化更新。

1. W5200 的特点

以太网控制器 W5200 工作电压为 3.3V，端口可承受 5V 电压，具有以下特点：

（1）W5200 支持硬件 TCP/IP 协议，包括 TCP、UDP、ICMP、IPv4、ARP、IGMP、PPPoE 和以太网的 PHY 和 MAC 层，TCP/IP 协议的硬件实现，使得应用协议的实现更简单容易。

（2）支持 8 个独立的 SOCKET 同时工作，可同时工作在不同的工作模式。

（3）支持低功耗模式，并支持网络唤醒，最大程度地减少功率消耗和发热。

（4）支持高速 SPI 接口，SPI 的时钟最高可达到 80MHz，极大地提高了网络通信的数据传输速率。

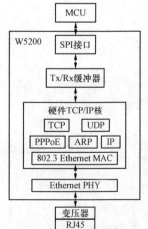

（5）内部集成 32KB 存储器用于发送/接收缓存。

（6）内嵌 10BaseT/100BaseTX 以太网物理层（PHY）。

（7）支持自动握手（全双工/半双工，10/100M）。

（8）支持 MDI/MDIX 自动翻转功能。

（9）支持 ADSL 连接（带 PAP/CHAP 认证模式的 PPPoE 协议），不支持 IP 分片。

（10）支持多功能 LED 指示输出（全双工/半双工、连接和速度等）。

2. W5200 的结构

W5200 的功能框图如图 7-4 所示。

由图 7-4 可以看出，W5200 集成了网络通信的所有协议部件，

图 7-4　W5200 功能框图　　通过 SPI 接口与微控制器（MCU）进行连接就可以实现以太网通信

的应用，不需要处理复杂的以太网控制。

3. W5200 的应用

W5200 适用于以下的嵌入式网络系统。

（1）家用网络设备：机顶盒、数字录放设备、网络摄像机；

（2）串口转以太网：存储控制器、LED 显示器、无线应用中继等。

（3）并口转以太网：POS 机、微型打印机、复印机。

（4）USB 转以太网：存储设备、网络打印机。

（5）GPIO 转以太网：家用网络传感器。

（6）工业和建筑自动化。

（7）医疗监控设备。

（8）嵌入式服务器等。

7.4.2　W5200 的引脚功能

W5200 采用 QFN-48 封装，其引脚图如图 7-5 所示。

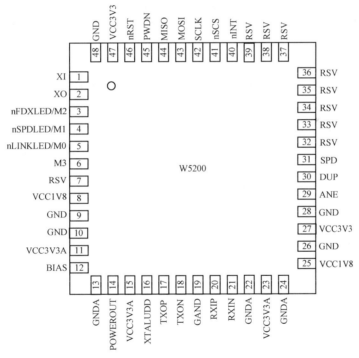

图 7-5　W5200 的引脚图

下面分类介绍各个引脚的功能。

（1）W5200 与 MCU 接口的信号。

nRST：复位信号，低电平有效。该引脚输入低电平将初始化或重新初始化 W5200。复位信号必须持续至少 2μs，恢复高电平至少 150ms 后，PLL 逻辑电路稳定。

nSCS：SPI 从模式片选，低电平有效。该引脚输入低电平使 SPI 接口有效。

nINT：中断信号，低电平有效。在端口（SOCKET）产生连接、断开连接、数据接收、超时和网络唤醒（WOL）时，W5200 通过该引脚通知 MCU。通过回写 IR 或 Sn_IR 来清除中断。所有的中断都是可以屏蔽的。

SCLK：SPI 时钟。当使用 SPI 接口时，该引脚用于 SPI 时钟输入。

MOSI：SPI 主出从入。当使用 SPI 接口时，该引脚是 SPI 的 MOSI 信号。

MISO：SPI 主入从出。当使用 SPI 接口时，该引脚是 SPI 的 MISO 信号。

PWDN：低功耗模式。该引脚控制 W5200 进入低功耗模式。低电平：正常工作模式；高电平：低功耗模式。

（2）物理层 PHY 信号。

RXIP/RXIN：RXIP/RXIN 信号对。介质的差分数据信号由 RXIP/RXIN 端输入。

TXOP/TXON：TXOP/TXON 信号对。差分数据信号从 TXOP/TXON 端输出到外部介质。

BIAS：偏置电阻。通过一个 $28.7k\Omega \pm 1\%$ 电阻连接到地。

ANE：自动握手模式允许。该引脚允许/禁止自动握手模式。低电平：禁止自动握手；高电平：允许自动握手。

DUP：允许全双工模式。该引脚允许/禁止全双工模式。低电平：半双工模式；高电平：全双工模式。该功能只有在复位期间有效。

SPD：速度模式。该引脚选择 100/10Mbit/s 运行速度。低电平：10Mbit/s 速度；高电平：100Mbit/s 速度。该功能只有在复位期间有效。

（3）其他信号。

nFDXLED/M2、nSPDLED/M1、nLINKLED/M0：W5200 模式选择。当这 3 位为"111"时，为普通运行模式，其他模式为芯片内部测试模式。该功能只有在复位期间有效。

M3：该引脚必须上拉。

RSV：保留引脚。除了引脚 7 需要上拉，其余的引脚可以上拉或接地。

（4）电源引脚。

VCC3V3A：3.3V 模拟系统电源供电。

VCC3V3：3.3V 数字系统电源供电。

VCC1V8：1.8V 数字系统电源供电。

GNDA：模拟地。

GND：数字地。

POWEROUT（1V8O）：1.8V 电压调整输出。通过内部电源调整器输出 1.8V/200mA 给 W5200 的内核运行提供电源（VCC1V8）。在 1V8O 与 GND 之间连接一个 $3.3\mu F$ 的钽电容以进行输出频率补偿，再连接一个 $0.1\mu F$ 的去耦电容去除电源噪声。1V8O 只给 W5200 内核提供电源，不能给其他设备供电。

XTALVDD：通过一个 $10\mu F$ 和 $0.1\mu F$ 的电容接地。

（5）时钟信号。

XI/XO：25MHz 晶体振荡器输入/输出。

（6）LED 信号。

nFDXLED/M2：全双工/IP 冲突 LED 指示。低电平：全双工；高电平：半双工。

nSPDLED/M1：连接速度 LED 指示。低电平：100Mbit/s；高电平：10Mbit/s。

nLINKLED/M0：连接 LED 指示。低电平：10/100Mbit/s 连接；高电平：未连接；闪烁：TX 或 RX 状态。

（7）W5200 的寄存器和存储器。

W5200 的存储器由通用寄存器、端口（SOCKET）寄存器、TX 寄存器和 RX 寄存器组成。W5200 的存储器映射如图 7-6 所示。

由于 W5200 已经硬件实现了 TCP/IP 的协议栈，在应用中要做的就是通过配置其寄存器，将一些网络信息，如物理地址、IP 地址、子网掩码以及网关地址写入特定寄存器，便可轻易实现 W5200 与远端计算机的物理连接，然后再通过发送特定的命令使其实现与网络的互联。

0×0000	
	通用寄存器
0×0036	
0×0037	保留
0×03FF	
0×4000	
	Socket寄存器
0×47FF	
0×4800	保留
0×7FFF	
0×8000	
	TX寄存器
0×BFFF	
0×C000	
	RX寄存器
0×FFFF	

图 7-6　W5200 的存储器映射

为了实现网络连接功能，W5200 配置了通用寄存器和 Socket 寄存器。

7.4.3　以太网控制器 W5200 的数据通信

下面介绍利用 W5200 进行网络通信的硬件连接与相关寄存器的配置。

1. W5200 与 MCU 的通信接口

W5200 提供 SPI 接口与 MCU 通信接口。SPI 接口的引脚为 nSCS、SCLK、MOSI 和 MISO。在 SPI 通信中，MCU 作为主机，W5200 作为从机，MCU 通过一系列指令对 W5200 进行控制，通信接口如图 7-7 所示。

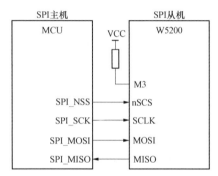

图 7-7　W5200 与 MCU 的通信接口

作为 SPI 主机的 MCU 通信处理过程如下：

（1）在 SPI 主机上定义输入/输出方向。

（2）非激活状态时 nSCS 设置为高电平。

（3）写入要发送的目的地址到 SPDR 寄存器。

（4）写入要发送的操作代码和数据长度到 SPDR 寄存器。

（5）写入要发送的数据到 SPDR 寄存器。

（6）设置 nSCS 为低电平（启动数据传输）。

（7）等待接收完成。

（8）所有数据发送结束，设置 nSCS 为高电平。

2. W5200 的初始化

在使用 W5200 之前，首先应对其进行初始化，正确选择和设置以下寄存器：

（1）模式寄存器（MR）。

（2）中断屏蔽寄存器（IMR）。

（3）重发时间寄存器（RTR）。

（4）重发次数寄存器（RCR）。

其次，为了建立通信，需要设置如下基本网络信息：

（1）本机硬件地址寄存器。在以太网 MAC 层里规定由 SHAR 所设置的本机硬件地址——以太网 MAC 地址，也称为物理地址，用于唯一标识网络设备。

（2）GAR（网关地址寄存器），使用网关可以使通信突破子网的局限，通过网关可以访问到其他子网或进入 Internet。

（3）SUBR（子网掩码寄存器），子网掩码用于子网运算。

（4）SIPR（本机 IP 地址寄存器），本机 IP 必须与网关 IP 属于同一个子网，否则本机将无法找到网关。

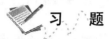

习　题

1. 简述 TCP/IP 协议的四个层次结构。
2. 常用应用层协议有哪几种？
3. 嵌入式网络协议栈有哪几种？
4. 画出 ENC28J60 与 STM32F103 的网络接口电路图。
5. 画出以太网控制器 W5200 的数据通信接口电路图。

第8章　工业以太网及其应用技术

8.1　EPA

8.1.1　EPA 技术与标准

EPA（Ethernet for Plant Automation）根据 IEC 61784-2 的定义，在 ISO/IEC 8802-3 协议基础上，进行了针对通信确定性和实时性的技术改造，其通信协议模型如图 8-1 所示。

图 8-1　EPA 通信协议模型

除了 ISO/IEC 8802-3/IEEE 802.11/IEEE 802.15、TCP（UDP）/IP 以及 IT 应用协议等组件外，EPA 通信协议还包括 EPA 实时性通信进程、EPA 快速实时性通信进程、EPA 应用实体和 EPA 通信调度管理实体。针对不同的应用需求，EPA 确定性通信协议簇中包含了以下几部分：

1. 非实时性通信协议（N-real-time，NRT）

非实时通信是指基于 HTTP、FTP 以及其他 IT 应用协议的通信方式，如 HTTP 服务应用进程、电子邮件应用进程、FTP 应用进程等进程运行时进行的通信。在实际 EPA 应用中，非实时通信部分应与实时性通信部分利用网桥进行隔离。

2. 实时性通信协议（real-time，RT）

实时性通信是指满足普通工业领域实时性需求的通信方式，一般针对流程控制领域。利用 EPA_CSME 通信调度管理实体，对各设备进行周期数据的分时调度，以及非周期数据按优先级进行调度。

3. 快速实时性通信协议（fast real-time，FRT）

快速实时性通信是指满足强实时控制领域实时性需求的通信方式，一般针对运动控制领域。FRT 快速实时性通信协议部分在 RT 实时性通信协议上进行了修改，包括协议栈的精简和数据复合传输，以此满足如运动控制领域等强实时性控制领域的通信需求。

4. 块状数据实时性通信协议（block real-time，BRT）

块状数据实时性通信是指对于部分大数据量类型的成块数据进行传输，以满足其实时性需求的通信方式，一般指流媒体（如音频流、视频流等）数据。在 EPA 协议栈中针对此类数据的通信需求定义了 BRT 块状数据实时性通信协议及块状数据的传输服务。

EPA 标准体系包括 EPA 国际标准和 EPA 国家标准两部分。

EPA 国际标准包括一个核心技术国际标准和四个 EPA 应用技术标准。以 EPA 为核心的系列国际标准为新一代控制系统提供了高性能现场总线完整解决方案，可广泛应用于过程自动化、工厂自动化（包括数控系统、机器人系统运动控制等）、汽车电子等，可将工业企业综合自动化系统网络平台统一到开放的以太网技术上来。

基于 EPA 的 IEC 国际标准体系有如下协议：

（1）EPA 现场总线协议（IEC 61158/Type14）在不改变以太网结构的前提下，定义了专利的确定性通信协议，避免工业以太网通信的报文碰撞，确保了通信的确定性，同时也保证了通信过程中不丢包，它是 EPA 标准体系的核心协议，该标准于 2007 年 12 月 14 日正式发布。

（2）EPA 分布式冗余协议（distributed redundancy protocol，DRP）（IEC 62439-6-14）针对工业控制以及网络的高可用性要求，DRP 采用专利的设备并行数据传输管理和环网链路并行主动故障探测与恢复技术，实现了故障的快速定位与快速恢复，保证了网络的高可靠性。

（3）EPA 功能安全通信协议 EPASafety（IEC 61784-3-14）针对工业数据通信中存在的数据破坏、重传、丢失、插入、乱序、伪装、超时、寻址错误等风险，EPASafety 功能安全通信协议采用专利的工业数据加解密方法、工业数据传输多重风险综合评估与复合控制技术，将通信系统的安全完整性水平提高到 SIL3 等级，并通过德国莱茵 TÜV 的认证。

（4）EPA 实时以太网应用技术协议（IEC 61784-2/CPF 14）定义了三个应用技术行规，即 EPA-RT、EPA-FRT 和 EPA-nonRT。其中，EPA-RT 用于过程自动化，EPA-FRT 用于工业自动化，EPA-nonRT 用于一般工业场合。

（5）EPA 线缆与安装标准（IEC 61784-5-14）定义了基于 EPA 的工业控制系统在设计、安装和工程施工中的要求。从安装计划，网络规模设计，线缆和连接器的选择、存储、运输、保护、路由以及具体安装的实施等各个方面提出了明确的要求和指导。

EPA 国家标准则包括《用于测量与控制系统的 EPA 系统结构与通信规范》《EPA 一致性测试规范》《EPA 互可操作测试规范》《EPA 功能块应用规范》《EPA 实时性能测试规范》《EPA 网络安全通用技术条件》等。

8.1.2　EPA 确定性通信机制

为提高工业以太网通信的实时性，一般采用以下措施：

（1）提高通信速率。

（2）减少系统规模，控制网络负荷。

（3）采用以太网的全双工交换技术。

（4）采用基于 IEEE 802.3p 的优先级技术。

采用上述措施可以使其不确定性问题得到相当程度的缓解，但不能从根本上解决以太网通信不确定性的问题。

EPA 采用分布式网络结构，并在原有以太网协议栈中的数据链路层增加了通信调度子层——EPA 通信调度管理实体（EPA_CSME），定义了宏周期，并将工业数据划分为周期数据和非周期数据，对各设备的通信时段（包括发送数据的起始时刻、发送数据所占用的时间片）和通信顺序进行了严格的划分，以此实现分时调度。通过 EPA_CSME 实现的分时调度确保了各网段内各设备的发送时间内无碰撞发生的可能，以此达到了确定性通信的要求。

1. EPA 确定性通信链路层模型

EPA 的确定性通信保障机制在采用 ISO/IEC 8802-3、IEEE 802.11、IEEE 802.15 协议规定的数据链路层协议的同时，对 ISO/IEC 8802-3 协议规定的数据链路层进行了扩展，在逻辑链路控制层与数据链路服务用户之间增加了 EPA_CSME。EPA 通信调度管理实体 EPA_CSME 将 DLS_User DATA（数据链路服务用户数据）根据事先组态好的控制时序和优先级大小传送给 LLC，由 DLE（数据链路实体）处理后通过 PhL 发送到网络，以避免两个设备在同一时刻向网络上同时发送数据，避免数据帧碰撞。

2. EPA 确定性通信调度模型

EPA 将通信周期分为周期数据发送和非周期数据发送两个阶段。各设备基于 IEEE 1588 实现精确时间同步，在周期数据发送阶段，根据组态配置自动计算，只有在其发送数据的起始时间到的时候，才发送周期数据；在非周期数据发送阶段，自动计算本设备非周期数据在本网段内的优先级与 IP 地址，依优先级和 IP 地址大小发送非周期数据，避免了以太网通信报文碰撞。

EPA 调度模型的一个重要特点是：各设备的通信角色地位平等，无主从之分。任何一个设备的故障不会影响整个系统中其他设备的通信，从而避免了主从式、令牌式通信控制方式中由于主站或令牌主站的故障引起的整个系统通信的故障。

EPA 调度模型的另一个重要的特点是：这种调度模式适用于线性结构、共享式集线器连接和交换式集线器（交换机）连接的多重以太网结构。

8.1.3　EPA-FRT 强实时通信技术

EPA-RT 标准是根据流程控制需求制定的，其性能完全满足流程控制对实时、确定通信的需求，但没有考虑到其他控制领域的需求，如运动控制、飞行器姿态控制等强实时性领域，在这些领域方面，提出了比流程控制领域更为精确的时钟同步要求和实时性要求，且其报文特征更为明显。

相比于流程控制领域，运动控制系统对数据通信的强实时性和高同步精度提出了更高的要求：

（1）高同步精度的要求。由于一个控制系统中存在多个伺服和多个时钟基准，为了保证所有伺服协调一致的运动，必须保证运动指令在各个伺服中同时执行。因此高性能运动控制系统必须有精确的同步机制，一般要求同步偏差小于 1μs。

（2）强实时性的要求。在带有多个离散控制器的运动控制系统中，服务驱动器的控制频率取决于通信周期。高性能运动控制系统中，一般要求通信周期小于 1ms，周期抖动小于 1μs。

EPA-RT 系统的同步精度为微秒级，通信周期为毫秒，虽然可以满足大多数工业环境的应用需求，但对高性能运动控制领域的应用却有所不足，而 EPA-FRT 系统的技术指标必须满足高性能运动控制领域的需求。

针对这些领域需求，对其报文特点进行分析，EPA 给出了对通信实时性的性能提高方法，其中最重要的两个方面为协议栈的精简和对数据的符合传输，以此解决特殊应用领域的实时性要求。如在运动控制领域中，EPA 就针对其报文周期短、数据量小但交互频繁的特点提出了 EPA-FRT 扩展协议，满足了运动控制领域的需求。

1. EPA-FRT 的协议构架

EPA-FRT 协议的通信模型如图 8-2 所示。

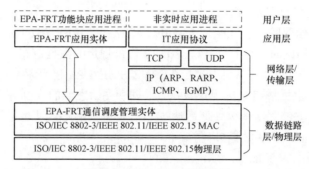

图 8-2　EPA-FRT 通信模型

包含 ISO/OSI 模型的物理层、数据链路层、网络层、传输层、应用层，并在应用层之上增加了 EPA-FRT 的用户层，构成了六层网络模型。

（1）EPA-FRT 协议的物理层采用 ISO/IEC 8802-3、IEEE 802.11、IEEE 802.15 以太网物理层标准。

（2）在数据链路层中，EPA-FRT 协议在标准以太网 MAC 协议的基础上添加了 EPA-FRT 通信调度管理实体，对网络通信进行调度管理，以确保网络通信的确定性和实时性。

（3）在网络层和传输层中，EPA-FRT 协议支持标准的 IP、UDP、TCP 等协议，同时也可以由网络链路层直接和 EPA-FRT 应用对象通信，以保证通信的实时性。

（4）在应用层中，EPA-FRT 协议支持一般的 IT 应用协议，同时添加了 EPA-FRT 应用实体。EPA-FRT 应用实体描述通信对象、服务以及上下层接口的关系模型，为组成一个功能块应用进程的功能块实例间的通信提供服务，这些服务包括域上传/下载服务、变量读写服务、事件管理服务等。

（5）在用户层中，包括 EPA-FRT 功能块应用进程和由用户进行扩展的非实时应用进程。用户层根据实际任务来执行功能块任务或用户任务，以完成检测、测量、监视、控制等功能。

2. EPA-FRT 的调度

EPA-FRT 协议和 EPA-RT 协议一样，同时采用周期通信的方式，把每个通信周期划分为周期通信时间和非周期通信时间。在周期通信时间内，各设备按照组态分配的时间槽依次发送 FRT 周期报文，即为 EPA-FRT 协议中的实时传输通道，需要实时传输的数据均放在周期通信时间内传送；在非周期通信时间内，各个设备通过优先级调度，确定由优先级最高的设备发送报文、非实时数据，如标准 TCP/IP 数据都可以放在非周期通信时间内传输。

8.1.4　EPA 的技术特点

EPA 具有以下技术特点：

1. 确定性通信

以太网由于采用 CSMA/CD（载波侦听多路访问/冲突检测）介质访问控制机制，因此具有通信"不确定性"的特点，并成为其应用于工业数据通信网络的主要障碍。虽然以太网交换技术、全双工通信技术以及 IEEE 802.1P&Q 规定的优先级技术在一定程度上避免了碰撞，但也存在着一定的局限性。

2. "E" 网到底

EPA 是应用于工业现场设备间通信的开放网络技术，采用分段化系统结构和确定性通信调度控制策略，解决了以太网通信的不确定性问题，使以太网、无线局域网、蓝牙等广泛应用于工业/企业管理层、过程监控层网络的 COTS（commercial off-the-shelf）技术直接应用于变送器、执行机构、远程 I/O、现场控制器等现场设备间的通信。采用 EPA 网络，可以实现工业/企业综合自动化智能工厂系统中从底层的现场设备层到上层的控制层、管理层的通信网络平台基于以太网技术的统一，即"'E（Ethernet）'网到底"。

3. 互操作性

《EPA 标准》除了解决实时通信问题外，还为用户层应用程序定义了应用层服务与协议规范，包括系统管理服务、域上载/下载服务、变量访问服务、事件管理服务等。至于 ISO/OSI 通信模型中的会话层、表示层等中间层次，为降低设备的通信处理负荷，可以省略，而在应用层直接定义与 TCP/IP 协议的接口。

为支持来自不同厂商的 EPA 设备之间的互可操作，《EPA 标准》采用可扩展标记语言（Extensible Markup Language，XML）扩展标记语言为 EPA 设备描述语言，规定了设备资源、功能块及其参数接口的描述方法。用户可采用 Microsoft 提供的通用 DOM 技术对 EPA 设备描述文件进行解释，而无需专用的设备描述文件编译和解释工具。

4. 开放性

《EPA 标准》完全兼容 IEEE 802.3、IEEE 802.1P&Q、IEEE 802.1D、IEEE 802.11、IEEE 802.15 以及 UDP（TCP）/IP 等协议，采用 UDP 协议传输 EPA 协议报文，以减少协议处理时间，提高报文传输的实时性。

5. 分层的安全策略

对于采用以太网等技术所带来的网络安全问题，《EPA 标准》规定了企业信息管理层、过程监控层和现场设备层三个层次，采用分层化的网络安全管理措施。

6. 冗余

EPA 支持网络冗余、链路冗余和设备冗余，并规定了相应的故障检测和故障恢复措施，例如，设备冗余信息的发布、冗余状态的管理、备份的自动切换等。

8.1.5　EPA 技术原理

1. EPA 体系结构

EPA 系统结构提供了一个系统框架，用于描述若干个设备如何连接起来，它们之间如何进行通信，如何交换数据和如何组态。

（1）EPA 通信模型结构。参考 ISO/OSI 开放系统互联模型（GB/T 9387.1—1998《信息技术　开放系统互连　基本参考模型　第 1 部分：基本模型》），EPA 采用了其中的第一、二、三、四层和第七层，并在第七层之上增加了第八层（即用户层），共构成 6 层结构的通信模型。EPA 对 ISO/OSI 模型的映射关系见表 8-1。

表 8-1   EPA 对 ISO/OSI 模型的映射

ISO 各层	EPA 各层
	（用户层）用户应用进程
应用层	HTTP、FTP、DHCP、SNTP、SNMP 等 EPA 应用层
ISO 各层	EPA 各层
表示层	未使用
会话层	
传输层	TCP/UDP
网络层	IP
数据链路层	EPA 通信调度管理实体
物理层	GB/T 15629.3/IEEE 802.11/IEEE 802.15

（2）EPA 系统组成。除了 GB/T 15629.3—2014《信息技术　系统间远程通信和信息交换　局域网和城域网　特定要求　第 3 部分：带碰撞检测的载波侦听多址访问（CSMA/CD）的访问方法和物理层规范》GB/T 15629.3—2014、IEEE Std 802.11、IEEE Std 802.15、TCP（UDP）/IP 以及信息技术（IT）应用协议等组件外，它还包括以下几部分：

1）应用进程，包括 EPA 功能块应用进程与非实时应用进程。

2）EPA 应用实体。

3）EPA 通信调度管理实体。

（3）EPA 网络拓扑结构。EPA 网络拓扑结构如图 8-3 所示，它由监控级 L2 网段和现场设备级 L1 网段组成。现场设备级 L1 网段用于工业生产现场的各种现场设备（例如，变送器、执行机构、分析仪器等）之间以及现场设备与 L2 网段的连接；监控级 L2 网段主要用于控制室仪表、装置以及人机接口之间的连接。L1 网段和 L2 网段仅仅是按它们在控制系统中所处的网络层次关系不同而划分的，它们本质上都遵循同样的 EPA 通信协议。对于处于现场设备级的 L1 网段在物理接口和线缆特性上必须满足工业现场应用的要求。

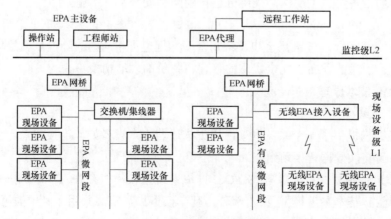

图 8-3   EPA 网络拓扑结构

2. 物理层与数据链路层

物理层的任务是为数据链路层提供一个物理连接，规定它们的机械、电气、功能和过程特性。数据链路层负责在两个相邻结点间的线路上无差错地传送以帧为单位的数据，并进行流量控制。在 EPA 通信标准中，物理层和数据链路层采用了 ISO/IEC 8802-3、IEEE 802.11 和 IEEE 802.15 规范。此外，在数据链路层的 MAC 子层和网络层之间定义了 EPA 通信调度管理实体。

EPA 通信调度管理实体用于对 EPA 设备向网络上发送报文的调度管理。EPA 通信调度管理实体采用分时发送机制，按预先组态的调度方案，对 EPA 设备向网络上发送的周期报文与非周期报文发送时间进行控制，以避免碰撞。其中，EPA 周期报文按预先组态的时刻发送；EPA 非周期报文按时间有效以及报文优先级和 EPA 设备的 IP 地址大小顺序发送。

EPA 采用 GB/T 15629.3—2014、GB/T 15629.3—2014、IEEE Std 802.11 系列、IEEE Std 802.15.1—2002 协议规定的数据链路层协议。

EPA 还对 GB/T 15629.3—2014、GB/T 15629.3—2014 协议规定的数据链路层进行了扩展，增加了一个 EPA 通信调度管理实体（EPA communication scheduling management entity，EPA_CSME）。

EPA 通信调度管理实体 EPA_CSME 支持：

完全基于 CSMA/CD 的自由竞争的通信调度。EPA 通信调度管理实体 EPA_CSME 直接传输 DLE 与 DLS_User 之间交互的数据，而不作任何缓存和助理。

图 8-4 数据链路层模型

基于分时 CSMA/CD 的自由竞争的通信调度。

数据链路层模型如图 8-4 所示。

3. 网络层和传输层

EPA 的网络层和传输层为 EPA 应用层提供报文传输的平台，采用 TCP（UDP）/IP 协议集，其中 UDP 协议不需要在通信两端建立连接和确认，可用于实时数据通信。而对于实时性要求不高、对传输的可靠性要求高的应用，可使用 TCP 协议，如果使用 UDP 协议，则必需在应用层提供传输可靠性保障机制。其中，EPA 应用访问实体与 EPA 系统管理实体的服务报文均采用 UDP 协议传送。

4. 应用层

EPA 应用层的服务提供了对 EPA 管理系统以及用户层应用进程的支持。

按照 OSI 分层原理，已经描述了 EPA 应用层的功能。但是，它们与低层的结构关系是不同的，EPA 与 OSI 基本参考模型的关系如图 8-5 所示。

EPA 应用层包括 OSI 功能及其扩展，从而满足有时间要求的需求，OSI 应用层

OSI AP	EPA用户
OSI应用层	EPA应用层
OSI表示层	（未使用）
OSI会话层	（未使用）
OSI传输层	UDP
OSI网络层	IP
OSI数据链路层	数据链路层
OSI物理层	物理层

图 8-5 EPA 与 OSI 基本参考模型的关系

结构标准（GB/T 17176—1997《信息技术　开放系统互连　应用层结构》）被用来作为规定 EPA 应用层的基础。

EPA 应用层直接使用其下层的服务，其下层可能是数据链路层或者他们之间的任意层。当使用其下层的时候，EPA 应用层可以提供各种功能，这些功能通常与 OSI 中间层有关，他们用于正确地映射到其下层。

EPA 的应用层为用户层的应用进程提供接口，主要包括 SNMP（简单网络管理协议）、SNTP（系统时钟同步协议）、DHCP（地址分配协议）、TFTP、HTTP、FTP 等，此外，还包括 EPA 应用访问实体、EPA 系统管理实体和 EPA 套接字映射实体。

（1）EPA 应用访问实体。EPA 应用访问实体描述通信对象、服务以及上下层接口的关系模型。它为组成一个功能块应用进程的所有功能块实例间的通信提供通信服务，这些服务包括域上载/下载服务、变量访问服务、事件管理服务。通过这些服务，组成功能块应用进程的功能块实例之间就可以实现测量、控制值传输，下载/上载程序，发出事件通知、处理事件等功能。

（2）EPA 系统管理实体。EPA 系统管理实体用于管理 EPA 设备的通信活动，将 EPA 网络上的多个设备集成为一个协同工作的通信系统。它支持设备声明、设备识别、设备定位、地址分配、时间同步、EPA 链接对象管理、即插即用等功能。为支持这些功能，EPA 系统管理实体规定了 EPA 通信活动所需的对象和服务。

（3）EPA 套接字映射实体。EPA 套接字映射实体提供 EPA 应用访问实体以及 EPA 系统管理实体与 UDP/IP 软件实体之间的映射接口，同时具有报文优先发送管理、报文封装、响应信息返回、链路状况监视等功能。

5. 应用进程

应用进程（Application Process，AP）是在网络上为具体应用执行信息处理的元素，它是驻留在 EPA 设备中的分布式应用的组成部分。在 EPA 系统中，有两类应用进程，即 EPA 功能块应用进程和非实时应用进程，它们可以在一个 EPA 系统中并行运行。

（1）非实时应用进程。非实时应用进程是指基于 HTTP、FTP 以及其他 IT 应用协议的应用进程，如 HTTP 服务应用进程、电子邮件应用进程、FTP 应用进程等。

（2）EPA 功能块应用进程。EPA 功能块应用进程是指根据 IEC 61499 协议定义的工业过程测量和控制系统用功能模块和 IEC 61499 协议定义的过程控制用功能块所构成的应用进程。

6. EPA 管理信息库

EPA 管理信息库 SMIB 存放了 EPA 系统管理实体、EPA 通信调度管理实体和 EPA 应用访问实体操作所需的信息，在 SMIB 中，这些信息被组织为对象。如设备描述对象描述了设备位号、通信宏周期等信息，链接对象则描述了 EPA 应用访问实体服务所需要的访问路径信息等。

7. EPA 设备间的通信

两个 EPA 设备之间的通信过程如图 8-6 所示。为了实现两个功能模块之间的通信，每个 EPA 设备包含了 EPA 通信栈和 EPA 通信接口。其中 EPA 通信栈又包括 EPA 链接对象、EPA

通信服务实体、EPA 套接字映射接口以及 UDP（TCP）/IP 协议等，而 EPA 通信接口指 IEEE 802.3、IEEE 802.11 和 IEEE 802.15 等。

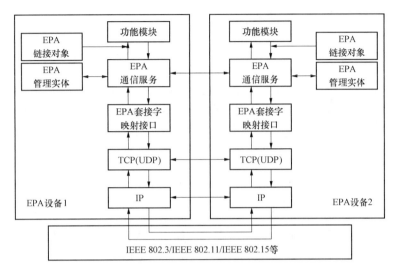

图 8-6 EPA 设备间的通信过程

EPA 链接对象描述组成功能块应用进程的一个功能块实例的输出参数与另一个功能块实例的输入参数之间的链路关系或访问路径，并指明一个设备在通信关系中所处的通信角色。

每个 EPA 链接对象均由链接对象标识符 ObjectID 在设备中唯一标识。

EPA 系统中，功能块实例间输入/输出参数的通信链路关系由三级标识组成，即设备 IP 地址、功能块实例标识 AppTD 和功能块实例中的参数索引组成。

8.1.6 基于 EPA 的技术开发

EPA 现场设备的开发主要包括 EPA 硬件开发和软件开发。

EPA 设备软件结构基本是依照 EPA 的通信协议模型。

1. EPA 开发平台

EPA 开发平台是基于 EPA 标准的通信模块以及仪表开发通用平台，是一个封装了 EPA 通信协议栈的以太网通信接口模块。该平台实现了 EPA 确定性通信调度、PTP 精确时钟同步、EPA 系统管理实体、EPA 套接字映射、EPA 应用访问实体等功能，并提供与用户功能块进程交互的硬件接口和软件接口，可供各厂家进行二次开发。

EPA 现场设备的开发，只要在 EPA 开发平台的基础上，完成用户层的开发，即开发与平台硬件接口的通信协议，实现与开发平台的通信，完成与用户功能块应用进程的交互，即可完成 EPA 现场设备的开发。

EPA 开发平台有两种开发模式，分别为单 CPU 模式和双 CPU 模式。在单 CPU 开发模式中，用户程序与 EPA 通信协议栈程序运行在一个 CPU 上。EPA 开发平台实现了 EPA 通信协议栈的功能，但需要在 EPA 开发平台的基础上开发用户应用程序，来构成一个完整的 EPA 现场设备。单 CPU 开发模式下的 EPA 开发平台结构如图 8-7 所示。

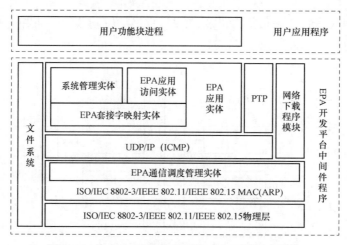

图 8-7　单 CPU 开发模式下的 EPA 开发平台结构

在双 CPU 开发模式中，EPA 开发平台是一个完整的程序，不需要用户再次开发，在 EPA 开发平台中集成了 EPA 通信协议栈以及自定义通信交互协议和用户功能块应用进程的模块化功能。由自定义交互协议可实现用户功能块应用进程的使用以及用户数据的交互。对 EPA 产品的开发，只需要在另外的一个 CPU 上实现自定义通信交互协议，由此实现用户功能块数据的交互，即可完成 EPA 产品的开发。双 CPU 开发模式下的 EPA 开发平台结构如图 8-8 所示。

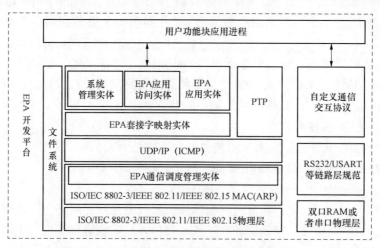

图 8-8　双 CPU 开发模式下的 EPA 开发平台结构

2. 串行接口 EPA 开发平台

在串行接口 EPA 开发平台中，硬件接口包含一个网络接口、一个串行接口以及部分 GPIO 接口，基于串行接口的 EPA 开发平台如图 8-9 所示。

基于串行接口 EPA 开发平台有两类开发模式，分为单 CPU 模式和双 CPU 模式。

在单 CPU 模式中，由 GPIO 接口模拟 SPI、I²C 接口完成对 A/D、D/A 等外围 I/O 模块的访问，开发平台直接作为过程控制的控制器使用，实现用户应用程序的功能。该模式中不需要有自定义通信交互协议，而用户功能块应用进程也直接在 EPA 开发平台中运行。EPA 开发平台单 CPU 模式如图 8-10 所示。

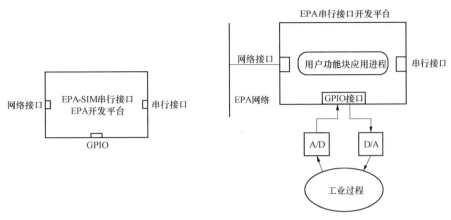

图 8-9　基于串行接口的 EPA 开发平台　　　　图 8-10　EPA 开发平台单 CPU 模式

在双 CPU 模式中，用户 CPU 需要实现串行接口通信协议与 EPA 开发平台进行交互，完成用户功能块应用进程的运行，实现 EPA 现场设备的开发。EPA 开发平台双 CPU 模式如图 8-11 所示。

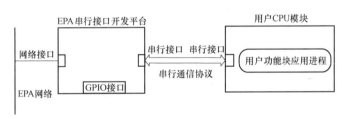

图 8-11　EPA 开发平台双 CPU 模式

3. 基于 EPA 芯片的 EPA 智能设备开发

采用带有 EPA 标准协议的软芯片，通过串行接口，进行交互的开发方式开发 EPA 仪表，通过事先规定的通信协议，完成 EPA 协议中的基本服务，从而快捷、方便的开发出 EPA 标准仪表。

EPA 软芯片开发原理结构图如图 8-12 所示，其通过接插件的形式从用户板获取相关信息。

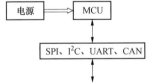

图 8-12　EPA 软芯片开发原理结构图

MCU 采用 Luminary 公司的 LM3S8962，该芯片采用 ARM Cortex-M3 v7M 构架，内含 64KB 单周期访问 SRAM、256KB 单周期 FLASH、10M/100M 以太网收发器、同步串口接口（SSI）、CAN、UART、I^2C 等，将其中 SSI、CAN、UART、I^2C、10M/100M 以太网引出，引出脚均加 SRV05-4 进行防护，10M/100M 以太网增加网络变压器 HY60168T 进行隔离，隔离电压 1500V。

采用 EPA 软芯片开发的 EPA-LM3 V1.0 通信接口模块，用户 CPU 通过 UART、I^2C、SPI 接口与它进行数据交互，完成 EPA 仪表开发。

开发使用的硬件资源包括：

（1）EPA-RT 协议软芯片（CEC111）。

（2）软件包括：Windows XP 系统。

（3）EPA 工具软件包。

（4）XML 设备描述文件编辑软件。

（5）EPA 组态软件。

8.1.7　EPA 线缆与安装技术

1. 总体要求

流程和工厂自动化越来越多地依赖于针对工业场所的特殊环境条件而设计的通信网络和现场总线，这些网络和现场总线集成了运行在工厂中的各种不同的功能单元。

因此，为了使应用在苛刻的工业现场中的通信线缆能够实现正确有效的功能，必须对通信线缆进行正确的安装和铺设。合适的线缆安装可以减轻由于严酷的环境条件、电磁干扰、安全攻击等造成的问题，从而降低由于网络的失效而导致生产损失的可能性。

网络化工业控制系统的布线系统应满足以下要求：

（1）可靠性。控制网络的线缆与安装应保证系统在恶劣环境下的正常工作能力，即系统应能适应高/低温度、高湿度、粉尘、振动以及易燃、易爆等工作环境。

（2）实用性。控制网络不仅应能满足现有的测量、控制与综合自动化信息管理系统要求，还必须能够适应现代和未来技术的发展。

（3）灵活性。虽然控制系统的测量、控制节点相对固定，但在线缆安装设计中，也应该给信息化诊断、维护留有足够的冗余空间。

（4）开放性。能够支持任何厂家的任意网络产品，支持任意网络结构，如总线形、星形、环形等。

（5）模块化。所有的接插件都是积木式的标准件，以方便使用、管理和扩充。

（6）扩展性。实施后布线系统应该是可扩充的，以便将来有更大需求时，很容易将设备安装接入。

（7）经济性。一次性投资，长期受益，维护费用低，使整体投资达到最少。工业以太网在线缆的布置和安装上有一些特殊的要求，如网络供电和安全防爆。

（8）网络供电。以太网网络供电系统的要求如下。

1）应有足够高的可靠性；

2）供电设备能向受电设备提供可满足要求的不间断电功率。

3）有市电不间断交流电源或不间断直流电源供电。

4）要求供电线缆容量大、损耗小。

5）有有效的监控和自动保护机构。

6）供电系统的各项性能参数应符合国家和国际标准规范。

7）供电系统应便于管理维护等。

（9）工业安全防爆。爆炸是物质从一种状态，经过物理或化学变化，突然变成另一种状态，并放出巨大能量。急速释放的能量，将使周围的物体遭受到猛烈的冲击和破坏。

按 GB 3836.1—2000《爆炸性气体环境用电气设备　第 1 部分：通用要求》标准，防爆电器分为隔爆型、增安型、本质安全型等种类。

本质安全防爆方法是利用安全栅技术将提供给现场仪表的电能量限制在既不能产生足以

引爆的火花，又不能产生足以引爆的仪表表面温升的安全范围内，从而消除引爆源的防爆方法。

2. EPA 线缆与安装总体特性

（1）网络拓扑的设计。EPA 系统支持总线形、星形和环形三种拓扑结构。

（2）通信介质。一般来讲，作为商用以太网系统常用的双绞线（包括双屏蔽双绞线和屏蔽双绞线）和光纤，在 EPA 系统中可直接使用。但对于电磁环境比较恶劣的场合，应采用屏蔽双绞线。

EPA 网络中使用的通信线缆包括同轴电缆、双绞线和光缆。

3. EPA 供电设备

在 EPA 网络供电设备中，总线供电型以太网交换机为供电设备（PSE），其他现场设备为受电设备（PD）。由于一般的工业控制系统中，现场设备的供电电压通常为 24VDC，因此，EPA 标准中的 PSE 对外输出的也是 24VDC。

PSE 与 IEEE 802.3af 类似，具有对 PD 的检测、分压分级、开始供电、正常供电、断路检测等功能。

8.1.8　基于以太网的总线供电技术

在环境恶劣的工业现场，为了减少现场安装的复杂性，提高安全性以及经济性，通常希望连接到现场设备的线缆不仅能够传送数据信号，还要能够为现场设备提供电源，即总线供电。总线供电在工业现场设备的设计与开发中具有重要的应用价值，在 EPA 现场 I/O 设备的开发中实现了 In-Band 和 Out-of-Band 两种供电方式。

1. PoE 以太网供电系统

PoE（Power over Ethernet）以太网供电技术，是指在一条通用以太网电缆上同时传输以太网信号和直流电源，将电源和数据集成在同一条有线系统当中，在确保现有结构化布线安全的同时保证了现有网络的正常运作。

2. PoE 以太网供电的优点

PoE 以太网供电技术应用于 EPA 系统，不仅节约了布线成本也降低了安装的复杂性，而且大大提高了系统的安全性与可靠性，它带给用户的好处如下：

（1）节约成本：由于采用已有的以太网电缆传送直流电源，因此大大节约了布线成本。

（2）提高了环境的适应能力：工业现场的环境恶劣，对现场设备的供电带来了难度，PoE 技术的应用能解决现场设备的供电问题，这将大大提高现场设备的环境适应能力。

（3）提高了系统的安全性：由于 PoE 供电端设备只会为需要供电的受电端设备供电，因此以太网供电性能可靠，能够提高系统的安全性。

（4）增强了系统的可靠性：以太网供电可以减少网络布线，这在节约成本的同时，也大大提高了系统的可靠性，使得现场设备更加便于管理。

3. PoE 以太网供电方式

对基于以太网的现场设备供电可采用两种方法：

（1）将直流电与以太网通信信号叠加在一起，通过两对数据线发送，在现场设备端再将这两路信号进行分离，将其中的直流电源转换为现场设备用的工作电源。

（2）利用以太网线缆中的 2 对空余双绞线对现场设备直接提供 24～48V 的直流电源，再由 DC-DC 将该电源转换为现场设备的工作电源。

8.1.9 EPASafety 协议结构

EPA 应用访问实体，位于 EPA 套接字映射实体和 EPA 功能块应用进程之间，是对原有 EPA 应用访问实体的扩展，为所用功能块实例间的通信提供功能安全的通信服务，确保通信数据的完整性和针对各种通信故障的检测，EPASafety 通信模块的协议模型如图 8-13 所示。

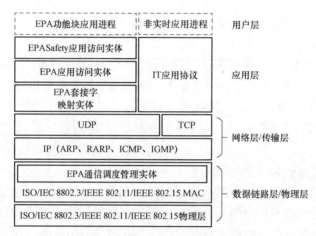

图 8-13　EPASafety 通信模块的协议模型

1. EPASafety 系统架构

EPA 通信功能安全系统的架构如图 8-14 所示，其中各个设备都是通过网络完成冗余的同步、冗余的切换，主控制器之间采用硬连线的方式交互数据，冗余的切换还是采用硬件互锁的方式来完成。

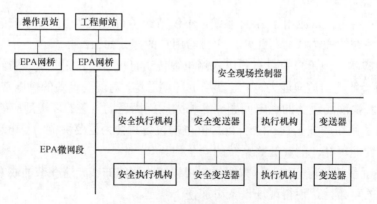

图 8-14　EPA 功能安全结构图

在传感器的信息交互中，实时信息和一些关键信息的交互采用 EPA 功能安全通信协议，保证信息传输的可靠性和不可篡改性。

根据功能安全通信的需求分析，EPASafety 的系统配置中，既包含 EPA 网桥、变送器、执行机构、安全现场控制器、安全变送器、安全执行机构等现场设备，也包含操作员站、工程师站等 EPA 主设备。

2. EPA 功能安全通信流程

每个 EPA 功能安全设备由至少一个功能块实例、功能安全、EPA 应用实体、EPA 套接字映射实体、EPA 功能安全链接对象、通信调度管理实体以及 UDP/IP 协议等部分组成。

EPASafety 在原有 EPA 应用访问实体基础上，添加的对象主要有功能安全组态对象、功能安全通信对象、功能安全链接对象和功能安全错误报告对象。

8.1.10　EPA 功能块应用进程与设备描述

1. EPA 功能块

EPA 功能块是一种面向工业现场的智能化控制模块，是 EPA 现场控制系统活动的基本组成元素。功能块模型提供了一种通用的结构化方法，把实现控制系统所需的各种功能划分为完全独立且完整的不同控制功能模块，并使其公共特征标准化。每个控制应用由一系列基本的现场设备功能组成，这些设备功能被模型化为功能块。EPA 功能块包含一系列与控制算法相关的内部变量，并规定了内部的处理算法。功能块的算法和输入输出之间相对保持独立，设备制造厂商可以自由地实现功能块内部算法，而不影响和外部的接口，同时也便于实现不同厂商的产品互操作。

EPA 功能块规范的制定基于 IEC 61499 和 IEC 61804 国际标准。为了保证不同生产商所提供的 EPA 现场设备能够准确地被控制系统识别，EPA 技术提供了基于 XML 的设备描述技术，可以实现控制（组态）软件在事先不知道设备内部细节的情况下，正确操作和配置现场设备。

2. 基于 XML 的 EPA 设备描述技术

在 EPA 系统中，为了实现不同厂家现场设备之间的互操作和集成，EPA 工作组根据 EPA 网络自身的特点基于 XML 定义了一套标签语言用于描述 EPA 现场设备属性实现设备的集成与互操作，并把这套标签语言称为 XDDL（Extensible Device Description Language，XDDL），XDDL 是为实现设备互操作而设计，采用 XDDL 设备描述语言具有可描述现场设备的功能。

在 EPA 的体系结构中，实现不同厂家的现场设备的互操作和集成主要从两个方面来实现，一方面定义开放的规范的应用层协议，另一方面基于 XDDL 描述设备属性，可以使得不同厂商、不同设备的用户层对网络上传输的数据必须有统一的理解形式，设备生产商可以根据应用需求自己定义特定的功能块和参数，而不影响设备之间的互操作。因此，基于不同厂商提供的软硬件能够方便地实现设备集成与互操作，在统一的平台上配置、管理、维护设备。基于 XDDL 文件实现现场设备集成原理如图 8-15 所示。

8.1.11　EPA 现场 I/O 设备

1. EPA 现场 I/O 设备

EPA 控制系统中的设备有 EPA 主设备、EPA 现场设备、EPA 网桥、EPA 代理、无线接入设备等几类。

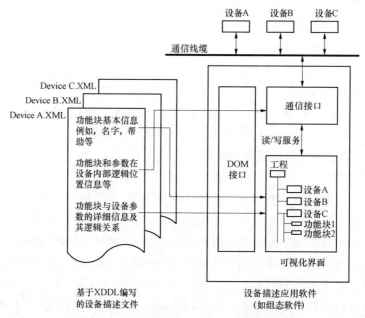

图 8-15　基于 XDDL 文件实现现场设备集成原理

（1）EPA 主设备。EPA 主设备是过程监控层 L2 网段上的 EPA 设备,具有 EPA 通信接口,不要求具有控制功能块或功能块应用进程。EPA 主设备一般指 EPA 控制系统中的组态、监控设备或人机接口等。

（2）EPA 现场设备。EPA 现场设备是指处于工业现场应用环境的设备,如变送器、执行器、开关、数据采集器、现场控制器等。EPA 现场设备必须具有 EPA 通信实体,并包含至少一个功能块实例。

（3）EPA 网桥。EPA 网桥是一个微网段与其他微网段连接的设备。一个 EPA 网桥至少有两个通信接口,分别连接两个微网段。EPA 网桥是可以组态的设备,具有两大功能:

1）通信隔离功能,一个 EPA 网桥必须将其所连接的两个微网段内本地所有通信流量限制在其所在的微网段内,而不占用其他微网段的通信带宽资源。

2）报文转发与控制功能,一个 EPA 网桥还必须对分别连接在两个不同微网段的设备之间互相通信的报文进行转发与控制。

（4）无线 EPA 接入设备。无线 EPA 接入设备是一个可选设备,由一个无线通信接口（如无线局域网通信接口和蓝牙通信接口）和一个以太网通信接口构成,用于连接无线网络与以太网。

（5）无线 EPA 现场设备。无线 EPA 现场设备具有至少一个无线通信接口（如无线局域网通信接口或蓝牙通信接口）,并具有 EPA 通信实体,包含至少一个功能块实例。

（6）EPA 代理。EPA 代理是一个可选设备,用于连接 EPA 网络与其他网络,并对远程访问和数据交换进行安全控制与管理。

2. EPA 现场 I/O 设备的特点

现场设备是实现信息的获取、传输、变换、存储、处理与分析,并根据处理结果对生产过程进行控制的重要技术工具，包括变送器、控制器、执行机构等。随着工业以太网技术的飞速发展，现场设备也不断朝着数字化、网络化、智能化的方向发展。

现场 I/O 设备是主要包括标准信号采集设备、热电偶信号输入设备、热电阻信号输入设备、开关量输入设备、开关量输出设备。

基于以太网的现场 I/O 设备可以获取来自于传感器、变送器或其他现场设备的模拟量和数字量，实现模拟量的输入（AI）、模拟量的输出（AO）、数字量的输入（DI）、数字量的输出（DO）、脉冲量的输入（PI）、脉冲量的输出（PO）等功能。

其中，模拟量输入信号又可以分为两大类：

第一类是标准信号，如流量、液位、压力等信号通过变送器都可以转换成标准电流、电压信号。其中 II 型标准信号包括 0～10mA 的电流信号和 0～5V 的电压信号，III 型标准信号包括 4～10mA 的电流信号和 1～5V 的电压信号。

第二类是温度信号，主要是用热电阻（Pt100、Cu50 等）检测的温度信号，以及热电偶（E、K、S、B、J、T 等）检测的温度信号。

基于 EPA 的现场 I/O 设备具有以下特点：

（1）采用 EPA 标准可以实现水平和垂直层面的信息集成，使现场设备之间可以进行信息互访和互操作。

（2）具有很高的集成性。标准信号采集模块采用通道隔离技术，能够实现对 8 路模拟量的采集，根据现场需要，通过跳线可以实现标准 II、III 型电压信号（0～5V、1～5V）和标准 II、III 型电流信号（0～10mA、4～20mA）的输入。

（3）具有很高的测量精度。

3. EPA 现场 I/O 设备的设计

EPA 现场 I/O 设备是 EPA 网络控制系统的重要组成部分，广泛应用于工业现场，完成信号的采集与控制功能。

现场 I/O 设备完成工业现场信号的采集与控制过程，包括完成模拟信号处理的标准信号采集模块、热电偶和毫伏信号输入模块、热电阻信号输入模块和模拟量输出模块，以及完成数字信号处理的开关量输入模块和开关量输出模块。

对于现场 I/O 设备的设计主要包括硬件电路的设计和软件功能的实现两个部分。其中硬件电路的设计又包括通信底板的设计、信号处理背板的设计和芯片的选型三个部分，在各个 I/O 模块中，通信底板的设计思想是一致的，包括控制模块、以太网通信模块和电源模块三个部分；而根据信号类型的不同，信号处理背板采用了不同的功能设计与实现机理；在主要芯片的选型上，选择了基于 ARM7TDMI 内核的 32 位嵌入式微处理器 AT91R40008、10M/100M 自适应快速以太网控制器 AX88796，对于模拟信号采集模块采用了具有 24 位分辨率的高精度和宽动态特性 AD 转换器 ADS1240。现场 I/O 设备的软件设计以 EPA 通信标准为技术内核，包括主程序、系统服务子程序、信号处理程序和 EPA 通信栈的应用四部分。

4. 现场 I/O 设备的安全防爆

由于在工业现场不可避免地会存在易燃、易爆性物质，成为潜在的爆炸性危险场所。在潜在的爆炸性危险场所里，如果又同时具备了点燃源（比如电火花或者是一定的热表面温度）

和空气（氧气）这两个条件，那么在爆炸性物质和空气的混合浓度处于爆炸极限时，就会发生爆炸，所以必须对 EPA 系统和 EPA 现场设备进行安全防爆设计。安全防爆分为正压型防爆、隔爆型防爆和本质安全型防爆三类。

（1）安全防爆技术。目前，普遍采用的现场设备安全防爆技术分为三类：① 控制易爆气体，即人为地在危险现场营造出一个没有易爆气体的空间，将现场设备安装其中，这一类防爆技术以正压型防爆方法 Exp 为代表；② 控制爆炸范围，即人为地将爆炸局限在一个有限范围内，使该范围内的爆炸不至于引起更大范围的爆炸，这一类防爆技术以隔爆型防爆方法 Exd 为代表；③ 控制引爆源，即通过抑制点火源能量，既消除足以引爆的火花，又消除足以引爆的现场设备表面温升，其典型代表为本质安全型防爆方法 Exi。

（2）现场 I/O 设备本质安全防爆。本安防爆技术是通过限制电火花和热效应两个可能的点燃源能量来实现的，因此，其实质是低功耗技术。本安设备电路的设计，必须从限制能量入手，可靠地将电路中的电流和电压限制在一个允许的范围内，以保证仪表在正常工作或发生短接和元器件损坏等故障情况下产生的电火花和热效应不致引起其周围可能存在的危险气体爆炸。

（3）EPA 本质安全系统。

1）本质安全系统概述。本质安全系统是通过限制电气能量而实现电气防爆的电路系统，由于现场本质安全设备、关联设备（安全栅）和连接电缆三部分组成，如图 8-16 所示，它不限制使用场所和爆炸性气体混合物的种类，具有高度的安全性、维护性和经济性。

图 8-16 本质安全系统的基本构成

2）EPA 本质安全系统的组成。EPA 本质安全系统主要包括本安现场设备、传输电缆和关联设备三部分。其典型结构如图 8-17 所示，系统的电源必须经由安全栅接口供给，通常情况下，一些具有较低功率的现场设备可由总线供电，而对于需要远高于本安总线可供功率电源的设备，也可以采用独立的供电电源。为确保独立供电设备仍能连接到本安总线，最重要的是保证供电电源与本安总线电路的完全隔离，实现本安总线系统的"单一"供电。

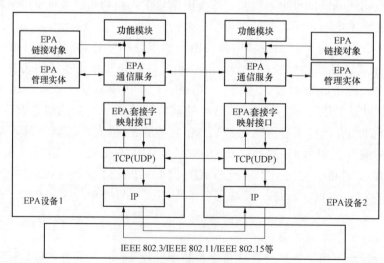

图 8-17 EPA 本质安全系统

8.2　SERCOS

8.2.1　运动控制与伺服驱动总线

伺服系统也称随动系统，属于自动控制系统的一种，它用来控制被控对象的位移或转角，使其自动地、连续地、精确地复现输入指令的变化规律。早期的伺服系统一般采用直流电动机作为执行机构，步进电机主要应用于控制精度和速度要求不高的场合。

随着微电机技术、控制技术和电力电子技术的迅猛发展以及微型计算机性能的提高，变频调速及高性能交流伺服控制技术已进入实用化阶段。交流伺服系统在控制性能上已达到甚至超过了直流伺服系统，并已在机器人、机械手以及各种精密数控机床等方面得到越来越广泛的应用。交流伺服电机相对直流伺服电机具有维护简单、体积小、结构简单、可靠性高、超载能力强、输出转矩高等特点，容量可以制造得更大，达到更高的电压和转速。正由于交流电动机的这些优势，从 20 世纪 80 年代起，交流伺服系统开始逐渐取代直流伺服系统，成为伺服驱动领域主流的控制技术。

伺服系统和调速系统一样都是反馈控制系统，即通过对系统的输出量和给定量进行比较，组成闭环控制，因此两者的控制原理是相同的。调速系统的给定量是恒值，不管外界扰动情况如何，希望输出量能够稳定，因此系统的抗干扰性能显得十分重要。而伺服系统中的指令是经常变化，要求输出量准确跟随给定量的变化，输出响应的快速性、灵活性、准确性成了伺服系统的主要特征。也就是说，系统的跟随性能成了主要指标。位置伺服系统可以在调速系统的基础上增加一个位置环，位置环是位置伺服系统的主要结构特征。因此，伺服系统在结构上往往要比调速系统复杂。

20 世纪 90 年代以来，电力电子技术、微处理器、控制理论的发展，为交流伺服系统向全数字式发展铺平了道路。电力电子技术的发展，使得电力电子器件从第一代以门极可关断的晶闸管 Thyristor 为代表；第二代以双极性大功率晶体管 BJT 为代表；发展到了第三代以绝缘栅双极晶体管 IGBT 为代表。

交流伺服系统特别是永磁交流伺服系统在机电一体化、机器人控制、柔性制造系统、汽车电子、办公自动化等高科技领域中占据了日益重要的地位，所以对永磁同步伺服控制系统的研究也越来越重要。目前，交流伺服控制领域已经出现了各种各样的控制方法，其中比较有代表性的有 PWM、矢量控制、直接转矩控制、自适应控制、智能控制等。

全数字交流伺服技术的飞速发展，使得用户根据负载状况（如惯量、间隙、摩擦力等）调整参数更为方便，也省去了一些模拟回路所产生的漂移等不稳定因素，但在发展初期，伺服接口缺乏统一标准。

全数字化与接口开放化已经成为伺服驱动系统的两个重要发展趋势，如 SIEMENS 公司的驱动产品采用了 PROFIBUS–DP 现场总线网络，其伺服驱动 SINAMICS S120 采用高速通信接口 DRIVE–CLiQ 来连接；Indramat 公司也采用了 PROFIBUS–DP 以及 SERCOS 总线技术。

运动控制起源于早期的伺服控制。简单地说，运动控制就是对机械运动部件的位置、速度等进行实时的控制管理，使其按照预期的运动轨迹和规定的运动参数进行运动。随着通用运动控制技术的不断进步和完善，运动控制器作为一个独立的工业自动化控制类产品，已经被越来越多的产业领域接受。高速、高精确始终是运动控制技术追求的目标，在现代运动控制技术中保证系统内部时钟同步具有十分重要的意义。

1. 伺服驱动总线

（1）数字伺服技术。数字伺服装置的出现是数控技术发展史上重要的里程碑。采用数字伺服装置，使得所有指令值和实际值都能在一个微处理器内完成处理，不但能实现传统的扭矩环和速度环控制，而且能在极短的时间内完成精插补，实现位置环控制。与使用模拟伺服装置相比，采用数字伺服装置能够提供更宽的速度范围和更精确的速度控制，并能获得更高的加工精度和加工速度，同时具有参数调整和系统的诊断功能，而且控制硬件简单，系统的复杂性和成本都大大降低。

随着开放式数控和数字伺服技术的发展，如何实现控制单元与交流伺服装置之间的高速通信成为数控领域研究的重要内容之一。全数字化与接口开放化已经成为伺服驱动系统的两个重要发展趋势。一方面，微电子技术、电力电子技术的发展，为伺服驱动系统由传统的模拟式、数模混合式向全数字式方向发展铺平了道路。另一方面，为了满足不同伺服生产厂家的产品互换，全数字伺服需要有一个开放式接口。数字伺服驱动的出现表明了模拟接口已经完全不适应驱动技术的发展。

（2）传统模拟接口的缺点。在传统数控系统中，运动控制器和伺服驱动器之间都采用模拟接口。模拟接口是简单的、开放的、国际接受的，它允许原始装备制造厂和终端用户把来自不同供应商的驱动器和控制器集成起来。但是，它相对于数字接口同时具有很多缺陷：

1）对噪声（电磁干扰）敏感，容易漂移，分辨率低。

2）只能从控制器到驱动器单向传送一条指令，严重限制了信息量。

3）接线复杂，布线成本高，大量的接线加上缺乏诊断能力常常导致故障检测困难，需要花费很多时间。

为了克服模拟接口的缺点，众多运动控制器及伺服驱动器供应商开发出了各种专有的运动控制数字接口，即总线接口，如 SERCOS、MACRO 和 Fire Wire 等。与模拟接口相比，这些数字接口具有明显的技术优势：可以大大节省布线和安装时间、费用；控制器可以访问所有驱动数据；更为准确的电机控制；驱动和控制可以使用同一套软件编程；能够降低系统噪声。

以 SERCOS 总线接口为例，它是供应商中立的开放式接口标准，除了摒弃所有模拟接口的缺点之外，还提供了高度实时性和高精度同步，并且具有配置和访问多达 400 多个不同的驱动器参数的能力，包含了在多供应商的环境下，确保控制器兼容性和互操作性所需的全部规定。

（3）数字伺服现场总线技术的特点。机床数字控制技术和伺服技术的发展及其在印刷机械、纺织机械、包装机械、造纸机械等各种自动化机械设备中的应用产生了广义数控的概念。数字控制技术、数字伺服技术和现场总线技术在广义数控系统中的结合和应用促成了数字伺服现场总线技术的产生和发展。数字伺服现场总线是用于数字伺服和传动系统的现场总线，能够实现数字控制单元与数字伺服系统及其相关设备之间的实时数据通信。数字伺服现场总线技术的迅猛发展给传统控制系统体系结构和机床控制方法带来了巨大变革，主要特点如下：

1）提高了系统的可靠性和控制精度，现场总线实现了全数字化的通信传输，避免了模拟信号在传输过程中的衰减和干扰等影响。

2）数控硬件和伺服单元相互独立，简化了硬件平台和系统连接，便于标准化和系统配置，具有极强的硬件控制能力和灵活性。

3）标准化数字伺服现场总线为数字控制系统和数字伺服系统之间提供统一数据交换接口，使得产品在伺服控制层面上互换成为可能。

4）实现控制系统的分散化，各个单元都有自己的"头脑"，提高了系统的自治性，降低了故障诊断和维护的成本。

5）简化了控制系统的设计和安装，降低系统成本。

运动控制系统可分为点位控制、多轴轨迹联动控制和同步运动控制。在点位控制中数字伺服带有定位控制能力，控制器将位置指令和速度信息发送给驱动器，驱动器自动控制电动机按要求的速度到达指定的位置，通信网络可采用循环周期性的通信方式或事件触发的通信方式。如果是事件触发方式，到达位置后驱动器发出状态信息将任务完成事件通知给控制器，这种方式多用于过程自动化设备的控制。

（4）伺服驱动总线的要求。伴随着广义数控技术的发展，以数字伺服驱动技术为核心的数字伺服现场总线技术也在不断发展，随着整个企业信息化和数控设备对伺服系统的要求的提高，对伺服驱动总线的要求主要有以下几个方面：

1）实现实时循环周期一般在 1～10ms，甚至要求在 1ms 以下。

2）总线传输的确定性：总线系统的传输必须具有确定的时间性，即控制器在确定的时间发出控制指令，伺服系统在确定的时间间隔收到这个指令，伺服系统在确定的时间将反馈发送给控制器，控制器在确定的时间间隔收到这个反馈。

3）执行命令与反馈的同步性，高精度多轴控制系统要求各轴严格同步运行，即各个控制轴要同时执行收到的控制指令，将同一时刻的反馈数据传输给控制器。

4）不仅支持伺服控制指令的通信，而且支持 I/O 设备信号的传递。

5）支持非周期的数据，甚至 IP 报文的通信。

（5）开放式数控发展。开放式控制系统在国外的发展源于 1981 年，其许多相关的研究计划在世界各国相继启动，其中较有影响的有以下几个：

1）美国 OMAC（Open System Architecture for Control Within Automation System）计划。美国 Ford、GM 和 Chrysler 等公司联合提出该开发计划。该计划提供软硬件模块的即插即用和高效的控制器重构机构，使系统制造厂和最终用户分别从缩短开发周期、降低开发费用、便于系统集成和二次开发、简化系统使用和维护等方面受益。

2）欧盟 OSACA（Open System Architecture for Control Within Automation System）计划。该计划是 1990 年由德国、法国等国家联合发起的，提出了一个"分层的系统平台＋结构功能单元"的结构，以通信系统、参考体系结构、配置系统为三个主要组成部分，由一组逻辑的、离散的组件组成，允许不同供应商提供的组件之间的协调工作。

3）日本 OSEC（Open System Environment for Controller）计划。该计划是在日本开放式数控委员会的倡导下发起的，目的是开发基于 PC 平台的，具有高性能价格比的开放式体系结构。OSEC 所制定的接口协议主要通过自行开发的 FADL（Factory Automation Equipment Description Language）中性语言体系来实现。

2. 运动控制总线的现状

作为开放式系统的关键技术之一，开放式的运动控制总线接口技术的发展也引起了越来越多的重视。近年来，国外各大数控系统公司纷纷推出高档数控系统的数字接口协议，即数字伺服接口，如日本 FANUC 公司的串行伺服总线 FSSB，德国西门子公司的 PROFIBUS-DP 总线，日本三菱的 CC-Link 总线等。其中包括 SERCOS 总线在内，市场上主要应用的有下列三种运动控制总线接口。表 8-2 列出了三种运动控制总线的特性比较。

表 8-2　　　　　　　　　　　　　　三种运动控制总线的特性比较

特性	MACRO	Fire Ware	SERCOS
网络拓扑结构	环形	树形	环形
通信类型	串行	串行	串行
传输速率	125Mbit/s	400Mbit/s	2/4/8/16Mbit/s
支持的伺服环模式	位置、速度、力矩	位置、速度、力矩	位置、速度、力矩
命令刷新速率	2~10kHz	电流环：16kHz 速度、位置环：16kHz	速度为 4Mbit/s 时 位置：4kHz 速度，电流环：16kHz
主站数量	16	16	每环 1 个
网络最大节点数	16	63	254
国际标准	无	IEEE 1394	IEC 61491

（1）MACRO（Motion And Control Ring Optical）。该总线由美国 Delta Tau 公司开发。它以环形拓扑结构和串行发送数据的方式操作，每个环上的主控站有一个数据接收口和数据发送口。在一个环上可以有多个节点，最多到 16 个，允许联动多个驱动器，并可带有一个 I/O 站。

MACRO 允许用户选择分布式的智能化驱动器或集中式控制器。MACRO 不是标准化接口，虽然它作为非专有系统向外供应，但是除 Delta Tau 公司外，接受该接口的制造商是有限的，因而可选择的硬件和提供技术支持的数量是很小的。

（2）Fire Wire 的系统。Fire Wire 很大程度上类似于 Ethernet，是一个标准的高速协议（IEEE 1394），是为更通用化的目的开发出来的。其支持者认为它占有大量的消费市场，有非常低的产品成本和广泛的支持。Fire Wire 不是完整的运动控制总线，而是一个物理层定义，供应商必须对它加进协议、信息内容、数据格式和编程，才能建成一个运动控制总线。但若干供应商之间的这些总线接口是不相容的。

（3）SERCOS。SERCOS 总线上的数据传送速率看起来比与之竞争的其他总线低很多，但实际并非如此。

1）总线的性能不仅与总线速度有关，而且与 PC 机和远程节点如何处理数据有关。SERCOS 采用无源接口控制芯片和报文传送数据，很大程度上减少了数据处理时间。采用 SERCON816 芯片在 16Mbit/s 传输速率下工作的 SERCOS 系统的数据处理速率相当于在 100Mbit/s 传输速率下工作的 Ethernet 系统的数据处理速度。

2）SERCOS 总线与其他总线不同，数据传送速率描述的是一个位置命令的刷新速度，而速度环、电流环和位置环的刷新速度比位置命令的刷新速度快得多。如采用 4Mbit/s 的 SERCOS 总线芯片，驱动器以 2kHz 刷新位置环，以 4kHz 刷新速度环，以 16kHz 刷新电流环，如果采用 16Mbit/s 的 SERCOS 芯片，伺服环的命令刷新速度就要超过其他运动控制接口。

3）SERCOS 总线接口在高速机器的应用中实际性能很好，完全满足了制造业对高速性的要求。

3. 数字伺服总线的控制架构

基于总线的数字伺服控制器使用带有现场总线接口的应用控制器作为网络的主站进行组网。控制器将指令通过总线发送给各个伺服控制器，同时通过总线从伺服控制器获取反馈信息。数字伺服系统通常实现位置、速度、转矩的三环控制，应用控制器将伺服控制器的位置、速度、转矩等运行参数设置与功能设置通过串行总线传送到伺服系统。位置、速度、转矩等反馈信息也通过串行总线送回控制器，控制器进行相应处理，根据不同的算法输出下一次控制指令，如图 8-18 所示。

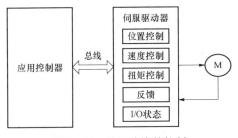

图 8-18　基于总线的控制

随着总线速度的提高与技术的发展，现场总线特别是基于以太网的总线技术使通信速度大大提高，使现场总线成为系统的内总线，它和控制器进行数据交换的能力与 PC 机的 PCI 总线相当，从而使外设接口速度瓶颈问题得到解决。这样带来控制器架构的变革，在伺服控制领域就可将位置闭环控制、速度闭环控制甚至电流闭环控制转移至应用控制器，从而降低系统成本，提高系统的实时同步性能。基于总线的伺服控制架构如图 8-19 所示。

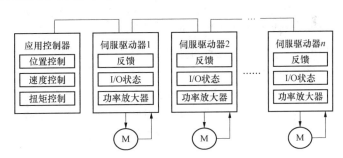

图 8-19　基于总线的伺服控制架构

在发展伺服驱动总线的同时，研究实现伺服驱动总线的标准化、应用层运动控制的标准规范以及安全一体化总线的工作也在全面地展开，特别是基于工业以太网的伺服驱动总线技术在全世界范围内的推广和应用，展示出了伺服驱动总线良好的发展前景。

4. SERCOS 总线的技术特性

SERCOS 接口规范使控制器和驱动器间数据交换的格式及从站数量等进行组态配置。在初始化阶段，接口的操作根据控制器和驱动器的性能特点来具体确定。所以，控制器和驱动器都可以执行速度、位置或扭矩控制方式。灵活的数据格式使得 SERCOS 接口能用于多种控制结构和操作模式，控制器可以通过指令值和反馈值的周期性数据交换来达到与环上所有驱动器精确同步，其通信周期可在 62.5、125、250μs 和 250μs 的整数倍间进行选择。在 SERCOS 接口中，控制器与驱动器之间的数据传送分为周期性数据传送和非周期性数据传送（服务通道数据传送）两种，周期性数据交换主要用于传送指令值和反馈值，在每个通信周期数据传送一次。非周期数据传送则是用于自控制器和驱动器之间交互的参数（IDN），独立于任何制造厂商。它提供了高级的运动控制能力，内含用于 I/O 控制的功能，使机器制造商不需要使用单独的 I/O 总线。

SERCOS 技术发展到了第三代基于实时以太网技术，将其应用从工业现场扩展到了管理办公环境，并且由于采用了以太网技术不仅降低了组网成本还增加了系统柔性，在缩短最少循环时间（31.25μs）同时，还采用了新的同步机制提高了同步精度小于 20ns，并且实现了网上各个站点的直接通信。

SERCOS 采用环形结构，使用光纤作为传输介质，是一种高速、高确定性的总线，16Mbit/s 的接口实际数据通信速度已接近于以太网。采用普通光纤为介质时的环传输距离可达 40m，可最多连接 254 个节点。实际连接的驱动器数目取决于通信周期时间、通信数据量和速率。系统确定性由 SERCOS 的机械和电气结构特性保证，与传输速率无关，系统可以保证毫秒精确度的同步。

SERCOS 总线协议具有如下技术特性：

（1）标准性。SERCOS 标准是唯一的有关运动控制的国际通信标准。其所有的底层操作、通信、调度等，都按照国际标准的规定设计，具有统一的硬件接口、通信协议、命令码 IDN 等。其提供给用户的开发接口、应用接口、调试接口等都符合 SERCOS 国际通信标准 IEC 61491。

（2）开放性。SERCOS 技术是由国际上很多知名的研究运动控制技术的厂家和组织共同开发的，SERCOS 的体系结构、技术细节等都是向世界公开的，SERCOS 标准的制定是 SERCOS 开放性的一个重要方面。

（3）兼容性。因为所有的 SERCOS 接口都是按照国际标准设计，支持不同厂家的应用程序，也支持用户自己开发的应用程序。接口的功能与具体操作系统、硬件平台无关，不同的接口之间可以相互替代，移植花费的代价很小。

（4）实时性。SERCOS 接口的国际标准中规定 SERCOS 总线采用光纤作为传输环路，支持 2、4、8、16Mbit/s 的传输速率。

（5）扩展性。每一个 SERCOS 接口可以连接 8 个节点，如果需要更多的节点则可以通过 SERCOS 接口的级联方式扩展。通过级联，每一个光纤环路上可以最多有 254 个节点。

另外，SERCOS 总线接口还具有抗干扰性能好、即插即用等其他优点。

8.2.2　SERCOS 协议

SERCOS 协议，也就是国际标准 IEC 61491 是了解 SERCOS 的关键。经过多年的发展和完善，SERCOS 协议已成为覆盖驱动、I/O 控制和安全控制的标准总线之一。

1. SERCOS 总线工作原理

（1）SERCOS 环路的拓扑结构。第一、二代 SERCOS 网络有一个主站和若干个从站（1～254 个伺服、主轴或 PLC）组成，各站之间采用光缆连接，构成环形网。站间的最大距离为 80m（塑料光纤）或 250m（玻璃光纤），最大设备数量为 254，数据传输率为 2～16Mbit/s。一个控制单元可以连接一个或多个 SERCOS 环路，SERCOS 网络结构如图 8-20 所示。

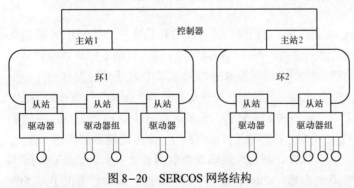

图 8-20　SERCOS 网络结构

SERCOS 环路由节点和传输线构成。主站和从站均为 SERCOS 环路上的节点，节点之间由一根没有分支的光纤构成传输线，数据在传输线上只能单向传输。在 SERCOS 接口系统中，所有的伺服回路一般都在节点驱动器内闭合。这样降低了运动控制器的计算负载，使它比起不使用这种方式来能同步更多的轴。此外，闭合所有的伺服回路减轻了运动控制和驱动器之间的传输延迟效应。

SERCOS 接口采用环行拓扑结构，一个控制单元可以带一个或多个 SERCOS 环路。每个环路由一个主站和多个从站组成。主站负责将控制单元连接到环路上，一个主站只能处理一个环路的物理层及各个协议层。从站负责将伺服装置连接到环路上，一个从站可以代表一个或者多个伺服装置到环路的连接。从理论上来说，一个主站最多可以控制 254 个伺服装置。

同时，虽然从站之间通过光纤相互连接，但数据传输只在主站和伺服装置之间进行，伺服装置之间不能直接进行数据通信。另外，伺服装置在环路上的排列顺序、伺服电报的发送时间顺序以及各伺服装置的伺服地址，三者之间相互无关。

SERCOS 网络中从站的物理位置和逻辑站点号没有直接相互关系，也就是说逻辑站点号可以配置。线性方式主站只用一个通信接口，可使用第一通道或第二通道。通信从主站发出，信息沿着线性的顺序以向前方式达到相应的从站，信息到达从站时，从站立即判断，接受主站传给自己的指令，并将发送到主站的信息嵌入到报文内，然后立刻将信息发送到下一个从站，最后一个站点以环路返回方式，将信息返回到主站，完成一次周期性的通信。

SERCOS 数据传输线由发送器、接收器和光纤三部分组成。

（2）SERCOS 的报文结构。在 SERCOS 总线协议中，所有数据都以数据电报的形式进行传输。SERCOS 协议定义了三种报文类型：

1）主站同步报文（Master Sync Telegram，MST）：在每个通信周期开始时，主站以广播形式发送一次这种类型的电报。如果不计环路的传输延时，所有伺服装置都能同时接收到该电报。MST 非常短，主要用于同步主站和各个从站的通信周期。

2）主站数据报文（Master Data Telegram，MDT）：在每个通信周期中，主站以广播形式发送一次这种类型的电报，各伺服装置从 MDT 中提取属于自己的数据。MDT 主要用于从控制单元向伺服装置发送数据，如位置指令值、速度指令值或系统参数等。

3）伺服报文（Drive Telegram，AT）：在每个通信周期中，每个伺服装置通过相应的从站发送一次这种类型的电报到主站，用于从伺服装置向控制单元传输运行状态数据，如位置实际值、速度实际值或状态数据等。

SERCOSⅢ是建立在以太网 IEEE 802.3 标准上的，其物理层对通信介质、速度和拓扑结构等的要求基本相同，每一个 SERCOS 从站有两个通信接口 P1 和 P2，P1 和 P2 可以交换。SERCOSⅢ采用线性和环形拓扑结构，如图 8-21 所示。

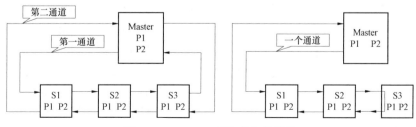

图 8-21　SERCOSⅢ 的拓扑结构

2. SERCOS 总线控制器

SERCON816 是由欧洲 SERCOS 协会推出的第二代 SERCOS 总线控制器。它在保持了对 SERCON410B 向下兼容性的基础上，进一步增强了可靠性，技术性能也有较大提高。该芯片集成了 SERCOS 总线的数据链路层，通过设定片内寄存器和读写结构化的双口 RAM 即可实现总线的通信。

SERCON816 报文处理的时钟频率最高可达 16MHz，即可在最短为 62.5μs 的固定周期内实现一主多从的环形通信。SERCON816 资源丰富，功能强大，内部有 43 个 16 位的控制寄存器、2KB 的双口 RAM、2 个外部中断引脚、34 个内部中断源、1 个看门狗定时器及 DMA 控制器。另外，该电路的接口方式也灵活多样，与微处理器互连的总线宽度既可为 8 位，也可为 16 位，读/写控制的模式遵循 Intel 标准和 Motorola 标准。串行接口的通信也可选用光纤或电缆来实现。

图 8-22　SERCOS 安全网络

8.2.3　SERCOS 安全网络

SERCOS Ⅲ 采用了 CIP 安全标准，它在原来 SERCOS 安全机制的基础上增加了安全应用层，如图 8-22 所示。SERCOS 系统的快速和可靠性满足实现安全网络的条件，并被德国 TÜV 认证满足 IEC 61508 规范的安全完整性等级 SIL3。

SERCOS Ⅲ 采用消息协议 SMP 进行安全信息的传递，通过对实时通道的配置，可以在一个 SERCOS 帧中传递 2～250B 的安全信息，并且安全信息还可以直接通过 CC 通道直接传递，不需经过主站，进一步提高安全信号的实时响应。

8.2.4　SERCOS Ⅲ 总线

1. SERCOS Ⅲ 总线概述

由于 SERCOS Ⅲ 是 SERCOS Ⅱ 技术的一个变革，与以太网结合以后，SERCOS 技术已经从专用的伺服接口向广泛的实时以太网转变。原来的优良的实时特性仍然保持，新的协议内容和功能扩展了 SERCOS 在工业领域的应用范围。

在数据传输上，硬件连接既可以应用光缆也可以用 CAT5e 电缆；报文结构方面，为了应用以太网的硬实时的环境，SERCOS Ⅲ 增加了一个与非实时通道同时运行的实时通道。该通道用来传输 SERCOS Ⅲ 报文，也就是传输命令值和反馈值；参数化的非实时通道与实时通道一起传输以太网信息和基于 IP 协议的信息，包括 TCP/IP 和 UDP/IP。数据采用标准的以太网帧来传输，这样实时通道和非实时通道可以根据实际情况进行配置。

SERCOS Ⅲ 系统是基于环状拓扑结构的。支持全双工以太网的环状拓扑结构可以处理冗余；线状拓扑结构的系统则不能处理冗余，但在较大的系统中能节省很多电缆。由于是全双工数据传输，当在环上的一处电缆发生故障时，通信不被中断，此时利用诊断功能可以确定故障地点；并且能够在不影响其他设备正常工作的情况下得到维护。SERCOS Ⅲ 不使用星状的以太网结构，数据不经过路由器或转换器，从而可以使传输延时减少到最小。安装 SERCOS Ⅲ 网络不需要特殊的网络参数。在 SERCOS Ⅲ 系统领域内，连接标准的以太网的设备和其他第三方部件的以太网端口是可以交换使用，如 P1 与 P2。Ethernet 协议或者 IP 协议内容皆可以进入设备并且不影响实时通信。

SERCOS Ⅲ 协议是建立在已被工业实际验证的 SERCOS 协议之上，它继承了 SERCOS 在伺服驱动领域的高性能高可靠性，同时将 SERCOS 协议搭载到以太网的通信协议 IEEE 802.3 之上，使 SERCOS Ⅲ 迅速成为基于实时以太网的应用于驱动领域的总线。针对前两代 SERCOS Ⅲ 的主要特点：

（1）高的传输速率，达到全双工 100Mbit/s。

（2）采用时间槽技术避免了以太网的报文冲突，提高了报文的利用率。

（3）向下兼容，兼容以前 SERCOS 总线的所有协议。

（4）降低了硬件的成本。

（5）集成了 IP 协议。

（6）使从站之间可以交叉通信 CC（Cross Communication）。

（7）支持多个运动控制器的同步 C2C（Control to Control）。

（8）扩展了对 I/O 等控制的支持。

（9）支持与安全相关的数据的传输。

（10）增加了通信冗余、容错能力和热插拔功能。

2. SERCOS Ⅲ 系统特性

SERCOS Ⅲ 系统具有如下特性：

（1）实时通道的实时数据的循环传输。在 SERCOS 主站和从站或从站之间，可以利用服务通道进行通信设置、参数和诊断数据的交换。为了保持兼容性，服务通道在 SERCOS Ⅰ–Ⅱ 中仍旧存在。在实时通道和非实时通道之间，循环通信和 100Mbit/s 的带宽能够满足各种用户的需求。所以这就为 SERCOS Ⅲ 的应用提供了更广阔的空间。

（2）为集中式和分布式驱动控制提供了很好的方案。SERCOS Ⅲ 的传输数据率为 100Mbit/s，最小循环时间是 31.25μs，对应 8 轴与 6B。当循环时间为 1ms 时，对应 254 轴 12B，可见在一定的条件下支持的轴数足够多，这就为分布式控制提供了良好的环境。分布式控制中在驱动控制单元所有的控制环都是封闭的；集中式控制中仅仅在当前驱动单元中的控制环是封闭的，中心控制器用来控制各个轴对应的控制环。

（3）从站与从站（CC）或主站与主站（C2C）之间皆可以通信。在前两代 SERCOS 技术中，由于光纤连接的传输单向性，站与站之间不能够直接的进行数据交换。SERCOS Ⅲ 中数据传输采用的是全双工的以太网结构，不但从站之间可以直接通信而且主站和主站之间也可以直接进行通信，通信的数据包括参数、轴的命令值和实际值，保证了在硬件实时系统层的控制器同步。

（4）SERCOS 安全。在工厂的生产中，为了减少人机的损害，SERCOS Ⅲ 增加了系统安全功能，在 2005 年 11 月 SERCOS 安全方案通过了 TÜV Rheinland 认证，并达到了 IEC 61508 中的 SL3 标准，带有安全功能的系统将于 2007 年底面世。安全相关的数据与实时数据或其他标准的以太网协议数据在同一个物理层媒介上传输。在传输过程中最多可以有 64 位安全数据植入 SERCOS Ⅲ 数据报文中，同时安全数据也可以在从站与从站之间进行通信。由于安全功能独立于传输层，除了 SERCOS Ⅲ 外，其他的物理层媒介也可以应用，这种传输特性为系统向安全等级低一层的网络扩展提供了便利条件。

（5）IP 通道。利用 IP 通信时，可以无控制系统和 SERCOS Ⅲ 系统的通信，这对于调试前对设备的参数设置相当方便。IP 通道为以下操作提供了灵活和透明的大容量数据传输：设备操作、调试和诊断、远程维护、程序下载和上传以及度量来自传感器等的记录数据和数据质量。

（6）SERCOSⅢ硬件模式和 I/O。随着 SERCOSⅢ系统的面世，新的硬件在满足该系统的条件下，开始支持更多的驱动和控制装置以及 I/O 模块，这些装置将逐步被定义和标准化。目前分布式 I/O 控制单元正在研制中，这种模块化的 I/O 带有总线连接器件。

为了使 SERCOSⅢ系统的功能在工程中得到很好的应用，欧洲很多自动化生产商已经开始对系统的主站卡和从站卡进行了开发，各项功能得到了不断的完善。一种方案是采用了 FPGA（现场可编程门阵列）技术，目前产品有 Spartan-3 和 CycloneⅡ。另一种是 SERCOSⅢ控制器集成在一个可以支持大量协议的标准的通用控制器（GPCC）上，目前投入试用的是 netX 的芯片。其他的产品也将逐步面世。SERCOSⅢ的数据结构和系统特性表明该系统更好的实现了伺服驱动单元和 I/O 单元的实时性、开放性，以及很高的经济价值、实用价值和潜在的竞争价值。可以确信基于 SERCOSⅢ的系统将在未来的工业领域中占有十分重要地位。

8.2.5　SERCOSⅢ的接口实现

SERCOSⅢ在同步化和消息结构上保持了对之前版本的兼容性，它保留了描述实时运动和 I/O 控制的参数集合，SERCOSⅢ接口不同于以前版本的 SERCOS 要求一个 ASIC 芯片，其接口硬件采用现场可编程门阵列器件 FPGA（Field Programmable Gate Array）技术，将一个 SERCOS IP（Intellectual Property，IP）Core（具有独立知识产权的电路核）核植入 FPGA 芯片中，就成为一个 SERCOSⅢ接口芯片，FPAG 本身还实现了通信的定时、逻辑和以太网的 MAC 解析等功能。SERCOSⅢ的接口结构如图 8-23 所示。

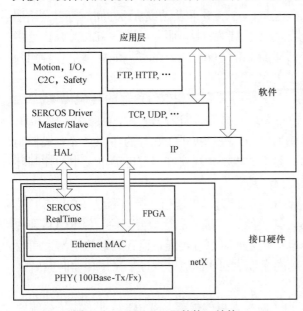

图 8-23　SERCOSⅢ的接口结构

Xilinx 是世界领先的可编程逻辑器件生产商，SERCOS 主要应用 Xilinx Sprtan-3 系列的 XC3S400 或 XC3S200，一般主站应用 XC3S400，从站为了进一步降低成本应用 XC3S200，主站称为 SERCON100M，从站为 SERCON100S。同样是国际著名的可编程逻辑器件生产商 Altera 公司的 CycloneⅡ和 CycloneⅢ FPGA 也作为 SERCOS 接口芯片使用。

德国 Hilscher 是工业通信接口技术的领先者，其推向市场的 netX 通过网络控制器芯片将 SERCOSⅢ协议集成到了芯片中，芯片系列从 netX5 到 NetX500，其新推向市场的 netX 芯片包含了 ARM926 核。

8.2.6　SERCOS 通信系统硬件设计

1. 系统总体设计

（1）系统功能。高速精密数控系统的一部分实现数控系统中的多轴联动，以及高速、高精度数字总线通信。将系统功能定位为基于 SERCOS 总线实现 1~3 轴的高速、高精度、联动控制，并使该通信系统满足开放性的要求。

SERCOS 通信系统具有如下主要功能：

1）主站具有与 1～3 个从站同步通信的能力。

2）主站能够通过开放、高速接口（如 USB 等）与 PC 或运动控制器通信。

3）主站能够工作在位置和速度两种模式下。

4）主、从站的微处理器能够满足高速传输和处理的要求。

5）从站可以通过通用接口与伺服驱动器通信。

6）从站能够实现实时的控制要求。

7）各从站间能够满足联动控制的同步性要求。

8）主、从站具有一定的故障诊断功能，并能实时显示到 PC。

（2）系统总体结构。系统基于 ARM 嵌入式控制器技术，采用 SERCOS 总线和 USB 总线设计主、从站通信卡，并实现从 PC 到 SERCOS 主站、SERCOS 主站到各从站、从站到伺服驱动器的开放式、一体化环形通信。系统总体结构如图 8-24 所示。

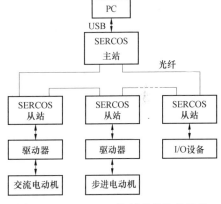

图 8-24 SERCOS 控制系统总体结构

其中，带有 USB 接口的上位机或数控系统为主控制器，SERCOS 通信通过外接的主、从站通信卡完成。主控制器主要完成 CNC 系统的代码解释、刀补、预处理、插补、位控、伺服轴同步控制和故障诊断等功能；SERCOS 主站卡主要负责控制光纤环路的数据传输，并处理与各从站之间的数据交互；SERCOS 从站卡主要负责对电动机运动的实时控制，以及与伺服驱动器或者 I/O 设备之间的数据交互。

2. 主站硬件设计

在 SERCOS 通信系统中，通信主站主要由光纤收发器、SERCOS 总线处理芯片、ARM 微控制器、RAM 及 Flash 存储器、上位机接口等组成。其中，上位机接口包括 USB 接口和 RS232 接口。

SERCOS 总线接口电路部分主要由以下部分组成：

（1）SERCOS 总线控制芯片 SERCON816。

（2）工作状态显示 LED，通过 LED 显示 SERCON816 的工作状态。

（3）光纤发送器 HFBR-1506AMZ 和接收器 HFBR-2506AMZ。

（4）中断选择跳线，将 SERCON816 的中断信号连到 ARM 控制器上。

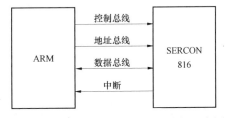

图 8-25 ARM 与 SERCON816 连接示意图

SERCOS 总线接口的核心是总线处理芯片 SERCON816。该芯片集成了 SERCOS 总线的物理层和数据链路层，通过设定片内寄存器和读写结构化的双口 RAM 便可实现总线的通信。微控制器通过控制总线、地址总线和数据总线对其进行操作，并响应来自 SERCON816 的中断信号，如图 8-25 所示。

8.2.7 SERCOS 工业应用

目前，超过 50 家控制器设备厂商和超过 30 家驱动器生产厂家推出了支持 SERCOS 的产品，SERCOS 是面向运动控制领域的唯一国际标准，其协会的网站为 www.sercos.org 或

www.sercog.de。SERCOS 是一个完全独立的、开放的、非专利性的技术规范，完全公开，SERCOS 国际组织拥有技术版权。它不依赖于任何一个厂商的技术和产品，因而不受任一特定公司的影响。

目前，SERCOS 国际组织有 92 个成员，ABB、费斯托、霍尼韦尔、菲尼克斯、施耐德、罗克韦尔、SEW、日立、三洋、三星、万可、倍福和赫优讯等著名公司都是其成员。SERCOS 在北美和日本有分支组织，在德国斯图加特大学有认证中心，以测试确定不同厂商产品的互操作性；在世界各地还有一批 SERCOS 技术资格中心，它们独立地、权威地为企业提供技术咨询和服务。

SERCOS 在中国北京设立中国办事处，并与北京工业大学合作，在该校设立了 SERCOS 技术资格中心，开展 SERCOS 的开发和应用工作，推广 SERCOS 技术，而 SERCOS 国际组织向他们提供技术支持。

SERCOS 技术在工业自动化、印刷机械、包装机械、工业机器人、半导体制造设备和机床工业中得到较为广泛的应用，特别是在一些高可靠性高精度多轴控制的高端设备中得到很好的应用。

8.3　EtherCAT

8.3.1　EtherCAT 协议概述

EtherCAT 是由德国 Beckhoff 自动化公司于 2003 年提出的实时工业以太网技术。它具有高速和高数据有效率的特点，支持多种设备连接拓扑结构。其从站节点使用专用的控制芯片，主站使用标准的以太网控制器。

EtherCAT 为基于 Ethernet 的可实现实时控制的开放式网络。EtherCAT 系统可扩展至 65535 个从站规模，由于具有非常短的循环周期和高同步性能，EtherCAT 非常适合用于伺服运动控制系统中。在 EtherCAT 从站控制器中使用的分布式时钟能确保高同步性和同时性，其同步性能对于多轴系统来说至关重要，同步性使内部的控制环可按照需要的精度和循环数据保持同步。将 EtherCAT 应用于伺服驱动器不仅有助于整个系统实时性能的提升，同时还有利于实现远程维护、监控、诊断与管理，使系统的可靠性大大增强。

EtherCAT 作为国际工业以太网总线标准之一，Beckhoff 自动化公司大力推动 EtherCAT 的发展，EtherCAT 的研究和应用越来越被重视。工业以太网 EtherCAT 技术广泛应用于机床、注塑机、包装机、机器人等高速运动应用场合，物流、高速数据采集等分布范围广控制要求高的场合。很多厂商如三洋、松下、库卡等公司的伺服系统都具有 EtherCAT 总线接口。三洋公司应用 EtherCAT 技术对三轴伺服系统进行同步控制。在机器人控制领域，EtherCAT 技术作为通信系统具有高实时性能的优势。2010 年以来，库卡一直采用 EtherCAT 技术作为库卡机器人控制系统中的通信总线。

国外很多企业厂商针对 EtherCAT 已经开发出了比较成熟的产品，例如美国 NI、日本松下、库卡等自动化设备公司都推出了一系列支持 EtherCAT 驱动设备。国内的 EtherCAT 技术研究也取得了较大的进步。上海新时达公司生产的机器人已采用 EtherCAT，基于 ARM 架构的嵌入式 EtherCAT 从站控制器的研究开发也日渐成熟。

随着我国科学技术的不断发展和工业水平的不断提高，在工业自动化控制领域，用户对高精度、高尖端的制造的需求也在不断提高。特别是我国的国防工业，航天航空领域以及核工业等的制造领域中，对高效率、高实时性的工业控制以太网系统的需求也是与日俱增。

电力工业的迅速发展，电力系统的规模不断扩大，系统的运行方式越来越复杂，对自动化水平的要求越来越高，从而促进了电力系统自动化技术的不断发展。

电力系统自动化技术特别是变电站综合自动化是在计算机技术和网络通信技术的基础上发展起来的。而随着半导体技术、通信技术及计算机技术的发展，硬件集成越来越高，性能得到大幅提升，功能越来越强，为电力系统自动化技术的发展提供了条件。特别是光电电流和电压互感器（OCT、OVT）技术的成熟，插接式开关系统（PASS）的逐渐应用。电力自动化系统中出现大量的与控制、监视和保护功能相关的智能电子设备（IED），智能电子设备之间一般是通过现场总线或工业以太网进行数据交换。这使得现场总线和工业以太网技术在电力系统中的应用成为热点之一。

在电力系统中随着光电式互感器的逐步应用，大量的高密度的实时采样值信息会从过程层的光电式互感器向间隔层的监控、保护等二次设备传输。当采样频率达到千赫级，数据传送速度将达到10Mbit/s以上，一般的现场总线较难满足要求。

实时以太网EtherCAT具有高速的信息处理与传输能力，不但能满足高精度实时采样数据的实时处理与传输要求，提高系统的稳定性与可靠性，更有利于电力系统的经济运行。

EtherCAT的主要特点如下：

（1）广泛的适用性，任何带商用以太网控制器的控制单元都可以作为EtherCAT主站。从小型的16位处理器到使用3GHz处理器的PC系统，任何计算机都可以成为EtherCAT控制系统。

（2）完全符合以太网标准，EtherCAT可以与其他以太网设备及协议并存于同一总线，以太网交换机等标准结构组件也可以用于EtherCAT。

（3）无需从属子网，复杂的节点或只有2位的I/O节点都可以用作EtherCAT从站。

（4）高效率，最大化利用以太网宽带进行用户数据传输。

（5）刷新周期短，可以达到小于100μs的数据刷新周期，可以用于伺服技术中底层的闭环控制。

（6）同步性能好，各从站节点设备可以达到小于1μs的时钟同步精度。

EtherCAT支持多种设备连接拓扑结构：线形、树形或星形结构，可以选用的物理介质有100Base-TX标准以太网电缆或光缆。使用100Base-TX电缆时站间距离可以达到100m。使用快速以太网全双工通信技术构成主从式的环形结构如图8-26所示。

这个过程利用了以太网设备独立处理双向传输（Tx和Rx）的特点，并运行在全双工模式下，发出的报文又通过Rx线返回到控制单元。

报文经过从站节点时，从站识别出相关的命令并做出相应的处理。信息的处理在硬件中完成，延迟时间约为100～500ns（取决于物理层器件），通信性能独立于从站设备控制微处理器的响应时间。每个从站设备有最大容量为64KB的可编址内存，可完成连续的或同步的读写操作。多个EtherCAT命令数据可以被嵌入到一个以太网报文中，每个数据对应独立的设备或内存区。

从站设备可以构成多种形式的分支结构，独立的设备分支可以放置于控制柜中或机器模块中，再用主线连接这些分支结构。

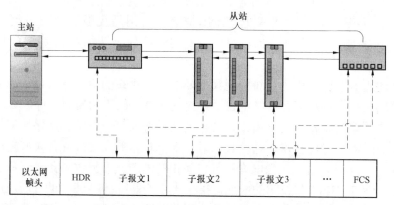

图 8-26 快速以太网全双工通信技术构成主从式的环形结构

8.3.2 EtherCAT 物理拓扑结构

EtherCAT 采用了标准的以太网帧结构，几乎所有标准以太网的拓扑结构都是适用的，也就是说可以使用传统的基于交换机的星形结构，但是 EtherCAT 的布线方式更为灵活，由于其主从的结构方式，无论多少节点都可以一条线串接起来，无论是菊花链型还是树形拓扑结构，可任意选配组合。布线也更为简单，布线只需要遵从 EtherCAT 的所有的数据帧都会从第一个从站设备转发到后面连接的节点。数据传输到最后一个从站设备又逆序将数据帧发送回主站。这样的数据帧处理机制允许在 EtherCAT 同一网段内，只要不打断逻辑环路都可以用一根网线串接起来，从而使得设备连接布线非常方便。

传输电缆的选择同样灵活。与其他的现场总线不同的是，不需要采用专用的电缆连接头，对于 EtherCAT 的电缆选择，可以选择经济而低廉的标准超五类以太网电缆，采用 100BASE-TX 模式无交叉地传送信号，并且可以通过交换机或集线器等实现不同的光纤和铜电缆以太网连线的完整组合。

在逻辑上，EtherCAT 网段内从站设备的布置构成一个开口的环形总线。在开口的一端，主站设备直接或通过标准以太网交换机插入以太网数据帧，并在另一端接收经过处理的数据帧。所有的数据帧都被从第一个从站设备转发到后续的节点。最后一个从站设备将数据帧返回到主站。

EtherCAT 从站的数据帧处理机制允许在 EtherCAT 网段内的任一位置使用分支结构，同时不打破逻辑环路。分支结构可以构成各种物理拓扑以及各种拓扑结构的组合，从而使设备连接布线非常灵活方便。

8.3.3 EtherCAT 数据链路层

1. EtherCAT 数据帧

EtherCAT 数据是遵从 IEEE 802.3 标准，直接使用标准的以太网帧数据格式传输，不过 EtherCAT 数据帧是使用以太网帧的保留字 0x88A4。EtherCAT 数据报文是由两个字节的数据头和 44~1498B 的数据组成，一个数据报文可以由一个或者多个 EtherCAT 子报文组成，每一个子报文是映射到独立的从站设备存储空间。

2. 寻址方式

EtherCAT 的通信由主站发送 EtherCAT 数据帧读写从站设备的内部的存储区来实现，也就是从站存储区中读数据和写数据。在通信的时候，主站首先根据以太网数据帧头中的 MAC

地址来寻址所在的网段，寻址到第一个从站后，网段内的其他从站设备只需要依据 EtherCAT 子报文头中的 32 位地址去寻址。在一个网段里面，EtherCAT 支持使用设备寻址和逻辑寻址两种方式。

3. 通信模式

EtherCAT 的通信方式分为周期性过程数据通信和非周期性邮箱数据通信。

（1）周期性过程数据通信。周期性过程数据通信主要用在工业自动化环境中实时性要求高的过程数据传输场合。周期性过程数据通信时，需要使用逻辑寻址，主站是使用逻辑寻址的方式完成从站的读、写或者读写操作。

（2）非周期性邮箱数据通信。非周期性过程数据通信主要用在对实时性要求不高的数据传输场合，在参数交换、配置从站的通信等操作时，可以使用非周期性邮箱数据通信，并且还可以双向通信。在从站到从站通信时，主站是作为类似路由器功能来管理。

4. 存储同步管理器 SM

存储同步管理 SM 是 ESC 用来保证主站与本地应用程序数据交换的一致性和安全性的工具，其实现的机制是在数据状态改变时产生中断信号来通知对方。EtherCAT 定义了缓存模式和邮箱模式两种同步管理器（SM）运行模式。

（1）缓存模式。缓存模式使用了三个缓存区，允许 EtherCAT 主站的控制权和从站控制器双方在任何时候都访问数据交换缓存区。接收数据的那一方随时可以得到最新的数据，数据发送那一方也随时可以更新缓存区里的内容。假如写缓存区的速度比读缓存区的速度快，则旧数据就会被覆盖。

（2）邮箱模式。邮箱模式通过握手机制完成数据交换，这种情况下只有一端完成读或写数据操作后另一端才能访问该缓存区，这样数据就不会丢失。数据发送方首先将数据写入缓存区，接着缓存区被锁定为只读状态，一直等到数据接收方将数据读走。这种模式通常用在非周期性的数据交换，分配的缓存区也称为邮箱。邮箱模式通信通常是使用两个 SM 通道，一般情况下主站到从站通信使用 SM0，从站到主站通信使用 SM1，他们被配置成为一个缓存区方式，使用握手来避免数据溢出。

8.3.4　EtherCAT 应用层

应用层 AL（Application Layer）是 EtherCAT 协议最高的一个功能层，是直接面向控制任务的一层，它为控制程序访问网络环境提供手段，同时为控制程序提供服务。应用层不包括控制程序，它只是定义了控制程序和网络交互的接口，使符合此应用层协议的各种应用程序可以协同工作，EtherCAT 协议结构如图 8-27 所示。

1. 通信模型

EtherCAT 应用层区分主站与从站，主站与从站之间的通信关系是由主站开始的。从站之间的通信是由主站作为路由器来实现的。不支持两个主站之间的通信，但是两个具有主站功能的设备并且其中一个具有从站功能时仍可实现通信。

EtherCAT 通信网络仅由一个主站设备和至少一个从站设备组成。系统中的所有设备必须支持 EtherCAT 状态机和过程数据（Process Data）的传输。

2. 从站

（1）从站设备分类。从站应用层可分为不带应用层处理器的简单设备与带应用层处理器的复杂设备。

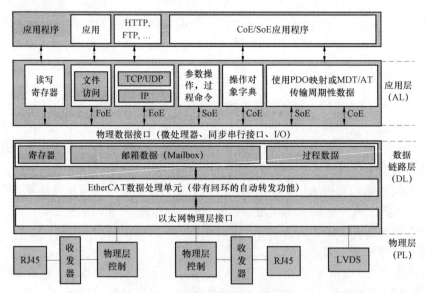

图 8-27　EtherCAT 协议结构

（2）简单从站设备。简单从站设备设置了一个过程数据布局，通过设备配置文件来描述。在本地应用中，简单从站设备要支持无响应的 ESM 应用层管理服务。

（3）复杂从站设备。复杂从站设备支持 EtherCAT 邮箱、COE 目标字典、读写对象字典数据入口的加速 SDO 服务以及读对象字典中已定义的对象和紧凑格式入口描述的 SDO 信息服务。

为了过程数据的传输，复杂从站设备支持 PDO 映射对象和同步管理器 PDO 赋值对象。复杂从站设备要支持可配置过程数据，可通过写 PDO 映射对象和同步管理器 PDO 赋值对象来配置。

（4）应用层管理。应用层管理包括 EtherCAT 状态机，ESM 描述了从站应用的状态及状态变化。由应用层控制器将从站应用的状态写入 AL 状态寄存器，主站通过写 AL 控制寄存器进行状态请求。从逻辑上来说，ESM 位于 EtherCAT 从站控制器与应用之间。ESM 定义了初始化状态（Init）、预运行状态（Pre-Operational）、安全运行状态（Safe-Operational）、运行状态（Operational）四种状态。

（5）EtherCAT 邮箱。每一个复杂从站设备都有 EtherCAT 邮箱。EtherCAT 邮箱数据传输是双向的，可以从主站到从站，也可以从从站到主站。支持双向多协议的全双工独立通信。从站与从站通信通过主站进行信息路由。

（6）EtherCAT 过程数据。过程数据通信方式下，主从站访问的是缓冲型应用存储器。对于复杂从站设备，过程数据的内容将由 CoE 接口的 PDO 映射及同步管理器 PDO 赋值对象来描述。对于简单从站设备，过程数据是固有的，在设备描述文件中定义。

3. 主站

主站各种服务与从站进行通信。在主站中为每个从站设置了从站处理机（Slave Handler），用来控制从站的状态机（ESM）；同时每个主站也设置了一个路由器，支持从站与从站之间的邮箱通信。

主站支持从站处理机通过 EtherCAT 状态服务来控制从站的状态机，从站处理机是从站状态机在主站中的映射。从站处理机通过发送 SDO 服务去改变从站状态机状态。

路由器将客户从站的邮箱服务请求路由到服务从站；同时，将服务从站的服务响应路由到客户从站。

4. EtherCAT 设备行规

EtherCAT 设备行规包括以下几种。

（1）CANopen over EtherCAT（CoE）。CANopen 最初是为基于 CAN（Control Aera Network）总线的系统所制定的应用层协议。EtherCAT 协议在应用层支持 CANopen 协议，并做了相应的扩充，其主要功能有：

a）使用邮箱通信访问 CANopen 对象字典及其对象，实现网络初始化。

b）使用 CANopen 应急对象和可选的事件驱动 PDO 消息，实现网络管理。

c）使用对象字典映射过程数据，周期性传输指令数据和状态数据。

CoE 协议完全遵从 CANopen 协议，其对象字典的定义也相同，针对 EtherCAT 通信扩展了相关通信对象 0x1C00～0x1C4F，用于设置存储同步管理器的类型、通信参数和 PDO 数据分配。

1）应用层行规。CoE 完全遵从 CANopen 的应用层行规，CANopen 标准应用层行规主要有：

a）CiA 401 I/O 模块行规；

b）CiA 402 伺服和运动控制行规；

c）CiA 403 人机接口行规；

d）CiA 404 测量设备和闭环控制；

e）CiA 406 编码器；

f）CiA 408 比例液压阀等。

2）CiA 402 行规通用数据对象字典。数据对象 0x6000～0x9FFF 为 CANopen 行规定义数据对象，一个从站最多控制 8 个伺服驱动器，每个驱动器分配 0x800 个数据对象。第一个伺服驱动器使用 0x6000～0x67FF 的数据字典范围，后续伺服驱动器在此基础上以 0x800 偏移使用数据字典。

（2）Servo Drive over EtherCAT（SoE）。IEC 61491 是国际上第一个专门用于伺服驱动器控制的实时数据通信协议标准，其商业名称为 SERCOS（Serial Real-time Communication Specification）。EtherCAT 协议的通信性能非常适合数字伺服驱动器的控制，应用层使用 SERCOS 应用层协议实现数据接口，可以实现以下功能：

1）使用邮箱通信访问伺服控制规范参数（IDN），配置伺服系统参数。

2）使用 SERCOS 数据电报格式配置 EtherCAT 过程数据报文，周期性传输伺服指令数据和伺服状态数据。

（3）Ethernet over EtherCAT（EoE）。除了前面描述的主从站设备之间的通信寻址模式外，EtherCAT 也支持 IP 标准的协议，比如 TCP/IP、UDP/IP 和所有其他高层协议（HTTP 和 FTP 等）。EtherCAT 能分段传输标准以太网协议数据帧，并在相关的设备完成组装。这种方法可以避免为长数据帧预留时间片，大大缩短周期性数据的通信周期。此时，主站和从站需要相应的 EoE 驱动程序支持。

（4）File Access over EtherCAT（FoE）。该协议通过 EtherCAT 下载和上传固定程序和其他文件，其使用类似 TFTP（Trivial File Transfer Protocol，简单文件传输协议）的协议，不需

要 TCP/IP 的支持，实现简单。

8.3.5　EtherCAT 系统组成

1. EtherCAT 网络架构

EtherCAT 网络是主从站结构网络，网段中可以有一个主站和一个或者多个从站组成。主站是网络的控制中心，也是通信的发起者。一个 EtherCAT 网段可以被简化为一个独立的以太网设备，从站可以直接处理接收的报文，并从报文中提取或者插入相关数据。然后将报文依次传输到下一个 Ether CAT 从站，最后一个 EtherCAT 从站返回经过完全处理的报文，依次地逆序传递回到第一个从站并且最后发送给控制单元。整个过程充分利用了以太网设备全双工双向传输的特点。如果所有从设备需要接收相同的数据，那么只需要发送一个短数据包，所有从设备接收数据包的同一部分便可获得该数据，刷新 12 000 个数字输入和输出的数据耗时仅为 300μs。对于非 EtherCAT 的网络，需要发送 50 个不同的数据包，充分体现了 EtherCAT 的高实时性，所有数据链路层数据都是由从站控制器的硬件来处理，EtherCAT 的周期时间短，是因为从站的微处理器不需处理 EtherCAT 以太网的封包。

EtherCAT 是一种实时工业以太网技术，它充分利用了以太网的全双工特性。使用主从模式介质访问控制（MAC），主站发送以太网帧给主从站，从站从数据帧中抽取数据或将数据插入数据帧。主站使用标准的以太网接口卡，从站使用专门的 EtherCAT 从站控制器 ESC（EtherCAT Slave Controller），EtherCAT 物理层使用标准的以太网物理层器件。

从以太网的角度来看，一个 EtherCAT 网段就是一个以太网设备，它接收和发送标准的 ISO/IEC 8802-3 以太网数据帧。但是，这种以太网设备并不局限于一个以太网控制器及相应的微处理器，它可由多个 EtherCAT 从站组成，EtherCAT 系统运行如图 8-28 所示，这些从站可以直接处理接收的报文，并从报文中提取或插入相关的用户数据，然后将该报文传输到下一个 EtherCAT 从站。最后一个 EtherCAT 从站发回经过完全处理的报文，并由第一个从站作为响应报文将其发送给控制单元。

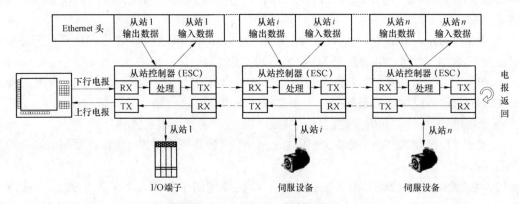

图 8-28　EtherCAT 系统运行

实时以太网 EtherCAT 技术采用了主从介质访问方式。在基于 EtherCAT 的系统中，主站控制所有的从站设备的数据输入与输出。主站向系统中发送以太网帧后，EtherCAT 从站设备在报文经过其节点时处理以太网帧，嵌入在每个从站中的现场总线存储管理单元（FMMU）在以太网帧经过该节点时读取相应的编址数据，并同时将报文传输到下一个设备。同样，输入数据也是在报文经过时插入至报文中。当该以太网帧经过所有从站并与从站进行数据交换后，由 EtherCAT 系统中最末一个从站将数据帧返回。

整个过程中，报文只有几纳秒的时间延迟。由于发送和接收的以太帧压缩了大量的设备数据，所以可用数据率可达 90%以上。

EtherCAT 支持各种拓扑结构，如总线形、星形、环形等，并且允许 EtherCAT 系统中出现多种结构的组合。支持多种传输电缆，如双绞线、光纤等，以适应于不同的场合，提升布线的灵活性。

EtherCAT 支持同步时钟，EtherCAT 系统中的数据交换完全是基于纯硬件机制，由于通信采用了逻辑环结构，主站时钟可以简单、精确地确定各个从站传播的延迟偏移。分布时钟均基于该值进行调整，在网络范围内使用精确的同步误差时间基。

EtherCAT 具有高性能的通信诊断能力，能迅速地排除故障；同时也支持主站从站冗余检错，以提高系统的可靠性；EtherCAT 实现了在同一网络中将安全相关的通信和控制通信融合为一体，并遵循 IEC 61508 标准论证，满足安全 SIL4 级的要求。

2. EtherCAT 主站组成

EtherCAT 无需使用昂贵的专用有源插接卡，只需使用无源的 NIC（Network Interface Card）卡或主板集成的以太网 MAC 设备即可。EtherCAT 主站很容易实现，尤其适用于中小规模的控制系统和有明确规定的应用场合。使用 PC 计算机构成 EtherCAT 主站时，通常是用标准的以太网卡作为主站硬件接口，网卡芯片集成了以太网通信的控制器和收发器。

EtherCAT 使用标准的以太网 MAC，不需要专业的设备，EtherCAT 主站很容易实现，只需要一台 PC 计算机或其他嵌入式计算机即可实现。

由于 EtherCAT 映射不是在主站产生，而是在从站产生。该特性进一步减轻了主机的负担。因为 EtherCAT 主站完全在主机中采用软件方式实现。EtherCAT 主站的实现方式是使用倍福公司或者 ETG 社区样本代码。软件以源代码形式提供，包括所有的 EtherCAT 主站功能，甚至还包括 EoE。

EtherCAT 主站使用标准的以太网控制器，传输介质通常使用 100BASE-TX 规范的 5 类 UTP 线缆，如图 8-29 所示。

通信控制器完成以太网数据链路的介质访问控制（Media Access Control，MAC）功能，物理层芯片 PHY 实现数据编码、译码和收发，它们之间通过一个 MII（Media Independent Interface）接口交互数据。MII 是标准的以太网物理层接口，定义了与传输介质无关的标准电气和机械

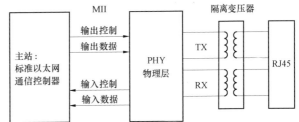

图 8-29　EtherCAT 物理层连接原理图

接口，使用这个接口将以太网数据链路层和物理层完全隔离开，使以太网可以方便地选用任何传输介质。隔离变压器实现信号的隔离。提高通信的可靠性。

在基于 PC 的主站中，通常使用网络接口卡 NIC，其中的网卡芯片集成了以太网通信控制器和物理数据收发器。而在嵌入式主站中，通信控制器通常嵌入到微控制器中。

3. EtherCAT 从站组成

EtherCAT 从站设备主要完成 EtherCAT 通信和控制应用两大功能，是工业以太网

EtherCAT 控制系统的关键部分。从站通常分为四大部分：EtherCAT 从站控制器（ECS）、从站控制微处理器、物理层 PHY 器件和电气驱动等其他应用层器件。

从站的通信功能是通过从站 ESC 实现的。EtherCAT 通信控制器 ECS 使用双端口存储区实现 EtherCAT 数据帧的数据交换，各个从站的 ESC 在各自的环路物理位置通过顺序移位读写数据帧。报文经过从站时，ESC 从报文中提取要接收的数据存储到其内部存储区，要发送的数据又从其内部存储区写到相应的子报文中。数据报文的读取和插入都是由硬件自动来完成，速度很快。EtherCAT 通信和完成控制任务还需要从站微控制器主导完成。通常是通过微控制器从 ESC 读取控制数据，从而实现设备控制功能，将设备反馈的数据写入 ESC，并返回给主站。由于整个通信过程数据交换完全由 ESC 处理，与从站设备微控制器的响应时间无关。从站微控制器的选择不受到功能限制，可以使用单片机、DSP 和 ARM 等。

从站使用物理层的 PHY 芯片来实现 ESC 的 MII 物理层接口，同时需要隔离变压器等标准以太网物理器件。

从站不需要微控制器就可以实现 EtherCAT 通信，EtherCAT 从站设备只需要使用一个价格低廉的从站控制器芯片 ESC。从站的实施可以通过 I/O 接口实现的简单设备加 ESC、PHY、变压器和 RJ45 接头。微控制器和 ESC 之间使用 8 位或 16 位并行接口或串行 SPI 接口。从站实施要求的微控制器性能取决于从站的应用，EtherCAT 协议软件在其上运行。ESC 采用德国 Beckhoff 自动化有限公司提供的从站控制专用芯片 ET1100 或者 ET1200 等。通过 FPGA，也可实现从站控制器的功能，这种方式需要购买授权以获取相应的二进制代码。

EtherCAT 从站设备同时实现通信和控制应用两部分功能，其结构如图 8-30 所示，由以下四部分组成。

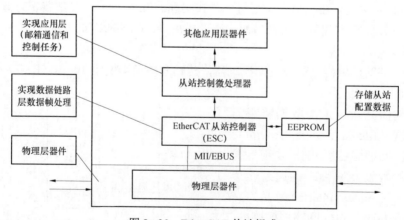

图 8-30　EtherCAT 从站组成

（1）EtherCAT 从站控制器 ESC。EtherCAT 从站通信控制器芯片 ESC 负责处理 EtherCAT 数据帧，并使用双端口存储区实现 EtherCAT 主站与从站本地应用的数据交换。各个从站 ESC 按照各自在环路上的物理位置顺序移位读写数据帧。在报文经过从站时，ESC 从报文中提取发送给自己的输出命令数据并将其存储到内部存储区，输入数据从内部存储区又被写到相应的子报文中。数据的提取和插入都是由数据链路层硬件完成的。

ESC 具有四个数据收发端口，每个端口都可以收发以太网数据帧。

ESC 使用两种物理层接口模式：MII 和 EBUS。MII 是标准的以太网物理层接口，使用外部物理层芯片，一个端口的传输延时约为 500ns。EBUS 是德国 Beckhoff 公司使用 LVDS（Low Voltage Differential Signaling）标准定义的数据传输标准，可以直接连接 ESC 芯片，不需要额外的物理层芯片，从而避免了物理层的附加传输延时，一个端口的传输延时约为 100ns。EBUS 最大传输距离为 10m，适用于距离较近的 I/O 设备或伺服驱动器之间的连接。

（2）从站控制微处理器。微处理器负责处理 EtherCAT 通信和完成控制任务。微处理器从 ESC 读取控制数据，实现设备控制功能，并采样设备的反馈数据，写入 ESC，由主站读取。通信过程完全由 ESC 处理，与设备控制微处理器响应时间无关。从站控制微处理器性能选择取决于设备控制任务，可以使用 8 位、16 位的单片机及 32 位的高性能处理器。

（3）物理层器件。从站使用 MII 接口时，需要使用物理层芯片 PHY 和隔离变压器等标准以太网物理层器件。使用 EBUS 时不需要任何其他芯片。

（4）其他应用层器件。针对控制对象和任务需要，微处理器可以连接其他控制器件。

8.3.6　EtherCAT 系统主站设计

EtherCAT 系统的主站可以利用 Beckhoff 公司提供的 TWinCAT（The Windows Control and Automation Technology）组态软件实现，用户可以利用该软件实现控制程序以及人机界面程序。用户也可以根据 EtherCAT 网络接口及通信规范来实现 EtherCAT 的主站。

1. TWinCAT 系统

TWinCAT 软件是由德国 Beckhoff 公司开发的一款工控组态软件，以实现 EtherCAT 系统的主站功能以及人机界面。

TwinCAT 系统由实时服务器（Realtime Server），系统控制器（System Control），系统 OCX 接口，PLC 系统，CNC 系统，输入输出系统（I/O System），用户应用软件开发系统（User Application），自动化设备规范接口（ADS-Interface）及自动化信息路由器（AMS Router）等组成。

2. 系统管理器及配置

系统管理器（System Manger）是 TWinCAT 的配置中心，涉及到 PLC 系统的个数及程序，轴控系统的配置及所连接的 I/O 通道配置。它关系到所有的系统组件以及各组件的数据关系，数据域及过程映射的配置。TwinCAT 支持所有通用的现场总线和工业以太网，同时也支持 PC 外设（并行或串行接口）和第三方接口卡。

系统管理器的配置主要包括系统配置、PLC 配置、CAM 配置以及 I/O 配置。系统配置中包括了实时设定，附加任务以及路由设定。实时设定就是要设定基本时间及实时程序运行的时间限制。PLC 配置就是要利用 PLC 控制器编写 PLC 控制程序加载到系统管理器中。CAM 配置是一些与凸轮相关的程序配置。I/O 配置就是配置 I/O 通道，涉及整个系统的设备。I/O 配置中要根据系统中的不同的设备编写相应的 XML 配置文件。

XML 配置文件的作用就是用来解释整个 TWinCAT 系统，包括主站设备信息，各从站设备信息，主站发送的循环命令配置以及输入输出映射关系。

3. 基于 EtherCAT 网络接口的主站设计

EtherCAT 主站系统可以通过组态软件 TWinCAT 配置实现，并且具有优越的实时性能。但是该组态软件主要支持逻辑控制的开发，如可编程逻辑控制器、数字控制等，在一定程度上约束了用户主站程序的开发。可利用 EtherCAT 网络接口与从站通信以实现主站系统，在软件设计上要以 EtherCAT 通信规范为标准。

实现基于 EtherCAT 网络接口的主站系统就是要实现一个基于网络接口的应用系统程序的开发。Windows 网络通信构架的核心是网络驱动接口规范（NDIS），它的作用就是实现一个或多个网卡（NIC）驱动与其他协议驱动或操作系统通信，它支持三种类型的网络驱动：

1）网卡驱动（NIC Driver）。

2）中间层驱动（Intermediate Driver）。

3）协议驱动（Protocol Driver）。

网卡驱动是底层硬件设备的接口，对上层提供发送帧和接收帧的服务；中间层驱动主要作用就是过滤网络中的帧；协议驱动就是实现一个协议栈（如 TCP/IP），对上层的应用提供服务。

一个 EtherCAT 主站网络通信构架的实例如图 8-31 所示。

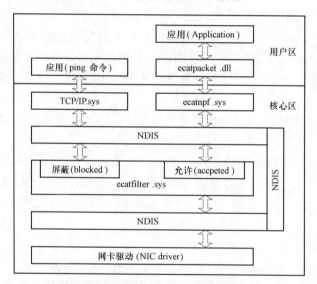

图 8-31   EtherCAT 主站网络通信构架

其中 ecatpacket.dll、ecatnpf.sys、ecatfilter.sys 是德国 Beckhoff 公司提供的驱动，ecatnpf.sys 是一个 NPF（NetGroup Packet Filter Drive）的修正版本，它是一个 NDIS 的协议驱动，它用来支持网络通信分析。ecatpacket.dll 是 packet.dll 的一个修订版，该动态链接库提供了一组底层函数去控制 NPF 驱动（如 ecatnpf.sys）。ecatfilter.sys 是一个中间层驱动，用于阻塞非 EtherCAT 帧。

4. EtherCAT 主站驱动程序

EtherCAT 主站可由 PC 计算机或其他嵌入式计算机实现，使用 PC 计算机构成 EtherCAT 主站时，通常用标准的以太网网卡 NIC 作为主站硬件接口，主站功能由软件实现。从站使用专用芯片 ESC，通常需要一个微处理器实现应用层功能。EtherCAT 通信协议栈如图 8-32 所示。

EtherCAT 数据通信包括 EtherCAT 通信初始化、周期性数据传输和非周期性数据传输。

8.3.7   EtherCAT 系统从站设计

EtherCAT 系统从站也称为 EtherCAT 系统总线上的节点，从站主要包括传感部件，执行部件或控制器单元。节点的形式是多种多样的，EtherCAT 系统中的从站主要有简单从站及复杂从站设备。简单从站设备没有应用层的控制器，而复杂从站设备具有应用层的控制器，该控制器主要用来处理应用层的协议。

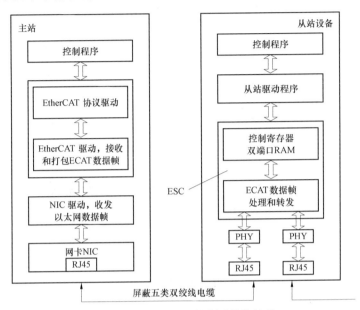

图 8-32　EtherCAT 控制系统协议栈

EtherCAT 从站是一个嵌入式计算机系统，其关键部分就是 EtherCAT 从站控制器，由它来实现 EtherCAT 的物理层与数据链路层协议。应用层的协议的实现是通过它的应用层控制器来实现的，应用层的实现根据项目的不同的需要由用户来实现。应用层控制器与 EtherCAT 从站控制器完成 EtherCAT 构成从站系统，以实现 EtherCAT 网络通信。

EtherCAT 主站使用标准的以太网设备，能够发送和接收符合 IEEE 802.3 标准以太网数据帧的设备都可以作为 EtherCAT 主站。在实际应用中，可以使用基于 PC 计算机或嵌入式计算机的主站，对其硬件设计没有特殊要求。

EtherCAT 从站使用专用 ESC 芯片，需要设计专门的从站硬件。

ET1100 芯片只支持 MII 接口的以太网物理层 PHY 器件。有些 ESC 器件也支持 RMII（Reduced MII）接口。但是由于 RMII 接口 PHY 使用发送 FIFO 缓存区，增加了 EtherCAT 从站的转发延时和抖动，所以不推荐使用 RMII 接口。

EtherCAT 从站控制器具有完成 EtherCAT 通信协议所要求的物理层和数据链路层的所有功能。这两层协议的实现在任何 EtherCAT 应用中是不变的，由厂家直接将其固化在从站控制器中。

1. EtherCAT 从站控制器硬件设计

EtherCAT 从站控制芯片 ESC（EtherCAT Slave Controller）是实现 EtherCAT 数据链路层协议的专用集成电路芯片。它处理 EtherCAT 数据帧，并为从站控制装置提供数据接口，EtherCAT 物理层使用标准的以太网物理层器件。ESC 结构如图 8-33 所示。

ESC 具有以下主要功能：

（1）集成数据帧转发处理单元，通信性能不受从站微处理器性能限制。每个 ESC 最多可以提供 4 个数据收发端口；主站发送 EtherCAT 数据帧操作被 ESC 称为 ECAT 帧操作。

（2）最大 64KB 的双端口存储器 DPRAM 存储空间，其中包括 4KB 的寄存器空间和 1～60KB 的用户数据区，DPRAM 可以由外部微处理器使用并行或串行数据总线访问，访问 DPRAM 的接口称为物理设备接口 PDI（Physical Device Interface）。

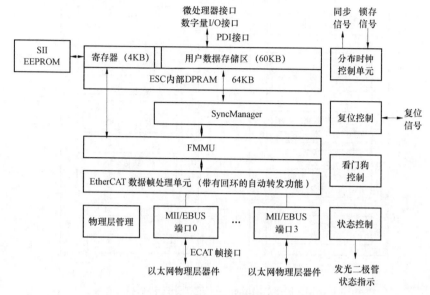

图 8-33 ESC 结构图

（3）可以不用微处理器控制，作为数字量输入/输出芯片独立运行，具有通信状态机处理功能，最多提供 32 位数字量输入输出。

（4）具有 FMMU 逻辑地址映射功能，提高数据帧利用率。

（5）由储存同步管理器通道 SyncManager（SM）和管理 DPRAM，保证了应用数据的一致性和安全性。

（6）集成分布时钟（Distribute Clock）功能，为微处理器提供高精度的中断信号。

（7）具有 EEPROM 访问功能，存储 ESC 和应用配置参数，定义从站信息接口（SII，Slave Information Interface）。

ESC 由德国 Beckhoff 自动化有限公司提供，包括 ASIC 芯片和 IP-Core。目前，有 2 种规格的 ASIC 从站控制专用芯片，即 ET1100 和 ET1200，见表 8-3。

表 8-3   EtherCAT 通信 ASIC 芯片

特性	ET1100	ET1200
端口数	4 个端口，使用 EBUS 或 MII 模式	3 个端口，最多 1 个 MII 端口
FMMU 单元	8	3
存储同步管理单元	8	4
过程数据 RAM	8KB	1KB
分布式时钟	64 位	32 位

续表

特性	ET1100	ET1200
物理设备接口 PDI	32 位数字量 IO 8/16 位异步/同步微处理器接口 MCI（Micro Controller Interface） 串行接口 SPI	16 位数字量 IO SPI（Series Periphery Interface）
EEPROM 容量	16kbit	16kbit～4Mbit
封装	BGA128，10×10mm	QFN48，7×7mm

　　用户也可以使用 IP-Core 将 EtherCAT 通信功能集成到设备控制 FPGA 中，并根据需要配置功能和规模。使用 Altra 公司 Cyclone 系列 FPGA 和 IP-Core 的 ET18xx 功能见表 8-4。

表 8-4　　　　　　　　　　　　　　IP-Core 功能配置

特性	FPGA 的 IP-Core 的 ET18xx
端口数	2 个 MII 或 RMII（Reduced MII）端口
FMMU 单元	0～8 个可配置
存储同步管理单元	0～8 个可配置
过程数据 RAM	1～60KB 可配置
分布式时钟	可配置
物理设备接口	32 位数字量 IO 8/16 位异步/同步微处理器接口 SPI（Series Periphery Interface） Avalon/OPB 片上总线

2. 可编程实时单元 PRU

　　利用 TI 的 AM3359 芯片中的可编程实时单元（PRU）实现 ESC 具有很大的优势。针对一个以上处理器进行编程是增加复杂度的，而且处理器之间需要有通信协议，TI 的 AM3359 可以简化这种工作。因为 PRU 和处理器之间的通信是利用共享存储的，而且，PRU 的代码是通过主处理器下载，省去了 ESC 的代码编写。

　　可编程实时单元（PRU）是一种小型 32 位处理引擎，处理的速度可达 200MHz，并且每个指令周期只有 5ns，单指令的执行周期使得实时性得到保证，可为片上实时处理提供更多的资源。PRU 专门用于工业接口的解决方案中的嵌入式处理器，可为系统设计人员提供具有高灵活性的措施。PRU 是具有实时处理功能的多核协处理器，拥有本地外设和内存，可帮助用户在系统设计中避免使用 FPGA 或 ASIC，以节省时间和成本。

　　PRU 设计的一个重要目的就是尽可能地创建灵活性，以便执行各种功能。PRU 的高灵活性可帮助开发人员在其终端产品中整合更多的接口，以进一步扩展产品功能或者其自己的专有接口功能。PRU 支持主流的工业以太网：EtherCAT、PROFINET、Ethernet/IP、PROFIBUS 等。

　　AM3359 中有两个可编程实时单元（PRU），两个 PRU 是独立的，还可以协同一起工作，可以同时和 AM3359 内核协同工作。AM3359 中的 ARM 处理器能够访问 PRU 中的资源和存储，每个 PRU 都有 8KB 的程序存储区和 8KB 的数据储存区，这些存储区都可以映射到 ARM 的寻址空间。可以单独编写 PRU 程序的功能，编译成为 PRU 处理器所能执行的二进制代码，并下载到 PRU 存储区，ARM 启动后，PRU 就可以实现了所需要的功能。

3. 硬件设计方案比较

EtherCAT 从站中，从站控制器 ESC 是实现 EtherCAT 数据链路层协议的专用集成电路芯片。目前的 EtherCAT 从站 ESC 的设计方案主要有三种：

（1）采用德国倍福自动化有限公司提供了多款从站控制专用芯片，如 ET1100 和 ET1200 等，这些芯片是专门为 EtherCAT 开发的，具备从站全部功能，包括数据接收发送端口、FMMU 单元、SM 同步管理器、分布式时钟等功能。

（2）采用 IP-Core 方法将 EtherCAT 通信功能集成到设备控制 FPGA 中，可以根据需要配置功能和规模。主要是已经被授权的高端 FPGA 系列板，如 Altra 公司 Cyclone 系统 FPGA 的 IP-Core 的 ET18xx。

（3）使用 ARM 处理器的协处理器 PRU 实现。TI 公司的 AM335x ARM 微处理器中这种独特的 PRU+ARM 架构无需外部 ASIC 或 FPGA，可降低系统复杂性，节省成本。此外，AM335x ARM 微处理器还包含其他重要片上工业外设，比如 CAN、ADC、千兆以太网等，不但支持快速网络连接与快速数据吞吐，而且还可连接传感器、传动器以及电机控制。

方案（1）和方案（2）实现 EtherCAT 从站开发的难度要小，开发周期相对较短，在简单的数字输入/输出功能的工业场合采用这两种方案较多，但是由于需要额外加控制处理器芯片，导致开发的成本高，因为只能支持某一种类的工业以太网，灵活性大大降低。采用方案（3）可以降低成本，不仅提高系统灵活性，还可以支持如 Powerlink、Profibus 等多种工业以太网，而且同一硬件平台可以兼容 EtherCAT 主站和从站。

4. 从站的软件结构

基于 ARM 的 EtherCAT 从站控制器具体的实现结构框架如图 8-34 所示。

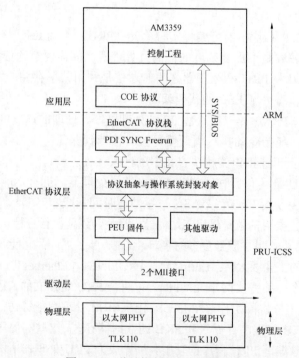

图 8-34　从站控制器软件的结构

结构框架是基于 SYS/BIOS 操作系统，该系统是一个抢占式的实时操作系统，并且可移植到 16 位 MCU、32 位 DSP 或 ARM 控制器中。基于实时操作系统 SYS/BIOS 开发 EtherCAT 从站控制器可以缩短 EtherCAT 开发周期、增加从站控制器软件的可维护性、可重用性和移植性。EtherCAT 从站控制器的控制软件使用分层的软件设计方法，驱动层软件实现了从站控制器 ESC 初始化和外设驱动程序，EtherCAT 协议栈实现 EtherCAT 从站控制器通信链路建立和 EtherCAT 数据帧收发，应用层软件实现控制。

5. 驱动程序设计

（1）PRU-ICSS 实现 ESC。PRU-ICSS（Programmable Real-Time Unit Subsystem and Industrial Communication Sub System），又称可编程实时单元工业通信子系统，它可实现片上多种协议处理，将 EtherCAT 协议集成到 AM335x 处理器中，可以大大简化处理器器件联网工作量，因其可编程性，让 PRU-ICSS 成为支持所有流行工业自动化协议（包括 PROFIBUS、PROFINET、EtherCAT 和 Ethernet/IP 等）实时通信接口的理想选择。AM3359 中有两个 PRU，均可以通过编程让 PRU 实现 EtherCAT 从站控制器 ESC 中的数据帧处理单元、FMMU、SM、分布式时钟等功能，可以使用 PRUSS 中 12KB 的共享内存来实现 ESC 的所有功能。TI 公司的 AM335x 开发套件里面包含了 PRU EtherCAT 固件程序，所以，PRU 能够实现 EtherCAT 从站控制器所有的硬件功能。

（2）PRU-ICSS 初始化。PRU-ICSS 的硬件初始化配置是整个驱动函数的核心，主要完成了四个任务，初始化的任务主要是四个：

1）初始化全局变量，这些变量是硬件相关的。

2）初始化 PRU-ICSS 中断控制器，ARM 和 PRU 的通信接口。

3）初始化 ESC 寄存器的属性，从 EEPROM 加载寄存器初值。

4）加载 PRU0 和 PRU1 固件，使得 PRU-ICSS 具有 ESC 功能。

EtherCAT 从站以 EtherCAT 从站控制器（ESC）芯片为核心，ESC 实现 EtherCAT 数据链路层，完成数据的接收和发送以及错误处理。从站使用微处理器操作 ESC 芯片，实现应用层协议，包括以下任务：

a）微处理器初始化、通信变量和 ESC 寄存器初始化。

b）通信状态机处理，完成通信初始化：查询主站的状态控制寄存器，读取相关配置寄存器，启动或终止从站相关通信服务。

c）周期性数据处理，实现过程数据通信：从站以查询模式（自由运行模式）或同步模式（中断模式）处理周期性数据和应用层任务。

从站设备可以运行在自由运行模式和同步模式，自由运行模式使用查询方式处理周期性数据，同步模式则在中断服务例程中处理周期性过程数据。

8.3.8　EtherCAT 伺服驱动器控制应用协议

IEC 61800 标准系列是一个可调速电子功率驱动系统通用规范。其中，IEC 61800-7 定义了控制系统和功率驱动系统之间的通信接口标准，包括网络通信技术和应用行规，如图 8-35 所示。EtherCAT 作为网络通信技术，支持了 CANopen 协议中的行规 CiA402 和 SERCOS 协议的应用层，分别称为 CoE 和 SoE。

8.3.9　EtherCAT 在电力系统中的应用

电力数据采集与监测系统是基于 EtherCAT 从站控制器的二次开发的实时以太网系统,该系统用于风力发电机的在线故障监测。系统主要由主站、从站以及通信介质组成。系统主站硬件是基于 Windows XP 操作系统的 PC 机,通过普通的网卡与通信介质相连。从站数据通信功能由 EtherCAT 的从站控制器 ET1200 和应用控制器实现,ET1200 中固化了 EtherCAT 的物理层与数据链路层协议,采用 DSP 作为从站应用控制器实现应用层协议。

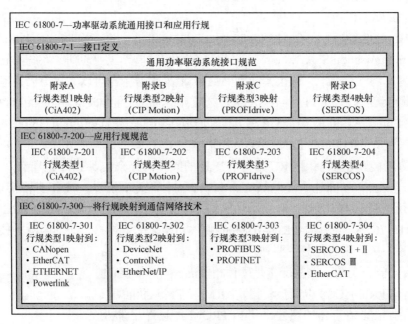

图 8-35　IEC 61800-7 体系结构

1. 基于 EtherCAT 技术的数据采集与监测系统主站设计

基于 EtherCAT 技术的以太网系统中只存在一个主站,该主站通过实时 EtherCAT 通信协议与系统中的各从站进行通信,并且可以在主站中完成控制功能。主站系统的设计要完成主站的人机界面、主站设备系统的实现、用户控制程序以及主站与网络的接口。其中主站与网络的接口利用 ecatpacket.dll 动态链接库。该接口主要功能就是接收与发送包、贮存与释放包以及网卡状态信息等。

2. 基于 EtherCAT 技术的数据采集与监测系统从站设计

基于 EtherCAT 数据采集系统硬件结构主要由 ST 公司的 ARM Cortex M4 微控制器 STM32F407、Altera 公司的 FPGA 芯片 EP2C20C240C8、Beckhoff 公司的从站控制器 ET1200、2 片 ADS7864 以及数字 IO 等组成。

STM32F407 主要用作 EtherCAT 从站的应用层控制器,主要处理 EtherCAT 的应用层协议;为了调试方便以及将来设备的扩展,采用 FPGA 主要实现一些外围接口电路;EtherCAT 的从站控制器 ESC20 主要是实现 EtherCAT 通信协议的物理层有数据链路层的功能。采用其 16 位并行接口,连接到 STM32F407 的外部总线,实现与 ARM 微控制器的数据交换;ADS7864 是 6 通道 12 位数字输出 AD 转换器,由于该从站要采集两条三相线路(12 个模拟量)的数据,采用了 2 片 ADS7864。

8.4　Ethernet POWERLINK

8.4.1　POWERLINK 的工作原理

POWERLINK 是 IEC 国际标准，同时也是中国的国家标准（GB/T 27960—2011《以太网 POWERLINK 通信行规规范》）。

如图 8-36 所示，POWERLINK 是一个 3 层的通信网络，它规定了物理层、数据链路层和应用层，这 3 层包含了 OSI 模型中规定的 7 层协议。

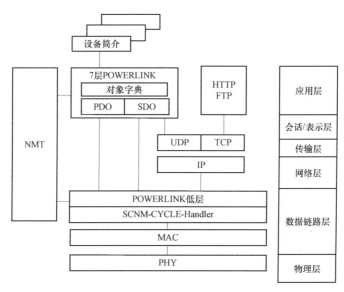

图 8-36　POWERLINK 的 OSI 模型

如图 8-37 所示，具有 3 层协议的 POWERLINK 在应用层上可以连接各种设备，例如 I/O、阀门、驱动器等。在物理层之下连接了 Ethernet 控制器，用来收发数据。由于以太网控制器的种类很多，不同的以太网控制器需要不同的驱动程序，因此在"Ethernet 控制器"和"POWERLINK 传输"之间有一层"Ethernet 驱动器"。

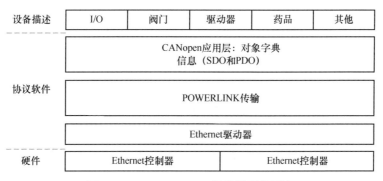

图 8-37　POWERLINK 通信模型的层次

1. POWERLINK 的物理层

POWERLINK 的物理层采用标准的以太网，遵循 IEEE 802.3 快速以太网标准。因此，无论是 POWERLINK 的主站还是从站，都可以运行于标准的以太网之上。

这使得 POWERLINK 具有以下优点：

（1）只要有以太网的地方就可以实现 POWERLINK，例如，在用户的 PC 机上可以运行 POWERLINK，在一个带有以太网接口的 ARM 上可以运行 POWERLINK，在一片 FPGA 上也可以运行 POWERLINK。

（2）以太网的技术进步就会带来 POWERLINK 的技术进步。

（3）实现成本低。

用户可以购买普通的以太网控制芯片（MAC）来实现 POWERLINK 的物理层，如果用户想采用 FPGA 解决方案，POWERLINK 提供开放源码的 openMAC。这是一个用 VHDL 语言实现的、基于 FPGA 的 MAC，同时 POWERLINK 又提供了一个用 VHDL 语言实现的 openHUB。如果用户的网络需要做冗余，如双网、环网等，就可以直接在 FPGA 中实现，其易于实现且成本很低。此外，由于是基于 FPGA 的方案，从 MAC 到数据链路层（DLL）的通信，POWERLINK 采用了 DMA，因此速度更快。

POWERLINK 物理层采用普通以太网的物理层，因此可以使用工厂中现有的以太网布线，从机器设备的基本单元到整台设备、生产线，再到办公室，都可以使用以太网，从而实现一"网"到底。

2. POWERLINK 的数据链路层

POWERLINK 基于标准以太网 CSMA/CD 技术（IEEE 802.3），因此可工作在所有传统以太网硬件上。但是，POWERLINK 不使用 IEEE 802.3 定义的用于解决冲突的报文重传机制，该机制会引起传统以太网的不确定行为。

POWERLINK 的从站通过获得 POWERLINK 主站的允许来发送自己的帧，所以不会发生冲突，因为管理节点会统一规划每个节点收发数据的确定时序。

3. POWERLINK 的网络层

主站应当支持 IP 通信，对于那些不支持经由 UDP 的 SDO 的从站则不需要 IP 栈。

应当确保 POWERLINK 节点可以在异步阶段通过 SDO 通信，但不保证 IP 协议族的正常运行。为了在异步阶段通过 IPV4 来通信，POWERLINK 节点至少需要处理 256B 的 SDO 有效载荷，不要求 IP 分解与重组。

POWERLINK 网络使用 C 类地址 192.168.100.（NodeId），子网掩码为 255.255.255.0，即为 C 类地址的子网掩码，默认网关初始值为 192.168.100.254，也可以修改为其他值。

POWERLINK 的 IP 地址解析应在异步阶段进行，为降低异步阶段通信量，MN 可以由 Ident 过程确定 IP 与 MAC 的关联。当某一节点检测到一个新的 MAC 地址，可以发送 NMT 管理命令 NMTFlushArpEntry 来刷新 POWERLINK 所有节点的 ARP 缓存，或者可以广播一个未被请求的 ARP 帧，这一动作由相应的 POWERLINK 节点在初始阶段引发，以此来刷新相邻 ARP 缓存。

每个有 IP 运行能力的 POWERLINK 节点应有一个主机名，可以用主机名代替 IP 地址来访问 POWERLINK 节点。

4. POWERLINK 的应用层

POWERLINK 技术规范规定的应用层为 CANopen，但是 CANopen 并不是必需的，用户可以根据自己的需要自定义应用层，或者根据其他行规编写相应的应用层。

POWERLINK 应用层是由 CANopen 协议改进而来。这一协议在不同的设备与应用程序之间提供了一个统一的接口，使之能够用统一方式进行访问。

POWERLINK 的应用层遵循 CANopen 标准。CANopen 是一个应用层协议，它为应用程序提供了一个统一的接口，使得不同的设备与应用程序之间有统一的访问方式。

CANopen 协议有 PDO、SDO 和对象字典 OD 3 个主要部分。

（1）PDO。PDO（Process Data Object）：过程数据对象，在 POWERLINK 中是指必须周期性实时传输的数据。POWERLINK 中的 PDO 通信总是等时同步地通过 PReq 和/或 PRes 帧执行。PRes 帧以生产者/消费者方式广播发送。而带单播地址的 PReq 遵从主/从关系。PDO 的传输类型是连续的，不提供"基于事件"或"基于改变"传输类型。

从设备角度，PDO 的使用有两种类型：数据发送和数据接收。应区分发送 PDO（TPDO）和接收 PDO（RPDO）。支持 TPDO 的设备是 PDO 生产者或 PDO 主站，能够接收 PDO 的设备被称为 PDO 消费者或 PDO 从站。

支持通道的数目应由应用提供，MN 设备可最多支持 256 个 RPDO 和 256 个 TPDO 通道，CN 设备只可支持一个 TPDO 通道和最多 256 个 RPDO 通道。仅异步通信的 CN 设备不应支持任何 TPDO 通道，但可提供最多 256 个 RPDO 通道。

POWERLINK 对传统 CANopen 做了一些改动，将一个 PDO 最大可传输的字节数从原先的 8B 数据改进到 1490B，因而对于较大的数据仅需一个 PDO 就足够了。

（2）SDO。SDO（Service Data Object）：服务数据对象，在 POWERLINK 中是指不必周期传输，没有较高实时性要求的数据，比如网络配置参数，以及许久才有一次的数据传输。

SDO 的通信使用客户-服务器模式。POWERLINK 协议中 SDO 层分为两个子层：

1）POWERLINK 顺序层，负责排序分段传输的命令段，以便向 POWERLINK 命令层提供一个正确的字节流。

2）POWERLINK 命令层，该层定义访问对象字典参数的命令，该层区分快速传输和分段传输。

POWERLINK 提供了 3 种 SDO 传输方式：

1）在异步阶段通过 UDP/IP 帧进行 SDO 传输；

2）在异步阶段通过 POWERLINK ASnd 帧进行 SDO 传输；

3）在等时同步阶段 SDO 嵌入 PDO 中进行传输。

无论 PDO 还是 SDO，其参数与数据都是保存在 OD 中。

（3）对象字典。什么是对象字典？对象字典就是很多对象（object）的集合。那么什么又是对象呢？一个对象可以理解为一个参数，假设有一个设备，该设备有很多参数。CANopen 通过给每个参数一个编号来区分参数，这个编号就称为索引（Index），这个索引用一个 16 位的数字表示。如果这个参数又包含了很多子参数，那么 CANopen 又会给这下子参数分别分配一个子索引（SubIndex），用一个 8 位的数字来表示。因此一个索引和一个子索引就能明确地标识出一个参数。

一个参数除了具有索引和子索引信息外，还应该有参数的数据类型（是 8 位还是 16 位，是有符号还是无符号），还要有访问类型（是读的、可写的，还是可读写的），还有默认值等。因此一个参数需要有很多属性来描述，所以一个参数也就成了一个对象 object，所有对象的集合就构成了对象字典（object dictionary）。

在 POWERLINK 对 OD 的定义和声明在 objdict..h 文件中。

5. XDD 文件

XDD 文件就是用来描述对象字典的电子说明文档，是 XML Device Description 的简写。设备生产商在自己的设备中实现了对象字典，该对象字典存储在设备里，因此设备提供商需要向设备使用者提供一个说明文档，让使用者知道该设备有哪些参数，以及这些参数的属性。XDD 文件的内容要与对象字典的内容一一对应，即在对象字典中实现了哪些参数，那么在 XDD 文件中就应该有这些参数的描述。

一个 XDD 文件主要由两部分组成：设备描述（Device Profile）和网络通信描述（Communication network profile）。

8.4.2 POWERLINK 网络拓扑结构

由于 POWERLINK 的物理层采用标准的以太网，因此以太网支持的所有拓扑结构它都支持。而且可以使用 HUB 和 Switch 等标准的网络设备，这使得用户可以非常灵活的组网，如菊花链、树形、星形、环形和其他任意组合。

因为逻辑与物理无关，所以用户在编写程序的时候无需考虑拓扑结构。网路中的每个节点都有一个节点号，POWERLINK 通过节点号来寻址节点，而不是通过节点的物理位置来寻址，因此逻辑与物理无关。

由于协议独立的拓扑配置功能，POWERLINK 的网络拓扑与机器的功能无关。因此 POWERLINK 的用户无需考虑任何网络相关的需求，只需专注满足设备制造的需求。

8.4.3 POWERLINK 的功能和特点

1. 一"网"到底

POWERLINK 物理层采用普通以太网的物理层，因此可以使用工厂中现有的以太网布线，从机器设备的基本单元到整台设备、生产线，再到办公室，都可以使用以太网，从而实现一"网"到底。

（1）多路复用。网络中不同的节点具有不同的通信周期，兼顾快速设备和慢速设备，使网络设备达到最优。

一个 POWERLINK 周期中既包含同步通信阶段，也包括异步通信阶段。同步通信阶段即周期性通信，用于周期性传输通信数据；异步通信阶段即非周期性通信，用于传输非周期性的数据。

因此 POWERLINK 网络可以适用于各种设备，如图 8-38 所示。

（2）大数据量通信。POWERLINK 每个节点的发送和接收分别采用独立的数据帧，每个数据帧最大为 1490B，与一些采用集束帧的协议相比，通信量提高数百倍。在集束帧协议里，网络中的所有节点的发送和接收共用一个数据帧，这种机制无法满足大数据量传输的场合。

在过程控制中，网络的节点数多，每个节点传输的数据量大，因而 POWERLINK 很受欢迎。

（3）故障诊断。组建一个网络，网络启动后，可能会由于网络中的某些节点配置错误或者节点号冲突等，导致网络异常。需要有一些手段来诊断网络的通信状况，找出故障的原因和故障点，从而修复网络异常。

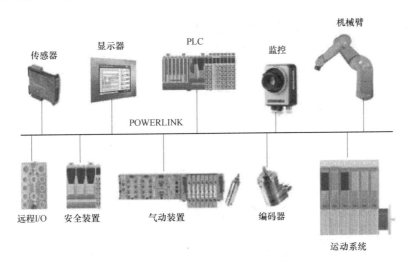

图 8-38　POWERLINK 网络系统

POWERLINK 的诊断有 Wireshark 和 Omnipeak 两种工具。

诊断的方法是将待诊断的计算机接入 POWERLINK 网络中，由 Wireshark 或 Omnipeak 自动抓取通信数据包，分析并诊断网络的通信状况及时序。这种诊断不占用任何宽带，并且是标准的以太网诊断工具，只需要一台带有以太网接口的计算机即可。

（4）网络配置。POWERLINK 使用开源的网络配置工具 openCONFIGURATOR，用户可以单独使用该工具，也可以将该工具的代码集成到自己的软件中，成为软件的一部分。使用该软件可以方便地组建，配置 POWERLINK 网络。

2. 节点的寻址

POWERLINKMAC 的寻址遵循 IEEE 802.3，每个设备的地址都是唯一的，称为节点 ID。因此新增一个设备就意味着引入一个新地址。节点 ID 可以通过设备上的拨码开关手动设置，也可以通过软件设置，拨码 FF 默认为软件配置地址。此外还有三个可选方法，POWERLINK 也可以支持标准 IP 地址。因此，POWERLINK 设备可以通过万维网随时随地被寻址。

3. 热插拔

POWERLINK 支持热插拔，而且不会影响整个网络的实时性。根据这个属性，可以实现网络的动态配置，即可以动态地增加或减少网络中的节点。

实时总线上，热插拔能力带给用户两个重要的好处：当模块增加或替换时，无需重新配置；在运行的网络中替换或激活一个新模块不会导致网络瘫痪，系统会继续工作，不管是不断的扩展还是本地的替换，其实时能力不受影响。在某些场合中系统不能断电，如果不支持热插拔，这会造成即使小机器一部分被替换，都不可避免地导致系统停机。

配置管理是 POWERLINK 系统中最重要的一部分。它能本地保存自己和系统中所有其他设备的配置数据，并在系统启动时加载。这个特性可以实现即插即用，这使得初始安装和设备替换非常简单。

POWERLINK 允许无限制地即插即用，因为该系统集成了 CANopen 机制。新设备只需插入就可立即工作。

4. 冗余

POWERLINK 的冗余包括双网冗余、环网冗余和多主冗余 3 种。

（1）双网冗余。顾名思义，双网冗余就是系统中有两个独立的网络，当一个网络出现故障时，另一个网络依然可以工作。双网冗余是一种物理介质的冗余，又称"线缆冗余"，对于每个节点，都有两个网络接口或多个网络接口。

（2）环形冗余。环形冗余是一种常见的冗余，也是一种线路的冗余，当菊花链的拓扑结构的最后一个节点再与主站相连接时，就构成了一个环。当某一根缆线出问题时，这个系统依然可以继续工作，但是如果有两根线缆出现问题，就会导致某个或某些节点从网络中分离。

（3）多主冗余。由于一个 POWERLINK 网络中有且只有一个管理节点 MN，当正在工作的主站出现故障时，网络就会瘫痪，因此对于要求较高的场合，就需要多主冗余。在一个系统中。存在多个主站，其中一个处于活动状态，其他的主站处于备用状态。当正在工作的主站出现故障时，备用主站就接替其工作，继续维持网络的稳定运行。

5. POWERLINK 的功能安全

OpenSAFETY 是基于 POWERLINK 的安全协议，它是一个技术开放、源代码开源的安全协议。它不单可应用于 POWERLINK，也可以应用于其他各种实时以太网，如 ProfiNet、Modbus、EthernetIP，以及普通的以太网。

（1）适用于所有现场总线。由 EPSG 引入的 openSAFETY 是世界上第一个 100%开源的安全协议。它不仅在法律层面上是开放的，在技术层面也是开放的。由于该协议独立于总线，它可以应用于任何现场总线和工业以太网的方案中，甚至可用于特殊定制的协议方案中。在一个 openSAFETY 域里，可以支持各种总线协议。

openSAFETY 是第一个开源、独立于总线的安全标准，适用于所有工业以太网方案。

对于在任何数据传输协议上 openSAFETY 的实施，EPSG 都提供积极支持，同时也提供认证和一致性测试。经过 TUV 认证的协议栈确保了对该技术的投资是绝对安全的。

1）一个统一标准，适用于所有现场总线。

2）从站间直通信使生产力最大化。

3）研发、维护时间进一步减少。

4）自动的安全参数分配。

5）完全符合机器的安全模块化思想。

6）完整的开源解决方案。

7）最稳健的 IEC 61508 SIL3 通信方案。

8）无风险，TUV 认证的一致性测验。

9）完全适用背板总线。

（2）openSAFETY 原理。openSAFETY 值得人们注意的是，数据传输定义，以及它提供的高层配置服务，尤其是对安全相关数据的封装，使之成为灵活的报文格式。实际上，在所有应用中，openSAFETY 都使用统一格式的帧，无论是用于负载数据的传输，还是用于配置或时间同步信息。帧长度可变且经济，这主要取决于要传输的数据量。网络上的安全节点自动识别其内容，即不必配置帧类型和帧长度。

它使用几种不同的保障机制。除了使用 CRC 监测数据内容以外，还有一个独立于（非安全向的）传输协议的基于时间的监测。openSAFETY 仅仅用非安全传输层交换安全 openSAFETY 帧，这些帧不会被传输层翻译表达。使用 POWERLINK 与 openSAFETY 在通信机制上有更密切的联系，因此用 POWERLINK 作为传输协议是最优的。

1）最大 1023 个节点，每个节点 1023 个设备。

2）openSAFETY 可以横跨多个，不同类的网络。

3）不同 openSAFETY 域之间的通信通过一个特殊的"openSAFETY 域网关"实现。

4）每个 openSAFETY 域里除了安全节点（SN），还有一个安全配置管理器（SCM），用以分配节点地址、存储节点相关信息、监视安全节点。

5）openSAFETY 使用与 POWERLINK、CANopen 相似的基础通信机制（SPDO、SSDO、SOD 等）。

8.4.4　POWERLINK 的实现方案

POWERLINK 是一个实时以太网的技术规范和方案，它是一个技术标准，用户可以根据这个技术标准自己开发一套代码，也就是 POWERLINK 的具体实现。POWERLINK 的具体实现有多个版本，如 ABB 公司的 POWERLINK 运动控制器和伺服控制器、赫优讯的从站解决方案、SYSTEC 的解决方案等。

OpenPOWERLINK 是一个 C 语言的解决方案，它最初是 SYSTEC 的商业收费方案，后来被 B&R 公司买断版权。为了推广 POWERLINK，B&R 将源代码开放。现在这个方案由 B&R 公司和 SYSTEC 共同维护。

目前，常用的 POWERLINK 方案有基于 MCU/CPU 的 C 语言方案和基于 FPGA 的 Verilog HDL 方案两种。C 语言的方案以 openPOWERLINK 为代表。下面仅分别介绍 C 语言方案。

该方案最初由 SYSTEC 开发，B&R 公司负责后期的维护与升级。该方案包含了 POWERLINK 完整的 3 层协议：物理层、数据链路层和 CANopen 应用层。其中，数据链路层和 CANopen 应用层采用 C 语言编写，因此该方法可运行于各种 MCU/CPU 平台。该方案性能的优劣取决于运行该方案的软硬件平台的性能，例如 MCU/CPU 的主频、操作系统的实时性等。

1. 硬件平台

该方案可支持 ARM、DSP、X86 CPU 等平台，物理层采用 MCU/CPU 自带的以太网接口或者外接以太网。该方案如果运行于 FPGA 中，需要在 FPGA 内实现一个软的处理器，如 Nios 或 Microblaze。数据链路层和 CANopen 应用层运行于 MCU/CPU 之上。

2. 软件平台

该方案可支持 VxWorks、Linux、Windows 等各种操作系统。在没有操作系统的情况下，也可以运行。POWERLINK 协议栈在软件上需要高精度时钟接口和以太网驱动接口。由于 POWERLINK 协议栈的行为由定时器触发，即什么时刻做什么事情。因此如果需要保证实时性，就需要操作系统提供一个高精度的定时器，以及快速的中断响应。有些操作系统可以提供高精度的时钟接口，有些则不能。定时器的精度直接影响 POWERLINK 的实时精度，如果定时精度在毫秒级，那么 POWERLINK 的实时性也只能达到毫秒级，例如在没有实时扩展的 Windows 上运行 POWERLINK，POWERLINK 的最短周期、时隙精度都在毫秒级。如果希望 POWERLINK 的实时精度达到微秒级，则需要提供微秒级的定时器接口给 POWERLINK 协议栈。大部分操作系统无法提供微秒级的定时器接口，对于这种情况，需要用户根据自己的硬件编写时钟的驱动程序，直接从硬件上得到高精度定时器接口。

另外，POWERLINK 需要实时地将要发送的数据发送出去，对接收到的数据帧要实时处理，因此对以太网数据收发的处理，也会影响 POWERLINK 的实时性。因此，需要以太网的驱动程序也是实时地。对于有些系统，如 VxWorks、POWERLINK 可以采用操作系统本身的以太网驱动程序，而对于有些系统，需要用户根据自己的硬件编写以太网驱动程序。

3. 基于 Windows 的方案

基于 Windows 的 openPOWERLINK 解决方案，以太网驱动采用 wincap。由于 Windows 本身的非实时性，导致该方案的实时性成本不高，循环周期最短为 3～5ms，抖动为 1ms 左右，因此该方案可用于实时性要求不高的应用场合，或者用于测试。

该方案的好处是，运行简单，不需要额外的硬件，一台带有以太网的普通 PC 就可以运行。

4. 基于 Linux 的方案

openPOWERLINK 需要 Linux 的内核版本为 2.6.23 或者更高。

5. 基于 VxWorks 的方案

POWERLINK 运行在 MUX 层之上。

该方案使用了 VxWorks 本身的以太网驱动程序，openPOWERLINK 需要一个高精度的时钟，否则性能受到影响。基于 VxWorks 的高精度的时钟，通常由硬件产生，用户往往需要根据自己的硬件编写一个高精度 timer 的驱动程序。

6. 基于 FPGA 的方案

OpenPOWERLINK 采用 C 语言编写，如果要在 FPGA 中运行 C 语言编写的程序，需要一个软核，结构如图 8-39 所示。

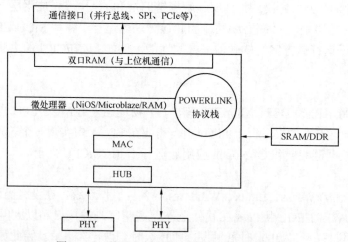

图 8-39 基于 FPGA 的 POWERLINK 的结构

一个基于 FPGA 的 POWERLINK 最小系统需要如下硬件：

（1）FPGA：可以选用 ALTERA 或者 XILLINX。需要逻辑单元数在 5000Les 以上，对于 ALTERA 可以选择 CYCLONE4CE6 以上，对于 XILLINX 可以选择 spartan6。

（2）外接 SRAM 或 SDRAM：需要 521KB 的 SRAM 或者 SDRAM，与 FPGA 的接口为 16 位或者 32 位。

（3）EPCS 或者 FLASH 配置芯片：需要 2MB 以上的 EPCS 或 FLASH 配置芯片来保存

FPGA 的程序。

（4）拨码开关：因为 POWERLINK 是通过节点号来寻址的，每个节点都有一个 Node ID，可以通过拨码开关来设置节点的 Node ID。

（5）以太网的 PHY 芯片：需要 1 个或 2 个以太网 PHY 芯片。在 FPGA 里用 VHDL 实现了一个以太网 HUB，因此如果有两个 PHY，那么在做网络拓扑的时候就很灵活，如果只有一个 PHY 那就只能做星形拓扑。POWERLINK 对以太网的 PHY 没有特别的要求，从市面上买的 PHY 芯片都可以使用。注意，建议 PHY 工作在 RMII 模式。

可以把 FPGA 当做专门负责 POWERLINK 通信的芯片。FPGA 与用户的 MCU 之间可以通过并行 16/8 位接口、PC104、PCIe，或者 SPI 接口通信。在 FPGA 里实现了一个双口 RAM，作为 FPGA 中的 POWERLINK 与用户 MCU 数据交换区。

在同一个 FPGA 上，除了实现 POWERLINK 以外，用户还可以把自己的应用加到该 FPGA 上，例如用 FPGA 做一个带有 POWERLINK 的 I/O 模块，该模块上除了带有 POWERLINK 外，还有 I/O 逻辑的处理。

8.4.5　openCONFIGURATOR 组态工具

如果使用手动配置网络，那么每次修改网络参数，都要重新编译程序，重新下载，显然在某些场合是不能接受的。而且手动配置的过程过于复杂，因此手动配置适用于产品开发和调试阶段。当产品开发完成，交付给客户时，就不适合使用手动配置的方式来配置网络了。

使用 openCONFIGURATOR 工具可以方便快速地组建一个网络，轻松地配置各个节点的网络参数和映射参数。openCONFIGURATOR 是一个 POWERLINK 的组网工具或者组态工具。该工具的输入为网络设备的 XDD 文件，输出主要是后缀名为.cdc 的网络配置文件。该 cdc 文件是一个二进制文件，保存了整个网络的配置信息。主站会根据这个 cdc 文件来配置网络主站的参数、各个从站的网络参数和映射参数，以及循环周期等参数。这个文件不是程序的一部分，只是一个存储文件。

每种设备的供应商都会提供一个 XDD 文件来描述这种设备，如图 8-40 所示。

Mnobd.cdc 文件是一个二进制信息保存文件，该文件包含了整个网络的配置信息，如该网络中一共有几个从节点，每个从节点是什么类型的设备，每个从节点要接收哪些数据以及发送哪些数据等。可以将该文件存放到主站的某个目录下，当主站开始运行时，会到指定的目录下读取 Mnobd.cdc 文件，从中得到网络配置信息，根据这些信息配置主站自己的参数，以及通过发送 SDO 来配置各个从站的参数，如图 8-41 所示。

8.4.6　POWERLINK 的诊断工具

有两个工具可以用于 POWERLINK 的诊断，一个是 Wireshark，另一个是 Omnipeak。Wireshark 可以安装在 PC 机上，通过 PC 机自带的网卡采集 POWERLINK 数据帧，并进行分析。这种用法的好处是简单、方便；缺点是对数据帧时序的采用精度不高，因为通常 PC 机采用 Windows 操作系统，采集到的时间戳由 Windows 操作系统标定，因此时间的精确度不高。如果需要纳秒级的时序分析，可以采用快速的硬件数据采集，例如采用 FPGA 的 POWERLINK 总线分析器。POWERLINK 总线分析器是一个硬件，用来采集网络上的 POWERLINK 数据帧，并打上时间戳，然后把这些数据帧传到 PC 机上，最后使用 Wireshark 或 Omnipeak 进行分析和诊断。

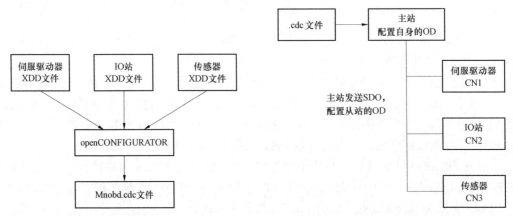

图 8-40　openCONFIGURATOR 的功能　　　　图 8-41　使用.cdc 文件配置网络

8.4.7　POWERLINK 在运动控制和过程控制的应用案例

POWERLINK 技术应用广泛，在运动控制和过程控制方面有众多国内外知名厂家支持。

1. 运动控制

（1）典型应用：伺服驱动器的控制，用于各种机器系统，如包装机、纺织机、印刷机、机器人等。

（2）典型厂家：B&R、ABB、武汉迈信电气技术有限公司、上海新时达电气股份有限公司等。

2. 过程控制

（1）典型应用：DCS 系统、工厂自动化。

（2）典型厂家：Alston、B&R、北京和利时集团、北京四方继保自动化股份有限公司、国电南瑞科技股份有限公司、南京大全电气有限公司、中国南车集团公司、卡斯柯信号有限公司等。

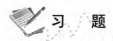 习　题

1. 简述 EPA 技术与标准。
2. 简述 EPA 确定性通信机制。
3. EPA 的技术特点是什么？
4. 简述 EPA 技术原理。
5. 什么是基于以太网的总线供电技术？
6. 简述 EPASafety 协议结构。
7. EPA 设备描述是如何实现的？
8. 简述 EPA 开发平台。
9. EPA 开发使用的硬件资源包括哪些？
10. EPA 现场 I/O 设备有哪几种？
11. EPA 的现场 I/O 设备具有什么特点？
12. 数字伺服现场总线技术的特点是什么？

13. 运动控制总线接口有哪三种？

14. 画出基于总线的伺服控制架构图并简要说明。

15. SERCOS 总线协议技术特性有哪些？

16. 画出 SERCOS 网络结构图并简要说明。

17. SERCOS Ⅲ 的主要特点是什么？

18. 画出 ARM 与 SERCON816 连接示意图并简要说明。

19. SERCOS 工业应用有哪些？

20. EtherCAT 的主要特点是什么？

21. EtherCAT 主站是如何组成的？

22. EtherCAT 从站是如何组成的？

23. EtherCAT 设备行规包括哪几种？

24. EtherCAT 从站控制芯片 ESC 的主要功能是什么？

25. 可编程实时单元 PRU 的功能是什么？

26. 简述 POWERLINK 协议。

27. POWERLINK 的优点有哪些？

28. 简述 POWERLINK 网络拓扑结构。

29. POWERLINK 的功能和特点是什么？

30. POWERLINK 的实现方案有哪些？

31. XDD 文件的作用是什么？

32. POWERLINK 的主要应用领域有哪些？

33. openCONFIGURATOR 组态工具的功能是什么？

34. POWERLINK 的诊断工具的功能是什么？

参 考 文 献

[1] 李正军. 现场总线及其应用技术. 2 版. 北京：机械工业出版社，2017.

[2] 李正军. 现场总线与工业以太网及其应用技术. 北京：机械工业出版社，2011.

[3] 李正军. 计算机控制系统. 3 版. 北京：机械工业出版社，2015.

[4] 李正军. 计算机测控系统设计与应用. 北京：机械工业出版社，2004.

[5] 李正军. 现场总线与工业以太网及其应用系统设计. 北京：人民邮电出版社，2006.

[6] 阳宪惠. 网络化控制系统——现场总线技术. 北京：清华大学出版社，2009.

[7] 张鸿涛，徐连明，张怡文，等. 物联网关键技术及系统应用. 北京：机械工业出版社，2012.

[8] 邵长恒，孙更新. 物联网原理与行业应用. 北京：清华大学出版社，2013.

[9] 姜仲，刘丹. ZigBee 技术与实训教程. 北京：清华大学出版社，2014.

[10] Robin Heydon. 低功耗蓝牙技术原理与应用. 陈灿峰，刘嘉译. 北京：机械工业出版社，2015.

[11] 朱升林，欧阳骏，杨晶. 嵌入式网络那些事. 北京：中国水利水电出版社，2015.

[12] George Coulouris, Jean Dollimore, Tim kindberg, Gordon Blair. 分布式系统概念与设计. 金蓓弘，马应龙. 北京：机械工业出版社，2015.

[13] 龙志强，李迅，李晓龙. 现场总线控制网络技术. 北京：机械工业出版社，2011.

[14] 陈启军，覃强，余有灵. CC-Link 控制与通信总线原理与应用. 北京：清华大学出版社，2007.

[15] 梁庚. WorldFIP 现场总线原理、开发及应用. 北京：中国电力出版社，2009.

[16] 樊留群. 实时以太网及运动控制总线技术. 上海：同济大学出版社，2009.

[17] 肖维荣，王谨秋，宋华振. 开源实时以太网 POWERLINK 详解. 北京：机械工业出版社，2015.

[18] 郇极，刘艳强. 工业以太网现场总线 EtherCAT 驱动程序设计及应用. 北京：北京航空航天大学出版社，2010.

[19] 梁庚. 工业测控系统实时以太网现场总线技术——EPA 原理及应用. 北京：中国电力出版社，2013.

[20] 刘波文. ARM Cortex-M3 应用开发实例详解. 北京：电子工业出版社，2011.

[21] 郑亮，郑士海，等. 嵌入式系统开发与实践. 北京：北京航空航天大学出版社，2015.

[22] 饶运涛，邹继军，郑勇芸. 现场总线 CAN 原理与应用技术. 2 版. 北京：北京航空航天大学出版社，2007.

[23] 邹益仁，马增良，蒲维. 现场总线控制系统的设计和开发. 北京：国防工业出版社，2003.

[24] 马莉. 智能控制与 Lon 网络开发技术. 北京：北京航空航天大学出版社，2003.

[25] CPLA 协会. CC-Link 协议家族兼容产品开发方法指导手册. 2016.

[26] ROFIBUS Technical Description. Siemens，1997.

[27] SJA1000 Stand-alone CAN contoller Data Sheet. Philips Semiconductor Corporation，2000.

[28] TJA1050 high speed CAN transceiver Data Sheet. Philips Semiconductor Corporation，2000.

[29] SPC3 Siemens PROFIBUS Controller User Description. Siemens AG，2000.

[30] ASPC2/HARDWARE User Description. Siemens AG，1997.

[31] DeviceNet Specification Release 2.0. ODVA，2003.

[32] 李正军. LON 总线在毫伏信号测量智能节点设计中的应用. 山东大学学报（工学版），2002，32（4）：317~317.

［33］李正军. 基于 CAN 总线的分布式测控系统智能节点的设计. 自动化仪表，2003，24（6）：56～59.

［34］李正军，蒋攀峰. 基于 LonWorks 技术的热电阻温度测量智能节点的设计. 自动化仪表，2002，23（10）：26～29.

［35］李正军. PMM2000 微型多功能电力参数监测网络仪表. 电力系统及其自动化学报，2003，15（3）：16～20.

［36］李正军. 基于 LonWorks 技术的热电偶温度测量智能节点的设计. 自动化博览，2002，增刊，5：23～26.

［37］李正军，蒋攀峰. LonWorks 技术在 PMM2000 电力监测网络仪表中的应用. 电气自动化，2002，3：32～35.

［38］李正军. 基于 PROFIBUS-DP 现场总线的智能数据采集节点的设计. 山东大学. 工学版，2003，33（4）：331～334.

［39］李正军. 基于 PCI 总线的 LON 网络智能适配器. 计算机工程与科学，2004，26（6）：35～39.

［40］李正军. 基于 PROFIBUS-DP 现场总线的智能数据采集节点的设计. 山东大学. 工学版，2003，33（4）：429～432.

［41］李正军，薛凌燕，杨洪军. 现场总线控制系统智能测控模板的设计与实现. 自动化仪表，2007，28（6）：43～46.

［42］李正军，杨关锁，张春宏. 分布式控制系统中控制卡的双机热备实现. 工业控制计算机，2015，18（4）：4～6.

［43］李正军，高显扬，崔嵩. OPC 技术在数字化变电站智能电子装置中的应用. 工业控制计算机，2015，19（5）：79～81.